职业院校智能制造专业系列教材

常用电力拖动控制线路安装与维修

（微课视频版）

主　编　冯志坚

副主编　曹双奇　陈玉香

参　编　李　爽　薛　莒

机械工业出版社

本书是"职业院校智能制造专业系列教材"之一，内容分为两部分：第一部分是三相异步电动机基本控制电路的安装与检修，第二部分是常用生产机械的电气控制电路及其安装、调试与维修。本书以能力为本位，加强实践能力的培养，突出职业教育的特色，在编写模式上采用任务驱动模式，内容更加符合学生的认知规律。为了强化知识点，本书还配备了视频和动画，可以用手机扫描书中相应位置的二维码，观看相关内容。

本书可作为职业院校电工类及其他相关专业电力拖动课程教材，也可作为中、高级维修电工的培训教材。

图书在版编目（CIP）数据

常用电力拖动控制线路安装与维修：微课视频版/冯志坚主编 . —北京：机械工业出版社，2021.1（2023.9 重印）
职业院校智能制造专业系列教材
ISBN 978-7-111-67360-6

Ⅰ.①常… Ⅱ.①冯… Ⅲ.①电力拖动-自动控制系统-控制电路-安装-职业教育-教材②电力拖动-自动控制系统-控制电路-维修-职业教育-教材
Ⅳ.①TM921.5

中国版本图书馆 CIP 数据核字（2021）第 017669 号

机械工业出版社（北京市百万庄大街 22 号　邮政编码 100037）
策划编辑：陈玉芝　责任编辑：王振国　关晓飞
责任校对：王　延　封面设计：张　静
责任印制：单爱军
保定市中画美凯印刷有限公司印刷
2023 年 9 月第 1 版第 3 次印刷
184mm×260mm · 18 印张 · 446 千字
标准书号：ISBN 978-7-111-67360-6
定价：49.80 元

电话服务　　　　　　　　　网络服务
客服电话：010-88361066　机 工 官 网：www.cmpbook.com
　　　　　010-88379833　机 工 官 博：weibo.com/cmp1952
　　　　　010-68326294　金 书 网：www.golden-book.com
封底无防伪标均为盗版　机工教育服务网：www.cmpedu.com

前　言

教材是反映教学内容和教学体系的重要标志，是提高教学质量的重要保证，教学内容和课程体系改革最终要落实到教材上。本书知识体系由基础知识、相关知识、专业知识和操作技能训练四部分构成，知识体系中各个知识点和操作技能都以任务的形式出现。本书精心选择教学内容，对专业技术理论和相关知识并没有追求面面俱到，但也兼顾学科的理论性、系统性和完整性，力求涵盖国家职业标准中要求必须掌握的知识和具备的技能。

本书共分为两部分，第一部分为基础部分，主要介绍三相异步电动机基本控制电路的安装与检修，第二部分是应用部分，主要介绍常用生产机械的电气控制电路及其安装、调试与维修。为了更方便读者学习，书中配有二维码，通过手机扫码可以观看相应视频和动画。

本书是在充分吸收国内外教学改革经验的基础上，集众多企业技术人员和一线教师的智慧完成的。

在本书编写过程中，得到了江苏省淮安技师学院领导和同事们的大力支持，同时也得到了相关企业的帮助，在此一并表示感谢！

本书由冯志坚任主编，曹双奇、陈玉香任副主编，李爽、薛营参与编写。

由于编者水平有限，书中错漏及不足之处在所难免，敬请读者批评指正。

编　者

目 录 Contents

单元五　三相异步电动机制动控制电路的安装与检修
Unit 5

单元六　多速异步电动机控制电路的安装与检修
Unit 6

单元七　三相绕线转子异步电动机控制电路的安装与检修
Unit 7

模块二　常用生产机械的电气控制电路及其安装、调试与维修

单元一　CA6140 型车床电气控制电路的故障维修
Unit 1

单元二　M7130 型平面磨床电气控制电路的故障维修
Unit 2

单元三　Z3040 型摇臂钻床电气控制电路的故障维修
Unit 3

目录 | Contents

目录 | Contents

模块一

三相异步电动机基本控制电路的安装与检修

在现代化工业大生产中,大量使用各式各样的生产机械,这些生产机械的工作机构是通过电动机来拖动的,如车床、钻床、磨床、铣床等。人们把这种工作方式称为电力拖动,即用电动机拖动生产机械的工作机构使之运转的一种方法。

在生产实践中,各种生产机械所用电器的类型和数量各不相同,构成的控制电路也不同,一台生产机械的控制电路可能比较简单,也可能相当复杂,但任何复杂的控制电路也都是由基本控制电路有机组合而成的。本模块讲解三相异步电动机基本控制电路的安装与检修。

三相异步电动机正转控制电路的安装与检修

1

在许多生产机械中，工作机构的运动方向始终是一致的，因此要求电动机的转动方向要保持不变，人们将这种控制方式称为正转控制。本单元将介绍三相异步电动机的手动正转控制电路、点动正转控制电路、接触器自锁正转控制电路、连续与点动混合正转控制电路和多地控制电路。

📝 学习指南

通过学习本单元，能正确识读三相异步电动机正转控制电路的原理图，并能绘制接线图和布置图，能按照工艺要求正确安装三相异步电动机正转控制电路，初步掌握组合开关、熔断器、按钮、接触器、热继电器的选用方法与简单检修，并能根据故障现象检修三相异步电动机的控制电路。

主要知识点：三相异步电动机正转控制电路的工作原理。

主要能力点：

（1）三相异步电动机正转控制电路安装的基本步骤及工艺要求。

（2）三相异步电动机正转控制电路的故障检测方法及步骤。

学习重点：三相异步电动机正转控制电路安装的基本步骤及工艺要求。

学习难点：三相异步电动机正转控制电路的常见故障及其检修。

👆 能力体系/（知识体系）/内容结构

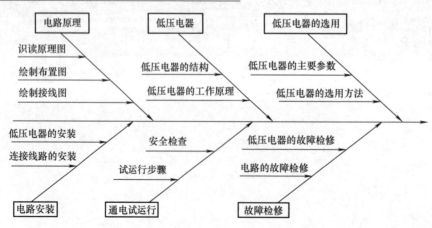

任务一 三相异步电动机手动正转控制电路的安装与检修

🔍 学习目标

技能目标：

（1）能按照工艺要求正确安装组合开关手动控制的三相异步电动机正转电路。

（2）能根据故障现象，使用万用表检修组合开关控制的三相异步电动机起动电路。

知识目标：

（1）正确理解三相异步电动机手动正转控制电路的工作原理。

（2）掌握组合开关的选用和安装要求。

（3）能正确识读三相异步电动机手动正转控制电路的原理图、布置图和接线图。

素养目标：

（1）学中做，培养职业兴趣。

（2）严格执行工艺要求，培养职业行为习惯。

🥕 任务描述

小型电动砂轮机控制电路的安装

生产机械中常用的小型电动砂轮机，一般由一台三相异步电动机作为动力源，砂轮机中的砂轮一般只需单方向转动，因此对电动机只有正转要求。另外，为了防止短路故障，还要进行短路保护。所以，一个小型电动砂轮机控制电路只需一个低压开关（有"开"和"关"两种状态）即可控制电动机的转和停，在电路中串联熔断器进行短路保护。

👉 任务分析

在生产机械中，直接用于小功率三相异步电动机控制的开关电器主要有开启式负荷开关、封闭式负荷开关、组合开关和低压断路器等。常见的三相异步电动机手动正转控制电路如图1-1-1所示。本次任务就是通过学习开关电器、熔断器的主要结构和选用方法，了解电路安装的基本步骤，能够正确安装组合开关控制的三相异步电动机手动正转控制电路。

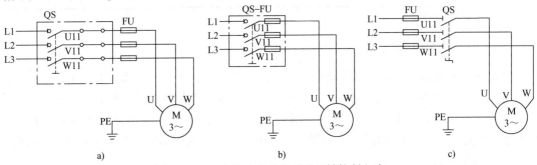

图1-1-1 三相异步电动机手动正转控制电路

a）用开启式负荷开关控制　b）用封闭式负荷开关控制　c）用组合开关控制

✍ **必备知识**

一、电路构成

从图 1-1-1 可以看出，电路由开关（开启式负荷开关、封闭式负荷开关、组合开关）、熔断器、三相异步电动机和连接导线组成。

其中，图 1-1-1a 中的 QS 为开启式负荷开关，FU 为熔断器；图 1-1-1b 中的 QS-FU 为封闭式负荷开关；图 1-1-1c 中的 FU 为熔断器，QS 为组合开关。它们统称为低压电器，其作用如下：

（1）低压开关（负荷开关、组合开关、低压断路器）　电源控制开关。

（2）熔断器　短路保护。

所谓电器就是一种能根据外界的信号和要求，手动或自动地接通或断开电路，实现对电路或非电对象进行切换、控制、保护、检测和调节的元器件或设备。

根据工作电压的高低，电器可分为高压电器和低压电器。工作在交流额定电压 1200V 及以下、直流额定电压 1500V 及以下的电器称为低压电器。低压电器作为基本元器件，广泛应用于输配电系统和电力拖动系统中，在实际生产中起着非常重要的作用。

1. 低压电器的分类

低压电器的种类繁多，分类方法也很多，常见的分类方法见表 1-1-1。

表 1-1-1　低压电器常见的分类方法

分类方法	类别	说明及用途
按低压电器的用途和所控制的对象分	低压配电电器	包括低压开关、低压熔断器等，主要用于低压配电系统及动力设备中
	低压控制电器	包括接触器、继电器、电磁铁等，主要用于电力拖动与自动控制系统中
按低压电器的动作方式分	自动切换电器	依靠电器本身参数的变化或外来信号的作用，自动完成接通或分断等动作的电器，如接触器、继电器等
	非自动切换电器	主要依靠外力（如手控）直接操作来进行切换的电器，如按钮、刀开关等
按低压电器的执行机构分	有触头电器	具有可分离的动触头和静触头，利用触头的接触和分离来实现电路的通断控制，如接触器、继电器等
	无触头电器	没有可分离的触头，主要利用半导体器件的开关效应来实现电路的通断控制，如接近开关、固态继电器等

二、工作原理分析

如图 1-1-1 所示，三相异步电动机手动正转控制电路是由三相电源（L1、L2、L3）、开启式负荷开关（或封闭式负荷开关、组合开关）、熔断器和三相交流异步电动机构成的。当开启式负荷开关（或封闭式负荷开关、组合开关）QS 闭合时，三相电经开启式负荷开关（或封闭式负荷开关、组合开关）、熔断器流入电动机，电动机运转；打开 QS 后，三相电源断开，电动机停转。

三、低压开关

低压开关主要用于隔离、转换及接通和分断电路，多数用作机床电路的电源开关和局部照明电路的开关，有时也可用来直接控制小功率电动机的起动、停止和正反转。低压开关一般为非自动切换电器，常用的有开启式负荷开关、封闭式负荷开关、组合开关和低压断路器。由于开启式负荷开关和封闭式负荷开关的使用量逐步减少，本书将不作介绍。低压断路器将在下个单元介绍，本单元主要介绍组合开关。

1. 组合开关的结构和符号

组合开关又称为转换开关，它的手柄在平行于其安装面的平面内向左或向右转动。它具有多触头、多位置、体积小、性能可靠、操作方便、安装灵活等特点。组合开关的种类很多，常用的有 HZ5、HZ10、HZ15 等系列。HZ10－10/3 型组合开关如图 1-1-2 所示。

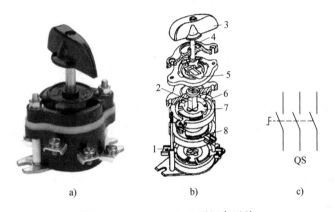

a)　　　　　　b)　　　　　　c)

图 1-1-2　HZ10－10/3 型组合开关

a) 外形　b) 结构　c) 符号

1—接线端子　2—绝缘杆　3—手柄　4—转轴　5—凸轮　6—绝缘垫板　7—动触头　8—静触头

转换开关按操作机构可分为无限位型和有限位型两种，其结构略有不同。

组合开关的型号及含义如下：

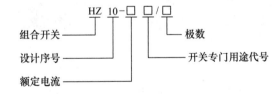

2. 组合开关的主要技术数据及选用

组合开关可分为单极、双极和多极三类，主要参数有额定电压、额定电流、极数等，额定电流有 10A、25A、40A、60A 等几个等级。HZ10 系列组合开关的主要技术数据见表 1-1-2。

表 1-1-2　HZ10 系列组合开关的主要技术数据

型号	额定电压	额定电流/A		380V 时可控制电动机的功率/kW
		单极	三极	
HZ10 – 10	直流 220V 或交流 380V	6	10	1
HZ10 – 25		—	25	3.3
HZ10 – 60		—	60	5.5
HZ10 – 100		—	100	—

提醒：组合开关应根据电源种类、电压等级、所需触头数、接线方式和负载功率进行选用。用于控制小型异步电动机的运转时，组合开关的额定电流一般取电动机额定电流的 1.5 ~ 2.5 倍。

3. 组合开关的安装与使用要求

1）HZ10 系列组合开关应安装在控制箱（或壳体）内，其手柄最好伸出在控制箱的前面或侧面。开关为断开状态时应使手柄在水平旋转位置。开关外壳上的接地螺钉应可靠接地。

2）若需要在箱内进行操作，开关最好安装在箱内右上方，并且在它的上方不要安装其他电器，否则应采取隔离或绝缘措施。

3）组合开关的通断能力较低，不能用来分断故障电流。

4）当操作频率过高或负载功率因数较低时，应降低组合开关的容量等级使用，以延长其使用寿命。

四、低压熔断器

低压熔断器是低压配电系统和电力拖动系统中的保护电器。几种低压熔断器的外形如图 1-1-3 所示。在使用时，熔断器串接在所保护的电路中，当该电路发生过载或短路故障时，通过熔断器的电流达到或超过了某一规定值，以其自身产生的热量使熔体熔断而自动切断电路，起到保护作用。电气设备的电流保护有过载延时保护和短路瞬时保护两种主要形式。

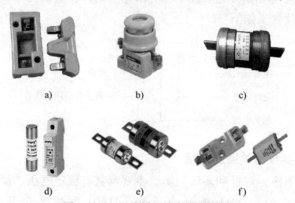

图 1-1-3　几种低压熔断器的外形

a）插入式　b）RL1、RLS 系列螺旋式　c）RM10 系列无填料密封管式

d）RT18 系列有填料密封管式（圆筒形帽连接）　e）RT15 系列有填料密封管式（螺栓连接）

f）RT0 系列有填料密封管式（夹座连接）

提醒：过载一般是指 10 倍额定电流以下的过电流，短路则是指 10 倍额定电流以上的过电流。但应注意，过载保护和短路保护绝不仅是电流倍数的不同，实际上无论从特性、参数还是工作原理方面来看，差异都很大。

3. 熔断器

1. 熔断器的结构和符号

熔断器主要由熔体（也称为熔芯）、安装熔体的熔管和熔座三部分组成，如图 1-1-4a 所示。

熔体是熔断器的核心，常做成丝状、片状或栅状，制作熔体的材料一般有铅锡合金、锌、铜、银等，根据保护的要求而定。熔管是熔体的保护外壳，用耐热绝缘材料制成，在熔体熔断时兼有灭弧作用。熔座是熔断器的底座，其作用是固定熔管和外接引线。

熔断器在电路图中的符号如图 1-1-4b 所示。

图 1-1-4　低压熔断器

a）RL6 系列螺旋式熔断器　b）符号

1—熔管，内装熔体　2—熔座

2. 熔断器的型号含义

熔断器的型号及含义如下：

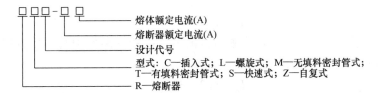

熔体额定电流(A)
熔断器额定电流(A)
设计代号
型式：C—插入式；L—螺旋式；M—无填料密封管式；
　　　T—有填料密封管式；S—快速式；Z—自复式
R—熔断器

如型号 RC1A－15/10 中，R 表示熔断器，C 表示插入式，设计代号为 1A，熔断器额定电流 I_S 是 15A，熔体额定电流 I_{RN} 是 10A。

3. 熔断器的主要技术参数

（1）额定电压　是指熔断器长期工作所能承受的电压。如果熔断器的实际工作电压大于其额定电压，熔体熔断时可能会产生电弧且不能熄灭的危险。

（2）额定电流　是指保证熔断器能长期正常工作的电流，是由熔断器各部分长期工作时的允许温升决定的。

（3）分断能力　是指在规定的使用和性能条件下，在规定电压下熔断器能分断的预期分断电流值，常用极限分断电流值来表示。

（4）时间-电流特性　也称为安-秒特性或保护特性，是指在规定的条件下，表征流过熔体的电流与熔体熔断时间的关系曲线。熔断器在熔断电流 I_S 与不熔断电流之间有一个分界线，与此对应的电流称为最小熔断电流或临界电流，用 I_{Rmin} 表示，熔体在电动机额定电流 I_N 下绝对不允许熔断，所以 I_{Rmin} 必须大于 I_N。熔断器的熔断电流与熔断时间的关系见表 1-1-3。

表 1-1-3　熔断器的熔断电流与熔断时间的关系

熔断电流 I_S	$1.25I_N$	$1.6I_N$	$2.0I_N$	$2.5I_N$	$3.0I_N$	$4.0I_N$	$8.0I_N$	$10.0I_N$
熔断时间/s	∞	3600	40	8	4.5	2.5	1	0.4

由表 1-1-3 可以看出，熔断器的熔断时间随电流的增大而减小。熔断器对过载反应很不灵敏，当电气设备发生轻度过载时，过载持续很长时间熔断器才会熔断，有时甚至不熔断。

因此，除在照明和电加热电路外，熔断器一般不宜用作过载保护，主要用作短路保护。

4. 熔断器的选择

（1）熔断器类型的选用　根据使用环境、负载性质和短路电流的大小选用适当类型的熔断器。例如，对于容量较小的照明电路，可选用 RT 系列圆筒形帽熔断器或 RC1A 系列插入式熔断器；对于短路电流相当大或有易燃气体的地方，应选用 RT 系列有填料密封管式熔断器；在机床控制电路中，多选用 RL 系列螺旋式熔断器；用于功率半导体器件及晶闸管保护时，应选用 RS 或 RLS 系列快速熔断器。

（2）熔断器额定电压和额定电流的选用　熔断器的额定电压必须大于或等于电路的额定电压；熔断器的额定电流必须大于或等于所装熔体的额定电流；熔断器的分断能力应大于电路中可能出现的最大短路电流。

（3）熔体额定电流的选用

1）熔断器用于照明和电加热等电流较平稳、无冲击电流的负载的短路保护时，熔体的额定电流 I_{RN} 应等于或稍大于负载的额定电流。

2）熔断器用于一台不经常起动且起动时间不长的电动机的短路保护时，熔体的额定电流 I_{RN} 应大于或等于 $1.5 \sim 2.5$ 倍电动机额定电流 I_N，即

$$I_{RN} \geq (1.5 \sim 2.5) I_N$$

3）熔断器用于一台起动频繁且连续运行的电动机的短路保护时，熔体的额定电流 I_{RN} 应大于或等于 $3 \sim 3.5$ 倍电动机额定电流 I_N，即

$$I_{RN} \geq (3 \sim 3.5) I_N$$

4）熔断器用于多台电动机的短路保护时，熔体的额定电流应大于或等于其中最大功率电动机额定电流 I_{Nmax} 的 $1.5 \sim 2.5$ 倍加上其余电动机额定电流的总和 $\sum I_N$，即

$$I_{RN} \geq (1.5 \sim 2.5) I_{Nmax} + \sum I_N$$

5. 熔断器的安装与使用要求

1）用于安装使用的熔断器应完整无损，并标有额定电压、额定电流值。

2）夹座连接的熔断器安装时应保证熔体与夹头、夹头与夹座接触良好。插入式熔断器应垂直安装。螺旋式熔断器接线时，电源线应接在下接线座上，以保证能安全地更换熔管。

3）熔断器内要安装合格的熔体，不能用多根小规格的熔体并联代替一根大规格的熔体。多级保护时，上一级熔断器的额定电流等级以大于下一级熔断器的额定电流等级两级为宜。

4）更换熔体或熔管时，必须切断电源，尤其不允许带负荷操作，以免发生电弧灼伤。管式熔断器的熔体应用专用的绝缘插拔器进行更换。

5）对于 RM10 系列熔断器，在切断过 3 次相当于分断能力的电流后，必须更换熔管，以保证能可靠地切断所规定分断能力的电流。

6）熔体熔断后，应分析原因排除故障后，再更换熔体。更换熔体时不能轻易改变熔体规格，更不能用其他导体替代。

7）熔断器兼作隔离器件使用时，应安装在控制开关的电源进线端；若仅作短路保护，应装在控制开关的出线端。

五、绘制布置图

布置图是根据电器元件在控制板上的实际安装位置，采用简化的外形符号（如正方形、

矩形、圆形等）绘制成的一种简图。它不表达各电器元件的具体结构、作用、接线情况以及工作原理，主要用于电器元件的布置和安装。布置图中各电器元件的文字符号必须与电路图和接线图上标注的一致。在实际中，电路图、接线图和布置图要结合起来使用。

　　以组合开关控制的三相异步电动机正转电路为例，其布置图如图 1-1-5 所示。

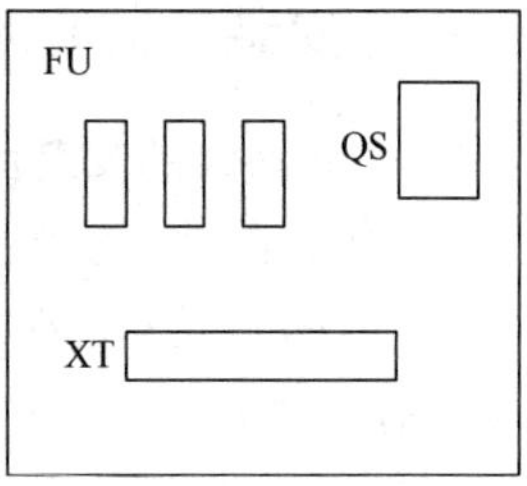

图 1-1-5　组合开关控制电路的布置图

六、绘制接线图

　　接线图是根据电气设备和电器元件的实际位置和安装情况绘制的，只用来表示电气设备和电器元件的位置、配线方式和接线方式，而不明显表示动作原理，主要用于安装接线、电路的检查维修和故障处理。

　　绘制与识读接线图时应遵循以下原则：

　　1）接线图中一般标出如下内容：电气设备和电器元件的相对位置、文字符号、端子号、导线号、导线类型、导线截面积、屏蔽和导线绞合等。

　　2）所有的电气设备和电器元件都按其所在的实际位置绘制在图样上，且应把同一电器的各元器件根据其实际结构使用与电路图中相同的图形符号画在一起，并用点画线框上，其文字符号以及接线端子的编号应与电路图中的标注一致，以便对照检查接线。

4. 绘制、识读电气控制电路图的原则

　　3）接线图中的导线有单根导线、导线组（或线扎）、电缆等之分，可用连续线和中断线来表示。凡导线走向相同的可以合并，用线束来表示，到达接线端子板或电器元件的连接点时再分别画出。在用线束来表示导线组、电缆等时可用加粗的线条表示，在不引起误解的情况下也可采用部分加粗。另外，导线及管子的型号、数量和规格应标注清楚。

　　以组合开关控制的三相异步电动机正转电路为例，其接线图如图 1-1-6 所示。

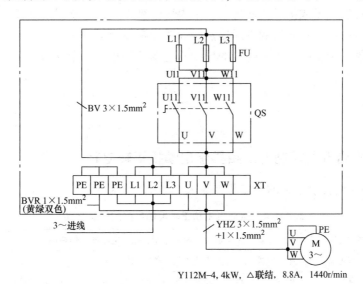

Y112M-4，4kW，△联结，8.8A，1440r/min

图 1-1-6　组合开关控制电路的接线图

七、安装工艺要求

1. 各元器件的安装固定工艺

1）各元器件的安装位置应整齐、匀称并间距合理，以便于元器件的更换。

2）紧固各元器件时，用力要均匀，紧固程度应适当。在紧固熔断器等易碎元器件时应用手按住元器件，一边轻轻摇动，一边用螺钉旋具轮换旋紧对角线上的螺钉，直到摇不动后再适当加固旋紧些即可。

3）熔断器的受电端子应安装在控制板的外侧，并使熔断器的受电端子为底座的中心端。

2. 安装固定的操作要求

以组合开关控制为例。

1）根据元器件的布置图和外形尺寸在控制板上画线，确定安装位置。

2）安装固定并贴上醒目的文字符号。

3. 板前明线布线的工艺要求

1）布线通道要尽可能少，同路并行导线按主电路、控制电路分类集中、单层密排，并应紧贴安装面布线。

2）同一平面上的导线应高低一致或前后一致，不能交叉。非交叉不可时，该根导线应在接线端子引出时就水平架空跨越，但必须走线合理。

3）布线应横平竖直、分布均匀。变换走向时应垂直转向。

4）布线时严禁损伤线芯和导线绝缘。

5）布线一般按照以接触器为中心、由里向外、由低至高、先控制电路后主电路的顺序进行，以不妨碍后续布线为原则。

6）在每根剥去绝缘层的导线的两端套上编码套管。所有从一个接线端子（或接线桩）到另一个接线端子（或接线桩）的导线必须连续，中间应无接头。

7）导线与接线端子或接线桩连接时，不得压绝缘层、反圈及露铜过长。

8）同一元器件或同一回路的不同接点的导线间距离应保持一致。

9）电器元件一个接线端子上连接的导线不能多于两根，每节接线端子板上一般只允许连接一根导线。

✔ **任务实施**

5. 电动机基本控制电路的安装步骤

一、安装组合开关控制的三相异步电动机正转电路

电动机手动正转控制电路的安装步骤见表 1-1-4。

表 1-1-4　电动机手动正转控制电路的安装步骤

第一步：识读电路原理图	了解电路所用电器元件及其作用，熟悉电路的工作原理
第二步：工具、仪表准备	根据电器元件选配安装工具、仪表和控制板
第三步：元器件质量检验	根据电路原理图或元器件明细表配齐电器元件，并进行质量检验
第四步：绘制布置图和接线图，固定元器件	根据电路原理图绘制布置图和接线图，然后按要求在控制板上安装除电动机以外的电器元件，并贴上醒目的文字符号

（续）

第五步：选线、布线	1. 选线：根据电动机功率选配主电路导线的截面积。控制电路导线一般采用BVR1mm²铜芯线（红色），按钮线一般采用BVR0.75mm²铜芯线（红色），接地线一般采用截面积不小于1.5mm²的铜芯线（BVR，黄绿双色） 　2. 布线：根据接线图布线，同时在剥去绝缘层的两端线头上套上与电路图中编号一致的编码套管。根据由里向外、由低至高的原则连接电气部分
第六步：安装电动机，连接保护接地线	电动机的金属外壳必须可靠接地。接至电动机的导线，必须穿在导线通道内加以保护，或采用坚韧的四芯橡皮线或塑料护套线进行临时通电校验。连接电动机和所有电器元件金属外壳处的保护接地线 　*提醒：接至电动机的导线，必须穿在导线通道内加以保护*
第七步：连接控制板外部的导线	连接电动机等在控制板外部的导线
第八步：自检	1. 按电路图或接线图从电源端开始，逐段核对接线及接线端子处线号是否正确，有无漏接、错接之处。检查导线接点是否符合要求，压接是否牢固。同时注意接点处应接触良好，以避免带负载运转时产生闪弧现象 　2. 用万用表检查电路的通断情况。检查时，应选用倍率适当的电阻挡，并进行校零，以防发生短路故障。检查电路时，可将表笔分别依次搭在U、L1，V、L2，W、L3线端上，读数应为"0" 　3. 用绝缘电阻表（习称兆欧表）检查电路的绝缘电阻，阻值应不小于1MΩ
第九步：交验后连接电源	学生提出申请，经教师检查同意后方可连接电源。为保证人身安全，在连接电源时，要认真执行安全操作规程的有关规定，必须一人监护一人操作
第十步：通电试运行	通电试运行前必须先征得教师的同意，应先检查与通电试运行有关的电气设备是否有不安全的因素存在，若查出应立即整改，然后方能试运行。应由指导教师接通三相电源L1、L2、L3，同时在现场监护。学生合上电源开关QS后，用验电器检查组合开关的上端头，氖管亮说明电源接通。合上组合开关后观察电动机运行情况是否正常，但不得带电检查电路接线。观察过程中，若发现有异常现象，应立即停机。当电动机运转平稳后，用钳形电流表测量三相电流是否平衡 　出现故障后，学生应独立进行检修。若需带电检查，教师必须在现场监护。检修完毕后，如需要再次试运行，教师也应该在现场监护，并做好时间记录 　通电试运行完毕，停转后方可切断电源。应先拆除三相电源线，再拆除电动机线

二、故障检修

对在检测中发现的各种故障进行分析并找出故障原因，是低压电器故障的，通过更换或修理低压电器的方法排除故障；是电路接线问题的，通过对照原理图和接线图找出接线错误。

在完成试运行的基础上，教师或同组学生按照表1-1-5～表1-1-7中的可能故障点，人为地设定一两个故障点进行排故练习。

提醒：故障点的设定一定要在断开电源的情况下进行。如果需要通电观

6. 低压开关的拆装与检修

察故障现象，必须在有教师在场的情况下进行。

1. 低压开关和熔断器的检修

（1）组合开关的常见故障及其处理方法（见表1-1-5）

表1-1-5 组合开关的常见故障及其处理方法

故障现象	可能的原因	处理方法
手柄转动后，内部触头未动	1. 手柄上的轴孔磨损变形 2. 绝缘杆变形（由方形磨为圆形） 3. 手柄与转轴或转轴与绝缘杆配合松动 4. 操作机构损坏	1. 调换手柄 2. 更换绝缘杆 3. 紧固松动部件 4. 修理或更换
手柄转动后，动、静触头不能按要求动作	1. 组合开关的型号选用不正确 2. 触头角度装配不正确 3. 触头失去弹性或接触不良	1. 更换开关 2. 重新装配 3. 更换触头或清除氧化层或尘污
接线柱间短路	因金属屑或油污附着在接线柱间形成导电层，将胶木烧焦导致绝缘损坏从而形成短路	更换开关

（2）熔断器的常见故障及其处理方法（见表1-1-6）

表1-1-6 熔断器的常见故障及其处理方法

故障现象	可能的原因	处理方法
电路接通瞬间熔体熔断	1. 熔体电流等级选择过小 2. 负载侧短路或接地 3. 熔体安装时造成机械损伤	1. 更换熔体 2. 排除负载故障 3. 更换熔体
熔体未熔断，但电路不通	熔体或接线座接触不良	重新连接

2. 手动正转控制电路的常见故障及其检查方法（见表1-1-7）

表1-1-7 手动正转控制电路的常见故障及其检查方法

故障现象	原因分析	检查方法
送电后，电动机不能起动也没有"嗡嗡"声	电动机两相或三相断电 可能故障点： 1. 电源问题 2. 连接导线问题 3. 元器件问题 4. 电动机损坏	用验电器首先测量三相电源端是否有电，若没有电，则是电源问题；若有电，再检查熔断器的熔体是否已安装，如已安装，则断开电源，用万用表的电阻挡逐相检查电路的通断情况
送电后，电动机不能起动，有"嗡嗡"声	电动机一相断电 可能故障点： 1. 熔断器熔体熔断 2. 组合开关或断路器操作失控 3. 负荷开关或组合开关的动、静触头接触不良	应立即断开开关，避免电动机断相运行。用万用表的交流"500V"挡测开关上端头三相电路的两两间电压，检查是否断相；如不断相，则断开电源，将万用表调至电阻挡，一表笔固定于一相，另一表笔逐相检查，找出不通的故障相，如没有故障相，则故障在开关；若找出了故障相，再逐点查找故障点

任务总结与评价

检查评分表见表1-1-8。

表1-1-8　检查评分表

项目名称：			班级		
工作任务.			姓名		学号

任务过程评价（100分）

序号	项目	评分标准	分值	成绩
1	安装前的检查	电动机质量和低压开关等漏检或错检，一个扣5分	20分	
2	电动机安装	1. 地脚螺栓紧松不一或松动，扣5分 2. 缺少弹簧垫圈、平垫圈、防振垫圈，每项扣5分	20分	
3	控制板、开关等安装	1. 位置不适当或松动，紧固螺栓（或螺钉）松动，扣20分 2. 电线管支持不牢固或管口无护圈，每项扣5分 3. 导线穿管时损伤绝缘，扣20分	20分	
4	接线	1. 不会使用仪表或测量方法不正确，每个仪表扣5分 2. 各接点松动或不符合要求，每个扣5分 3. 接线错误造成通电一次不成功，扣30分 4. 控制开关进、出线接错，扣15分 5. 电动机接线错误，扣20分 6. 接线程序错误，扣15分 7. 漏接接地线，扣20分	30分	
5	检修	1. 查不出故障，扣10分 2. 查出故障但不能排除，扣5分	10分	
6	安全文明生产	违反安全文明生产规程，扣5~40分		
7	定额时间：90min	每超时10min以内扣5分，累加计算		
总评		得分		
		教师签字：	年　月　日	

任务二　三相异步电动机点动正转控制电路的安装与检修

学习目标

技能目标：

（1）能按照工艺要求，采用板前明线布线方法，正确安装点动控制的三相异步电动机正转电路。

（2）能根据故障现象，使用万用表检修三相异步电动机的点动控制电路。

知识目标：

（1）正确理解三相异步电动机点动正转控制电路的工作原理。

（2）掌握按钮、接触器的选用和安装要求。

（3）能正确识读三相异步电动机点动正转控制电路的原理图、布置图和接线图。

素养目标：

（1）进行纪律教育，培养职业思想。

（2）加强技能学习，培养良好的职业行为习惯。

任务描述

电动葫芦中的起重电动机和车床溜板箱快速移动电动机的起停控制，都是通过按下起动按钮电动机起动运转、松开按钮电动机停止的方法控制。在很多生产机械中，也常常需要这种能频繁通断、远距离控制和自动控制的控制电路。这种用手指按下按钮电动机得电运转，松开按钮电动机失电停转，用按钮、接触器来控制电动机运转的正转控制电路，就是点动控制电路，这种控制方式称为点动控制。

任务分析

手动控制电路的特点是结构简单，使用的控制设备少，但使用负荷开关控制的工作强度大且安全性差；使用组合开关控制的通断能力低，且不能频繁通断。手动控制电路不便于实现远距离控制和自动控制。要能实现上述的点动控制，就需要两个关键器件——按钮和接触器。本次任务就是要通过学习按钮和接触器的结构原理，进行三相异步电动机点动正转控制电路的安装与检修。

必备知识

一、按钮

7. 主令电器

按钮是一种通过手动操作接通或分断小电流控制电路的主令电器。一般情况下按钮不直接控制主电路的通断，主要利用按钮远距离发出的手动指令或信号去控制接触器、继电器等电磁装置，实现主电路的分合、功能转换或电气联锁。图1-1-7所示是几款常见按钮的外形。

a)   b)   c)   d)   e)   f)

图1-1-7　几款常见按钮的外形

a）LA10系列　b）LA19系列　c）LA13系列　d）BS系列　e）COB系列　f）LA4系列

1. 按钮的结构和符号

按钮一般都由按钮帽、复位弹簧、桥式动触头、外壳及支柱连杆等组成。按静态时触头的分合状况分，按钮可分为常开按钮（起动按钮）、常闭按钮（停止按钮）及复合按钮（常开、常闭组合为一体的按钮），见表1-1-9。

表1-1-9　按钮的结构与符号

名称	符号	结构
常闭按钮（停止按钮）	SB	
常开按钮（起动按钮）	SB	
复合按钮	SB	按钮帽 复位弹簧 支柱连杆 常闭静触头 桥式动触头 常开静触头 外壳

对起动按钮而言，按下按钮帽时触头闭合，松开后触头自动断开复位；停止按钮则相反，按下按钮帽时触头分断，松开后触头自动闭合复位。复合按钮是当按下按钮帽时，桥式动触头向下运动，使常闭触头先断开后，常开触头再闭合。当松开按钮帽时，则常开触头先分断复位后，常闭触头再闭合复位。

为了便于识别各个按钮的作用，避免发生误操作，通常用不同的颜色和符号标志来区分按钮的作用，如急停按钮的符号为 ，钥匙按钮的符号为 。按钮颜色的含义见表1-1-10。

表1-1-10　按钮颜色的含义

颜色	含义	说明	应用举例
红	紧急	危险或紧急情况时操作	急停
黄	异常	异常情况时操作	干预、制止异常情况，干预、重新起动中断了的自动循环
绿	安全	安全情况或为正常情况准备时操作	起动/接通
蓝	强制性的	要求强制动作情况下的操作	复位功能
白	未赋予特定含义	除急停以外的一般功能的起动（见表注）	起动/接通（优先） 停止/断开
灰			起动/接通 停止/断开
黑			起动/接通 停止/断开（优先）

另外，根据不同需要，可将单个按钮组成双联按钮、三联按钮或多联按钮，如将两个独立的按钮安装在同一个外壳内组成双联按钮，这里的"联"是指同一个开关面板上有几个

按钮。双联按钮、三联按钮可用于电动机的起动、停止及正转、反转、制动的控制。有的也可将若干按钮集中安装在一块控制板上，以实现集中控制，称为按钮站。

2. 按钮的型号含义

按钮的型号及含义如下：

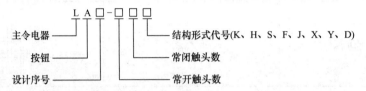

```
        L A □ - □ □ □
主令电器 ┘ │ └ 设计序号   │ │ └ 结构形式代号(K、H、S、F、J、X、Y、D)
   按钮 ┘              │ └ 常闭触头数
                      └ 常开触头数
```

其中结构形式代号的含义如下：

K——开启式，用于嵌装在操作面板上。

H——保护式，带保护外壳，可防止内部零件受机械损伤或人偶然触及带电部分。

S——防水式，具有密封外壳，可防止雨水侵入。

F——防腐式，能防止腐蚀性气体进入。

J——紧急式，带有红色大蘑菇钮头（突出在外），作紧急切断电源用。

X——旋钮式，用旋钮旋转进行操作，有通和断两个位置。

Y——钥匙操作式，用钥匙插入进行操作，可防止误操作或供专人操作。

D——光标式，按钮内装有信号灯，兼作信号指示。

3. 按钮的选用

（1）根据使用场合和具体用途选择按钮的种类　例如，嵌装在操作面板上的按钮可选用开启式；需显示工作状态的按钮应选用光标式；必须防止无关人员误操作的重要场合宜选用钥匙操作式；在有腐蚀性气体处要选用防腐式。

（2）根据工作状态指示和工作情况要求选择按钮或指示灯的颜色　例如，起动按钮可选用白、灰或黑色，优先选用白色，也允许选用绿色；急停按钮应选用红色；停止按钮可选用黑、灰或白色，优先选用黑色，也允许选用红色。

（3）根据控制回路的需要选择按钮的数量　如单联按钮、双联按钮和三联按钮等。

二、接触器

接触器是一种用来接通或切断交、直流主电路和控制电路，并且能够实现远距离控制的电器。大多数情况下其控制对象是电动机，也可以用于其他电力负载，如电阻炉、电焊机等。接触器不仅能自动接通和断开电路，还具

8. 接触器

有控制容量大、欠电压释放保护、零电压保护、频繁操作、工作可靠、寿命长等优点。接触器实际上是一种自动的电磁式开关，触头的通断不是由手来控制，而是电动操作，属于自动切换电器。按主触头通过电流的种类不同，接触器分为交流接触器和直流接触器两类。由于生产机械中交流接触器运用更加广泛，本书主要介绍交流接触器。

a)　　　　b)　　　　c)

图 1-1-8　几款常用交流接触器的外形

a) CJ20 系列　b) CJ40 系列　c) CJX1（3TB、3TF）系列

图 1-1-8 所示为几款常用交流接触器的外形。

1. 交流接触器的结构和符号

交流接触器主要由电磁系统、触头系统、灭弧装置和辅助部件等组成。交流接触器的结构如图 1-1-9 所示。

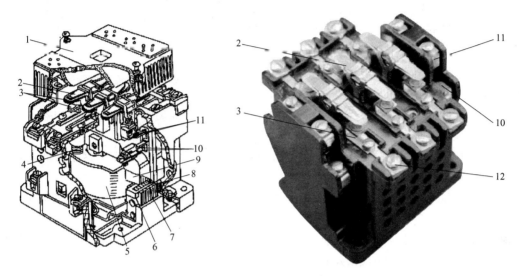

图 1-1-9　交流接触器的结构

1—灭弧罩　2—触头压力弹簧片　3—主触头　4—反作用弹簧　5—线圈　6—短路环　7—静铁心
8—缓冲弹簧　9—动铁心（衔铁）　10—辅助常开触头　11—辅助常闭触头　12—主触头接线端子

（1）电磁系统　电磁系统主要由线圈、静铁心和动铁心三部分组成。静铁心在下，动铁心在上，线圈安装在静铁心上。静、动铁心一般用 E 形硅钢片叠压而成，以减少铁心的磁滞和涡流损耗。铁心的两个端面上嵌有短路环，如图 1-1-10 所示，用以消除电磁系统的振动和噪声。线圈做成粗而短的圆筒形，且在线圈和铁心之间留有空隙，以增强铁心的散热效果。交流接触器利用电磁系统中线圈的通电或断电，使静铁心吸合或释放动铁心，从而带动动触头与静触头闭合或分断，实现电路的接通或断开。

（2）触头系统　交流接触器的触头按接触形式可分为点接触式、线接触式和面接触式 3 种，如图 1-1-11 所示。

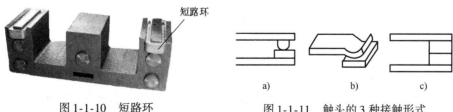

图 1-1-10　短路环

图 1-1-11　触头的 3 种接触形式
a）点接触式　b）线接触式　c）面接触式

触头按结构形式可分为桥式触头和指形触头两种，如图 1-1-12 所示。交流接触器的触头一般采用双断点桥式触头，其动触头用纯铜片冲压而成，在触头桥的两端镶有银基合金制成的触头块，以避免接触点处由于铜氧化而影响其导电性能；静触头一般用黄铜板冲压而成，一端镶焊触头块，另一端为接线柱。在触头上装有触头压力弹簧，用以减小接触电阻，并消除开始接触时产生的振动。

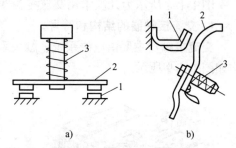

图1-1-12　触头的结构形式
a）双断点桥式触头　b）指形触头
1—静触头　2—动触头　3—触头压力弹簧

触头按通断能力可分为主触头和辅助触头。主触头用以通断电流较大的主电路，一般由3对常开触头组成。辅助触头用以通断电流较小的控制电路，一般由两对常开触头和两对常闭触头组成。所谓触头的常开和常闭，是指电磁系统未通电动作前触头的状态。常开触头和常闭触头是联动的。当线圈通电时，常闭触头先断开，常开触头随后闭合，中间有一个很短的时间差。当线圈断电后，常开触头先恢复断开，随后常闭触头恢复闭合，中间也存在一个很短的时间差。这个时间差虽短，但在分析电路的控制原理时却很重要。

（3）灭弧装置　交流接触器在断开大电流或高电压电路时，会在动、静触头之间产生很强的电弧。电弧是触头间气体在强电场作用下产生的放电现象，它的产生一方面会灼伤触头，减少触头的使用寿命；另一方面会使电路切断的时间延长，甚至造成弧光短路或引起火灾事故。因此，触头间的电弧应尽快熄灭。

灭弧装置的作用是熄灭触头分断时产生的电弧，以减轻电弧对触头的灼伤，保证可以可靠地分断电路。交流接触器常用的灭弧装置有双断口结构的电动力灭弧装置、纵缝灭弧装置和栅片灭弧装置，如图1-1-13所示。对于容量较小的交流接触器，一般用双断口结构的电动力灭弧装置；额定电流在20A及以上的交流接触器，常用纵缝灭弧装置；对于容量较大的交流接触器，多用栅片灭弧装置。

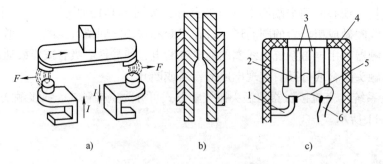

图1-1-13　常用的灭弧装置
a）双断口结构的电动力灭弧装置　b）纵缝灭弧装置　c）栅片灭弧装置
1—静触头　2—短电弧　3—灭弧栅片　4—灭弧罩　5—电弧　6—动触头

（4）辅助部件　交流接触器的辅助部件有反作用弹簧、缓冲弹簧、触头压力弹簧、传动机构及底座、接线柱等，如图1-1-9所示。反作用弹簧安装在衔铁和线圈之间，其作用是线圈断电后，推动衔铁释放，带动触头复位；缓冲弹簧安装在静铁心和线圈之间，其作用是缓冲衔铁在吸合时对静铁心和外壳的冲击力，保护外壳；触头压力弹簧安装在动触头上面，其作用是增加动、静触头间的压力，从而增大接触面积，以减少接触电阻，防止触头过热损伤；传动机构的作用是在衔铁或反作用弹簧的作用下，带动动触头实现与静触头的接通或分断。

交流接触器在电路图中的符号如图 1-1-14 所示。

提醒：如果控制电路中的接触器数量大于 1 个，则通过在 KM 后加数字来区别，如 KM1、KM2。

2. 交流接触器的工作原理

交流接触器的工作原理如图 1-1-15 所示。当接触器的线圈通电后，线圈中的电流产生磁场，使静铁心磁化产生足够大的电磁吸力，克服反作用弹簧的反作用力将衔铁吸合，衔铁通过传动机构带动辅助常闭触头先断开，3 对常开主触头和辅助常开触头后闭合；当接触器线圈断电或电压显著下降时，由于静铁心的电磁吸力消失或过小，衔铁在反作用弹簧的作用下复位，并带动各触头恢复到原始状态。

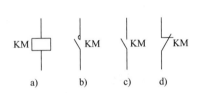

图 1-1-14　交流接触器的符号

a）线圈　b）主触头　c）辅助常开触头　d）辅助常闭触头

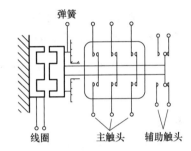

图 1-1-15　交流接触器的工作原理

交流接触器线圈在其额定电压的 85%～105% 时，能可靠地工作。若电压过高，则磁路趋于饱和，线圈电流将显著增大，线圈有被烧坏的危险；若电压过低，则吸不牢衔铁，触头跳动，不但影响电路正常工作，而且线圈电流会达到额定电流的十几倍，使线圈过热而被烧坏。因此，电压过高或过低都会造成线圈发热而被烧毁。

3. 交流接触器的型号及其含义

交流接触器的型号及其含义如下：

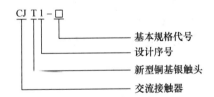

4. 接触器的选择

选择接触器时应从其工作条件出发，主要考虑下列因素：

1）控制交流负载时应选用交流接触器，控制直流负载时则选用直流接触器。

2）主触头的额定工作电流应大于或等于负载电路的电流。还要注意的是，接触器主触头的额定工作电流是在规定的条件下（额定工作电压、使用类别、操作频率等）能够正常工作的电流值，当实际使用条件不同时，这个电流值也将随之改变。

3）主触头的额定工作电压应大于或等于负载电路的电压。

4）吸引线圈的额定电压应与控制回路电压相一致，接触器线圈在其额定电压的 85%～

105%时应能可靠地吸合。

接触器选择的具体步骤如下：

（1）选择接触器的类型 需根据负载种类选择接触器的类型，见表1-1-11。

表1-1-11 根据负载种类选择接触器的类型

负载种类	一类	二类	三类	四类
使用类别代号	AC-1	AC-2	AC-3	AC-4
典型用途	无感或微感负载，如电阻炉等	用于绕线转子异步电动机的起动和停止	用于笼型异步电动机的运转和运行中分断	用于笼型异步电动机的起动、反接制动、反转和点动

（2）选择接触器的额定参数 根据被控对象和工作参数（如电压、电流、功率、频率及工作制等）确定接触器的额定参数。

三、点动正转控制电路的工作原理分析

点动正转控制电路如图1-1-16所示，电路由3部分组成：

1. 电源电路

电源电路是控制设备与外接电路通断的部分，一般由低压开关和熔断器组成。图1-1-16所示的电源电路中QS作为电源开关，控制三相交流电源三根相线L1、L2、L3的通断。

2. 主电路

主电路是指电能的传输、分配、保护所流经的回路。主电路的工作电流是动力装置的额定电流。主电路一般由熔断器、接触器主触头、热继电器和电动机组成。图1-1-16所示的主电路由熔断器FU1、接触器主触头KM和电动机M组成。熔断器FU1仅对电动机起到短路保护作用，对电动机的过载不起作用。接触器主触头KM的分断、闭合控制电动机M的断电、通电。

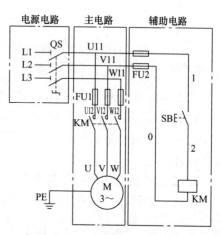

图1-1-16 点动正转控制电路

3. 辅助电路

辅助电路包括控制电路、指示电路、照明电路和信号电路。辅助电路的电流一般不超过5A。

控制电路用于控制主电路的工作状态，一般由主令电器的触头、接触器的线圈及辅助触头、继电器的线圈及辅助触头等组成。

指示电路是显示主电路工作状态的回路，一般由仪表、显示器、指示灯等组成。

照明电路是提供局部照明的回路，一般由照明灯组成。

信号电路是用来指示设备运行状态的回路，其信号按用途可分为位置信号、事故信号和预告信号。

图 1-1-16 所示的辅助电路由熔断器 FU2、按钮 SB 和接触器线圈 KM 组成。线号用数字表示，如 0、1、2、3 等。熔断器 FU2 作为辅助电路的短路保护，按钮 SB 控制辅助电路的通、断。接触器线圈 KM 得电，主触头闭合；接触器线圈 KM 失电，主触头断开。

工作原理如下：当电动机 M 需要点动时，先合上组合开关 QS，此时电动机 M 尚未接通电源。按下起动按钮 SB，接触器 KM 的线圈得电，使衔铁吸合，同时带动接触器 KM 的 3 对主触头闭合，电动机 M 便接通电源起动运转。当电动机 M 需要停机时，只要松开起动按钮 SB，使接触器 KM 的线圈失电，衔铁在反作用弹簧的作用下复位，带动接触器 KM 的 3 对主触头复位分断，电动机 M 失电停转。

9. 常见电动机
基本控制电路

✔ 任务实施

三相异步电动机点动正转控制电路的安装：

一、接触器与按钮安装前的检查

1）检查接触器铭牌与线圈的技术数据（如额定电压、电流、操作频率等）是否符合实际使用要求。

2）检查接触器外观，应无机械损伤；用手推动接触器可动部分时，接触器应动作灵活，无卡阻现象；灭弧罩应完整无损且固定牢固。

3）将铁心极面上的防锈油脂或粘在极面上的铁垢用煤油擦净，以免多次使用后动铁心（衔铁）被粘住，造成断电后不能释放。

4）测量接触器的线圈电阻和绝缘电阻，绝缘电阻要大于 0.5MΩ，接触器不同线圈电阻有差异，但一般为 1.5kΩ。

5）检查按钮外观，应无机械损伤；用手按动按钮帽时，按钮应动作灵活，无卡阻现象。

6）按动按钮，测量检查常开、常闭按钮的通断情况。

二、按钮与接触器的安装固定

1. 按钮的安装与使用维护要求

1）按钮安装在面板上时，应布置整齐，排列合理，如根据电动机起动的先后顺序，从上到下或从左到右排列。

2）同一机床运动部件有几种不同的工作状态时（如上、下，前、后，松、紧等），应使每一对相反工作状态的按钮安装在一组。

3）按钮的安装应牢固，安装按钮的金属板或金属按钮盒必须可靠接地。

4）由于按钮的触头间距较小，如有油污等极易发生短路故障，所以应注意保持触头间的清洁。

5）光标式按钮一般不宜用在需要长期通电显示的地方，以免塑料外壳过度受热而变形，使更换灯泡变困难。

2. 接触器的安装与使用维护要求

（1）接触器的安装

1）交流接触器一般应安装在垂直面上，倾斜度不得超过5°；若有散热孔，则应将有孔的一面放在垂直方向上，以利散热，并按规定留有适当的飞弧空间，以免飞弧烧坏相邻电器。

2）安装和接线时，注意不要将零件失落或掉入接触器内部。安装孔的螺钉应装有弹簧垫圈和平垫圈，并拧紧螺钉以防振动松脱。

3）安装完毕，检查接线正确无误后，在主触头不带电的情况下操作几次，然后测量产品的动作值和释放值，所测数值应符合产品的规定要求。

（2）日常维护

1）应对接触器做定期检查，检查螺钉有无松动、可动部分是否灵活等。

2）接触器的触头应定期清扫，保持清洁，但不允许涂油。当触头表面因电灼作用形成金属小颗粒时，应及时清除。

3）拆装时注意不要损坏灭弧罩。有灭弧罩的接触器绝不允许不装灭弧罩或装破损的灭弧罩运行，以免发生电弧短路故障。

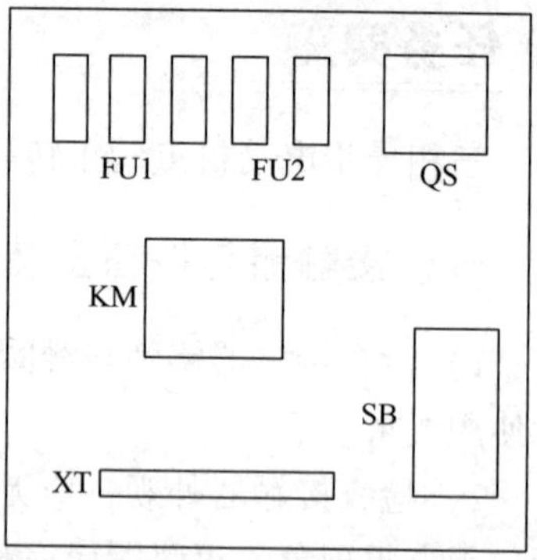

三、电路安装

1. 绘制布置图和接线图（见图 1-1-17、图 1-1-18）

图 1-1-17　布置图

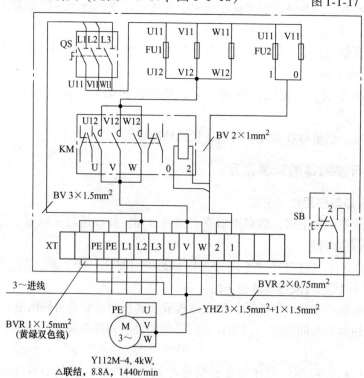

图 1-1-18　接线图

2. 安装步骤

安装步骤与任务一基本相同，本任务操作过程中需要重点说明的是：

1）为保证人身安全，在通电试运行时，要认真执行安全操作规程的有关规定，必须一人监护一人操作。试运行前，应检查与通电试运行有关的电气设备是否有不安全的因素存在，若查出应立即整改，然后方能试运行。

2）通电试运行前，必须先征得教师的同意，并由指导教师接通三相电源 L1、L2、L3，同时在现场监护。学生合上电源开关 QS 后，用验电器检查熔断器出线端，氖管亮说明电源接通。上述检查一切正常后，做好准备工作，在指导教师监护下试运行。

3. 通电试运行

通电试运行将按照下面的两个步骤进行：

1）空操作试验。合上 QS，按下 SB，接触器得电吸合，观察是否符合电路功能要求，元器件的动作是否灵活，有无卡阻及噪声过大等现象。放开 SB，接触器失电复位。反复操作几次，以观察电路的可靠性。

2）带负荷试运行。断开 QS，接好电动机接线。再合上 QS，按下 SB，观察接触器情况是否正常、电动机运行情况是否正常等，但不得对电路接线是否正确进行带电检查。放开 SB，电动机停转。观察过程中，若发现有异常现象，应立即停机。当电动机运转平稳后，用钳形电流表测量三相电流是否平衡。

点动正转控制电路的接线示意图如图 1-1-19 所示。

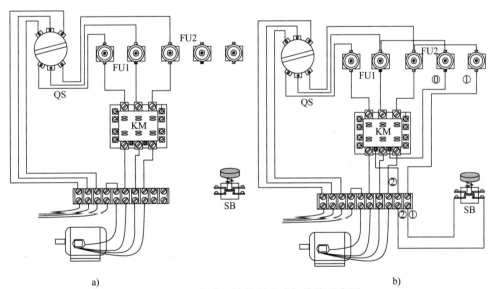

a)   b)

图 1-1-19 点动正转控制电路的接线示意图

a) 主电路接线 b) 整体接线

四、故障检修

1. 接触器的常见故障及其处理方法（见表 1-1-12）

10. 交流接触器
的拆装与检修

表 1-1-12　接触器的常见故障及其处理方法

故障现象	可能的原因	处理方法
吸不上或吸不足（即触头已闭合而铁心尚未完全吸合）	1. 电源电压太低或波动过大 2. 操作回路电源容量不足或发生断线、配线错误及触头接触不良 3. 线圈技术参数与使用条件不符 4. 产品本身受损 5. 触头压力弹簧压力过大	1. 调高电源电压 2. 增加电源容量，更换电路，修理控制触头 3. 更换线圈 4. 更换新品 5. 按要求调整触头参数
不释放或释放缓慢	1. 触头压力弹簧压力过小 2. 触头熔焊 3. 机械可动部分被卡住，转轴生锈或歪斜 4. 反作用弹簧损坏 5. 铁心极面有油垢或尘埃黏着 6. 铁心磨损过大	1. 调整触头参数 2. 排除熔焊故障，更换触头 3. 排除卡住现象，修理受损零件 4. 更换反作用弹簧 5. 清理铁心极面 6. 更换铁心
电磁铁（交流）噪声大	1. 电源的电压过低 2. 触头压力弹簧压力过大 3. 短路环断裂 4. 铁心极面有污垢 5. 磁系统歪斜或机械上卡住，使铁心不能吸平 6. 铁心极面过度磨损而不平	1. 提高操作回路电压 2. 调整触头压力弹簧压力 3. 更换短路环 4. 清除铁心极面污垢 5. 排除机械卡住的故障 6. 更换铁心
线圈过热或烧坏	1. 电源电压过高或过低 2. 线圈技术参数与实际使用条件不符 3. 操作频率过高 4. 线圈匝间短路	1. 调整电源电压 2. 调换线圈或接触器 3. 选择其他合适的接触器 4. 排除短路故障，更换线圈
触头灼伤或熔焊	1. 触头压力过小 2. 触头表面有金属颗粒异物 3. 操作频率过高，或工作电流过大，断开容量不够 4. 长期过载使用 5. 负载侧短路	1. 调高触头弹簧片压力 2. 清理触头表面 3. 调换容量较大的接触器 4. 调换合适的接触器 5. 排除短路故障，更换触头

2. 按钮的常见故障及其处理方法（见表 1-1-13）

表 1-1-13　按钮的常见故障及其处理方法

故障现象	可能的原因	处理方法
触头接触不良	1. 触头烧损 2. 触头表面有尘垢 3. 触头复位弹簧失效	1. 修整触头或更换产品 2. 清理触头表面 3. 重绕弹簧或更换产品

（续）

故障现象	可能的原因	处理方法
触头间短路	1. 塑料受热变形，导致接线螺钉相碰短路 2. 杂物或油污在触头间形成通路	1. 查明发热原因排除并更换产品 2. 清理按钮内部

3. 点动正转控制电路的常见故障及其检查方法（见表1-1-14）

表1-1-14　点动正转控制电路的常见故障及其检查方法

故障现象	原因分析	检查方法
按下按钮后，接触器不吸合，电动机不能起动	1. 电源电路故障 可能故障点：组合开关故障、电源连接导线故障 2. 控制电路故障 可能故障点：熔断器FU2故障、1号线断路、按钮SB常开触头故障、2号线断路、接触器线圈故障	电源电路检查：合上电源开关，用万用表交流"500V"挡分别测量开关下端头U11—V11、V11—W11、U11—W11间的电压，观察是否正常。若正常，故障点在控制电路；若不正常，则检查电源的输入端电压，电压正常，故障点在转换开关，电压不正常，故障点在电源。 控制电路检查：合上电源，用验电器逐点顺序检查是否有电，故障点在有电点和没有电点之间
按下按钮后，接触器吸合，电动机有"嗡嗡"声但不能起动	接触器吸合，说明控制电路没有故障，故障在主电路中，电动机有"嗡嗡"声说明电动机断相 可能故障点：电源W相断相、熔断器FU1故障、接触器主触头故障、连接导线故障、电动机故障	电动机单向转动主电路检查方法：控制电路动作，说明U相、V相正常。合上QS，首先检查QS的W相下端头是否有电，没有，则电源断相；有电，则检查接触器主触头上端头以上部分，用验电器逐点检查是否有电，故障点在有电点和没有电点之间；也可用万用表的交流"500V"挡，通过接触器主触头上端头两两间的电压测量，进行故障相线判断。因为电动机不能长时间断相运行，因此接触器主触头下端头以下部分，不能用按下SB后用验电器检查每一相是否有电的方法。因此检查时要断开电源，拔掉熔断器熔体，用万用表电阻挡检查，其中一表笔固定在接触器主触头某相上端头，按下触头架，另一表笔交替测量另外两相，逐相进行两两间通断情况检测，对其他两相都不通的相是故障相。然后再对故障相逐点检查，找出故障点

🔆 任务总结与评价

参见表1-1-8。

任务三　三相异步电动机接触器自锁正转控制电路的安装与检修

学习目标

技能目标：

（1）能按照工艺要求正确安装接触器自锁控制三相异步电动机正转的电路。

（2）能根据故障现象，使用万用表检修三相异步电动机接触器自锁正转控制电路。

知识目标：

（1）掌握三相异步电动机接触器自锁正转控制电路的工作原理。

（2）能正确识读三相异步电动机接触器自锁正转控制电路的原理图，会绘制布置图和接线图。

素养目标：

（1）加强实训管理，培养职业行为习惯。

（2）通过技能训练，培养职业技能。

任务描述

点动控制电路中，手必须始终按在按钮上，电动机才能连续运转，手松开按钮后，电动机则停转。这种控制电路对于生产机械中电动机的短时间控制十分有效。如果生产机械中电动机需要控制的时间较长，手必须始终按在按钮上，操作人员的一只手被固定，不方便进行其他操作，劳动强度大。

在 CA6140 型车床的主轴电动机上，采用的是按下起动按钮电动机起动运转，松开起动按钮电动机仍继续运行，按下停止按钮电动机停止运行的控制方法。

任务分析

三相异步电动机接触器自锁控制电路可以解决手必须始终按在按钮上的问题。

利用接触器的一个常开辅助触头与起动按钮并联，按下起动按钮后，接触器线圈得电，辅助触头闭合，松开起动按钮后接触器线圈自锁得电，这种控制电路称为接触器自锁控制电路。本次任务就是安装及检修三相异步电动机接触器自锁正转控制电路。

必备知识

一、三相异步电动机接触器自锁控制电路的工作原理分析

1. 工作原理

图 1-1-20 所示电路的主电路和点动控制电路的主电路相同，但在控制电路中又串接了

一个停止按钮 SB2，在起动按钮 SB1 的两端并接了接触器 KM 的一对常开触头。接触器自锁控制电路不但能使电动机连续运转，而且还具有欠电压和失电压（或零电压）保护作用。

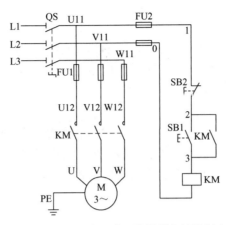

图 1-1-20 三相异步电动机接触器自锁控制电路

它的工作原理如下：

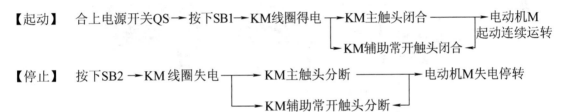

这种当松开起动按钮后，接触器通过自身的辅助常开触头使其线圈保持得电的作用叫作自锁。与起动按钮并联起自锁作用的辅助常开触头叫作自锁触头。

2. 保护分析

（1）欠电压保护　欠电压是指电路电压低于电动机应加的额定电压。欠电压保护是指当电路电压下降到低于某一数值时，电动机能自动切断电源停转，避免电动机在欠电压下运行的一种保护。采用接触器自锁控制电路就可避免电动机欠电压运行。因为当电路电压下降到低于额定电压的 85% 时，接触器线圈两端的电压也同样下降到此值，从而使接触器线圈磁通减弱，产生的电磁吸力减小，当电磁吸力减小到小于反作用弹簧的拉力时，动铁心被迫释放，主触头、自锁触头同时分断，自动切断主电路和控制电路，电动机失电停转，实现欠电压保护。

（2）失电压保护　失电压保护是指电动机在正常运行中，由于外界某种原因引起突然断电时，能自动切断电动机电源；当重新供电时，保证电动机不能自动起动的一种保护。接触器自锁控制电路也可实现失电压保护。因为接触器自锁触头和主触头在电源断电时已经断开，使主电路和控制电路都不能接通，所以在电源恢复供电时，电动机就不会自动起动运转，保证了人身和设备的安全。

（3）短路保护　FU1 对主电路起短路保护作用，FU2 对控制电路起短路保护作用。

（4）过载保护　该电路没有过载保护。

点动控制电路中，由于电动机的运行时间较短，一般通过 FU1 对主电路进行短路保护，通过 FU2 对控制电路进行短路保护，而不需要过载保护。接触器自锁控制电路中控制的电动机若长时间运行，就需要进行过载保护。常用的过载保护电器是热继电器。

二、热继电器

热继电器是利用流过继电器的电流所产生的热效应而反时限动作的自动保护电器。所谓反时限动作，是指电器的延时动作时间随通过电路电流的增加而缩短。热继电器主要与接触器配合使用，用作电动机的过载保护、断相保护、电流不平衡运行的保护及其他电气设备发热状态的控制。

热继电器的形式有多种，主要有双金属片式和电子式，其中双金属片式使用最多。

热继电器按极数分，有单极、两极和三极 3 种，其中三极的又包括带断相保护装置的和不带断相保护装置的；按复位方式分，有自动复位式和手动复位式。常见双金属片式热继电器的外形如图 1-1-21 所示。

图 1-1-21　常见双金属片式热继电器的外形

1. 双金属片式热继电器的结构及工作原理

（1）结构　图 1-1-22a 为三极双金属片式热继电器的结构，由图可知，它主要由热元件、传动机构、常闭触头、电流整定旋钮和复位按钮等组成。热继电器的热元件由主双金属片和绕在外面的电阻丝组成。主双金属片是由两种热膨胀系数不同的金属片复合而成。

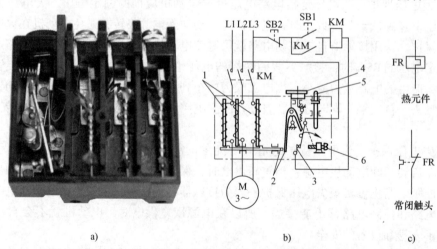

图 1-1-22　三极双金属片式热继电器

a）结构　b）工作原理　c）符号

1—热元件　2—传动机构　3—常闭触头　4—电流整定旋钮　5—复位按钮　6—限位螺钉

（2）工作原理　热继电器在使用时，需要将热元件串联在主电路中，常闭触头串联在控制电路中，如图 1-1-22b 所示。当电动机过载时，流过电阻丝的电流超过热继电器的整定电流，电阻丝发热增多，温度升高，由于主双金属片的两种金属片热膨胀程度不同而使主双金属片发生弯曲，通过传动机构推动常闭触头断开，分断控制电路，再通过接触器切断主电路，实现对电动机的过载保护。

11. 继电器

电源切除后，主双金属片逐渐冷却恢复原位。热继电器的复位有手动复位和自动复位两种形式，可根据使用要求通过限位螺钉来自由调整。一般自动复位时间不大于 5min，手动复位时间不大于 2min。

热继电器的整定电流大小可通过旋转电流整定旋钮来调节。热继电器的整定电流是指热继电器连续工作而不动作的最大电流。超过整定电流，热继电器将在负载达到其允许的过载极限之前动作。

热继电器在电路图中的符号如图 1-1-22c 所示。

由于热继电器主双金属片受热膨胀的热惯性及传动机构传递信号的惰性原因，热继电器从电动机过载到触头动作需要一定的时间，也就是说，即使电动机严重过载甚至短路，热继电器也不会瞬时动作，因此热继电器不能作为短路保护。然而，也正是这个热惯性和机械惰性，保证了热继电器在电动机起动或短时过载时不会动作，从而满足了电动机的运行要求。

这种双金属片式热继电器是通过发热元件来控制动作的，能耗高，逐步被电子热继电器所取代。

2. 热继电器的型号含义

常用 JR20 系列热继电器的型号及含义如下：

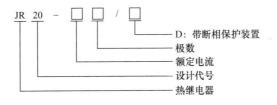

3. 热继电器的选用

选择热继电器时，主要根据所保护电动机的额定电流来确定热继电器的规格和热元件的电流等级。

1）根据电动机的额定电流选择热继电器的规格。一般应使热继电器的额定电流略大于电动机的额定电流。

2）根据需要的整定电流值选择热元件的编号和电流等级。一般情况下，热元件的整定电流为电动机额定电流的 0.95～1.05 倍。

3）根据电动机定子绕组的连接方式选择热继电器的结构形式，即定子绕组为Y联结的电动机选用普通三相结构的热继电器，而△联结的电动机应选用三相结构带断相保护装置的热继电器。

三、具有过载保护的接触器自锁控制电路

图 1-1-23 所示是具有过载保护的接触器自锁控制电路。其主电路是在接触器自锁控制电路的主电路上串联了热继电器的热元件 FR，在控制电路中又串接了一个热继电器的常闭

触头 FR。具有过载保护的接触器自锁控制电路不但能使电动机连续运转，而且还具有欠电压和失电压（或零电压）保护以及过载保护作用。

工作原理分析：工作原理、欠电压保护、失电压保护、短路保护与接触器自锁控制电路相同。

现对过载保护分析如下：电动机运行过程中出现过载现象后，串联在主电路上的热继电器热元件 FR 承受过载电流发热到一定程度即产生动作，触发串接在控制电路中的热继电器常闭触头 FR 断开，接触器线圈失电，接触器主触头复位，电动机停转，实现过载保护。

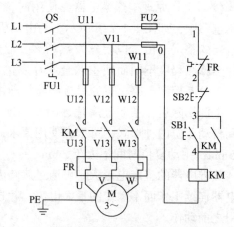

图 1-1-23　具有过载保护的接触器自锁控制电路

✔ 任务实施

安装图 1-1-23 所示的电路。

一、绘制布置图和接线图并安装接线

绘制布置图和接线图，如图 1-1-24 和图 1-1-25 所示。安装步骤与前面任务基本相同，接线示意图如图 1-1-26 所示。

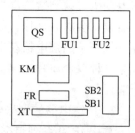

图 1-1-24　布置图

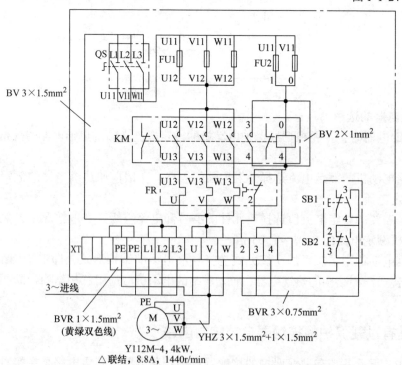

图 1-1-25　接线图

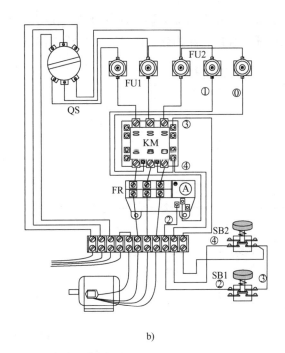

a)

b)

图 1-1-26　接线示意图
a）按钮接线　b）整体接线

二、自检

1）按电路图或接线图从电源端开始，逐段核对接线及接线端子处线号是否正确，有无漏接、错接之处。检查导线接点是否符合要求，压接是否牢固。同时，注意接点接触应良好，以避免带负载运转时产生闪弧现象。

2）用万用表检查电路的通断情况。

用万用表"$R \times 100$"挡检查，断开 QS，摘下接触器灭弧罩。

① 按点动控制电路的步骤、方法检查主电路。

② 检查辅助电路。接好 FU2，做以下几项检查：

a）检查起动控制。将万用表两表笔跨接在 QS 下端子 U11 和 W11 处，应测得断路；按下 SB1，应测得 KM 线圈的电阻值。

b）检查自锁电路。松开 SB1 后，按下 KM 触头架，使其常开辅助触头也闭合，应测得 KM 线圈的电阻值。

如果操作 SB1 或按下 KM 触头架后，测得结果仍为断路，应检查按钮及 KM 自锁触头是否正常，检查它们上、下端子连接线是否正确、有无虚接及脱落。必要时采用移动万用表逐步缩小故障范围的方法探查断路点。如上述测量中测得短路，则重点检查单号、双号导线是否错接到同一端子上了。

c）检查停机控制。在按下 SB1 或按下 KM 触头架测得 KM 线圈的电阻值后，同时按下停止按钮 SB2，则应测出辅助电路由通而断；否则应检查按钮盒内接线，并排除故障。

d）检查过载保护环节。摘下热继电器盖板后，按下 SB1 测得 KM 线圈的电阻值，同时用小螺钉旋具缓慢向右拨动热元件自由端，在听到热继电器常闭触头分断动作声音的同时，万用表应显示辅助电路由通而断；否则应检查热继电器的动作及连接线情况，并排除故障。

三、通电试运行

连接电动机和按钮金属外壳的保护接地线，以及电源、电动机等控制板外部的导线。学生提出申请，经教师检查同意后通电试运行。

1. 空操作实验

合上 QS 做以下实验。

1）按下 SB1，接触器得电吸合，观察是否符合电路功能要求，元器件的动作是否灵活，有无卡阻及噪声过大等现象。放开 SB1，接触器应处于吸合的自锁状态。按下 SB2，接触器应失电复位。

2）用绝缘棒按下 KM 触头架，当其自锁触头闭合时，KM 线圈立即得电，触头保持闭合。按下 SB2，接触器应失电复位。

2. 带负荷试运行

断开 QS，接好电动机接线，再合上 QS，先操作 SB1 起动电动机，待电动机达到额定转速后，再操作 SB2，电动机应失电停转。反复操作几次，以观察电路自锁作用的可靠性。

试运行过程中，随时观察电动机运行情况是否正常等，但不得对电路接线是否正确进行带电检查。观察过程中，若发现有异常现象，应立即停机。当电动机运转平稳后，用钳形电流表测量三相电流是否平衡。

通电试运行完毕，停转，切断电源。先拆除三相电源线，再拆除电动机线。

四、故障检修

1. 热继电器的常见故障及其处理方法（见表1-1-15）

表1-1-15　热继电器的常见故障及其处理方法

故障现象	可能的原因	处理方法
热元件烧断	1. 负载侧短路，电流过大 2. 操作频率过高	1. 排除故障，更换热继电器 2. 更换合适参数的热继电器
热继电器不动作	1. 热继电器的额定电流值选择不合适 2. 整定电流值偏大 3. 动作触头接触不良 4. 热元件烧断或脱焊 5. 动作机构卡阻 6. 导板脱出	1. 按保护容量合理选择 2. 合理调整整定电流值 3. 消除触头接触不良因素 4. 更换热继电器 5. 消除卡阻因素 6. 重新放入导板并调试
热继电器动作不稳定，时快时慢	1. 热继电器内部机构某些部件松动 2. 在检修中弯折了双金属片 3. 通电电流波动太大或接线螺钉松动	1. 紧固松动部件 2. 用两倍电流预试几次或将双金属片拆下来热处理（一般约240℃）以去除内应力 3. 检查电源电压或拧紧接线螺钉

（续）

故障现象	可能的原因	处理方法
热继电器动作太快	1. 整定电流值偏小 2. 电动机起动时间过长 3. 连接导线太细 4. 操作频率过高 5. 使用场合有强烈冲击和振动 6. 可逆转换频繁 7. 安装热继电器处与电动机处环境温差太大	1. 合理调整整定电流值 2. 按起动时间要求，选择具有合适的可返回时间的热继电器或在起动过程中将热继电器短接 3. 选用标准导线 4. 更换合适型号的热继电器 5. 采取防振动措施或选用带防冲击振动的热继电器 6. 改用其他保护方式 7. 按两地温差情况配置适当的热继电器
主电路不通	1. 热元件烧断 2. 接线螺钉松动或脱落	1. 更换热元件或热继电器 2. 紧固接线螺钉
控制电路不通	1. 触头烧坏或动触头片弹性消失 2. 可调整式旋钮转到不合适的位置 3. 热继电器动作后未复位	1. 更换触头或簧片 2. 调整旋钮与螺钉 3. 按动复位按钮

2. 电动机基本控制电路故障检修的一般步骤和方法

（1）用试验法观察故障现象，初步判定故障范围　在不扩大故障范围、不损坏电气设备和机械设备的前提下，对电路进行通电试验，通过观察电气设备和元器件的动作是否正常、各控制环节的动作程序是否符合要求，初步确定故障发生的大概部位或回路。

（2）用逻辑分析法缩小故障范围　根据电气控制电路的工作原理、控制环节的动作程序以及它们之间的联系，结合故障现象做具体的分析，缩小故障范围，特别适用于对复杂电路的故障检查。

（3）用测量法确定故障点　利用电工工具和仪表对电路进行带电或断电测量，常用的方法有电压测量法、电阻测量法、验电器法和校验灯法。

1）电压测量法。测量检查时，首先把万用表的转换开关置于交流"500V"挡位上，然后按图1-1-27所示的方法进行测量。

接通电源，若按下起动按钮SB1时，接触器KM不吸合，则说明控制电路有故障。

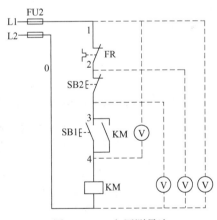

图1-1-27　电压测量法

检测时，在松开按钮SB1的条件下，先用万用表测量0—1两点之间的电压，若电压为380V，则说明控制电路的电源电压正常。然后把黑表笔接到0点上，红表笔依次接到2、3两点上，分别测量出0—2、0—3间的电压，若电压均为380V，再把黑表笔接到1点上，红表笔接到4点上，测量出1—4两点间的电压。根据其测量结果即可找出故障点，见表1-1-16。表中符号"×"表示不需再测量。

表 1-1-16　电压测量法查找故障点

故障现象	0—2 间电压	0—3 间电压	1—4 间电压	故障点
按下 SB1 时，接触器 KM 不吸合	0	×	×	FR 常闭触头接触不良
	380V	0	×	SB2 常闭触头接触不良
	380V	380V	0	KM 线圈断路
	380V	380V	380V	SB1 接触不良

2）电阻测量法。测量检查时，首先把万用表的转换开关置于倍率适当的电阻挡位上（一般选"$R \times 100$"以上的挡位），然后按图 1-1-28 所示的方法进行测量。

接通电源，若按下起动按钮 SB1 时，接触器 KM 不吸合，则说明控制电路有故障。

检测时，首先切断电路的电源（这点与电压测量法不同），用万用表依次测量出 1—2、1—3、0—4 间的电阻值。根据其测量结果可找出故障点，见表 1-1-17。

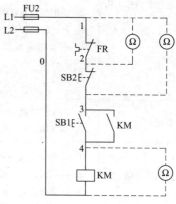

图 1-1-28　电阻测量法

表 1-1-17　电阻测量法查找故障点

故障现象	1—2 间电阻	1—3 间电阻	0—4 间电阻	故　障　点
按下 SB1 时，KM 不吸合	∞	×	×	FR 常闭触头接触不良
	0	∞	×	SB2 常闭触头接触不良
	0	0	∞	KM 线圈断路
	0	0	R[①]	SB1 接触不良

① R 为接触器 KM 线圈的电阻值。

3. 接触器自锁控制电路的故障检修（见表 1-1-18）

表 1-1-18　接触器自锁控制电路的故障检修

故障现象	原因分析	检查方法
按下按钮 SB1，接触器 KM 不吸合	1. 电源电路故障 可能故障点：电源开关 QS 接触不良或损坏 2. 控制电路故障 可能故障点： （1）熔断器 FU2 熔断 （2）热继电器 FR 触头接触不良或动作后未复位 （3）停止按钮 SB2 常闭触头、起动按钮 SB1 常开触头接触不良 （4）接触器线圈断线或损坏	电源电路检查：参照点动电路 控制电路检查：参照点动电路 热继电器故障时应检查电动机是否过载

（续）

故障现象	原因分析	检查方法
接触器 KM 不自锁	可能故障点： 1. 接触器辅助常开触头接触不良 2. 自锁回路断线 （图：KM 触头 2、3 端子）	自锁回路检查 方法：电阻测量法 断开电源，用万用表的电阻挡，将一支表笔固定在 SB2 的下端头，按下 KM 触头架，另一支表笔逐点顺序检查通路情况，当检查到电路不通的情况时，则故障在该点与上一点之间
按下停止按钮 SB2，接触器不释放	可能故障点： 1. 停止按钮 SB2 触头焊住或卡住 2. 接触器 KM 已断电，但可动部分被卡住 3. 接触器铁心接触面上有油污，上下粘住 4. 接触器主触头烧焊住 （图：SB2、KM，U12、V12、W12）	方法：电阻测量法 停止按钮 SB2 检查：断开 QS，用万用表的电阻挡，将两支表笔固定在 SB2 的上、下端头，按下 SB2，检查通断情况 接触器主触头检查：断开 QS，用万用表的电阻挡，将两支表笔分别固定在 KM 的上、下端头，检查通断情况
接触器吸合后响声较大	可能故障点： 1. 电源电压过低 2. 接触器铁心接触面有异物，使铁心接触不严密 3. 接触器铁心的短路环断裂	方法：电压测量法 用万用表交流 "500V" 挡测量 FU2 的电压，观察是否正常。若电压正常，则接触器有故障，检修方法参看本单元任务二
控制电路正常，电动机不能起动并有 "嗡嗡" 声	可能故障点： 1. 电源断相 2. 电动机定子绕组断线或绕组匝间短路 3. 定子、转子气隙中灰尘、油泥过多，将转子抱住 4. 接触器主触头接触不良，使电动机单相运行 5. 轴承损坏、转子扫膛	主电路的检查方法参看任务二 电动机的检查： 1. 用钳形电流表测量电动机三相电流是否平衡 2. 断开 QS，用万用表电阻挡测量绕组是否断路
电动机加负载后转速明显下降	可能故障点： 1. 电动机运行中电路有一相断电 2. 转子笼条断裂	检查电动机运行中电路是否有一相断电，可用钳形电流表测量电动机三相电流是否平衡

🔆 任务总结与评价

参见表 1-1-8。

| 任务四 | 三相异步电动机连续与点动混合正转控制电路和多地控制电路的安装与检修 |

学习目标

技能目标：

（1）能按照工艺要求正确安装三相异步电动机的连续与点动混合正转控制电路和多地控制电路。

（2）能根据故障现象，使用万用表检修三相异步电动机的连续与点动混合正转控制电路和多地控制电路。

知识目标：

（1）能理解三相异步电动机连续与点动混合正转控制电路的工作原理。

（2）能理解三相异步电动机多地控制电路的工作原理。

素养目标：

（1）训练中加强5S管理，培养职业行为习惯。

（2）反复练习，提升职业技能。

任务描述

在生产实践过程中，机床设备正常工作时需要电动机连续运行，而试运行和调整刀具与工件的相对位置时，又要求"点动"控制。人们将这种既能点动控制又能自锁控制的电路，称为异步电动机连续与点动混合正转控制电路。

任务分析

常见的连续与点动混合正转控制电路有两种：一是手动开关控制的连续与点动混合正转控制电路；二是复合按钮控制的连续与点动混合正转控制电路。本次任务就是安装与检修复合按钮控制的连续与点动混合正转控制电路和三相异步电动机接触器自锁两地控制电路。

必备知识

一、连续与点动混合正转控制电路

图1-1-29所示是两种不同的连续与点动混合正转控制电路，它们的主电路完全相同，仅在控制电路中的自锁电路上有所不同。图1-1-29a所示电路是在自锁电路上加装手动开关来控制自锁电路的通和断的，而图1-1-29b所示电路中则是采用复合按钮SB3来控制自锁电路的通和断的。

1. 手动开关控制的连续与点动混合正转控制电路的工作原理分析

手动开关控制的连续与点动混合正转控制电路如图1-1-29a所示，其工作原理如下：

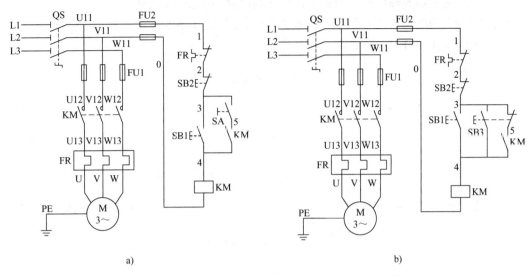

图 1-1-29 两种不同的连续与点动混合正转控制电路

a）手动开关控制的连续与点动混合正转控制电路 b）复合按钮控制的连续与点动混合正转控制电路

（1）点动控制（SA 打开）

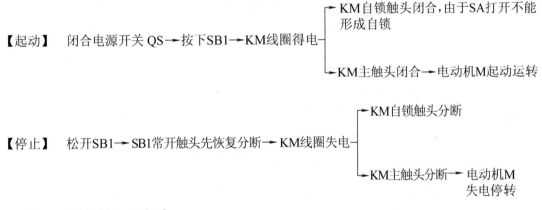

【起动】 闭合电源开关 QS→按下SB1→KM线圈得电┬KM自锁触头闭合，由于SA打开不能形成自锁

└KM主触头闭合→电动机M起动运转

【停止】 松开SB1→SB1常开触头先恢复分断→KM线圈失电┬KM自锁触头分断

└KM主触头分断→电动机M失电停转

（2）连续控制（SA 闭合）

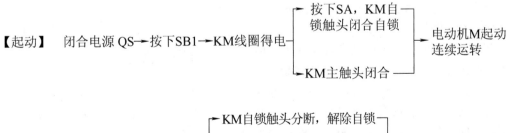

【起动】 闭合电源 QS→按下SB1→KM线圈得电┬按下SA，KM自锁触头闭合自锁┐电动机M起动连续运转

└KM主触头闭合┘

【停止】 按下SB2→KM线圈失电┬KM自锁触头分断，解除自锁┐电动机M失电停转

└KM主触头分断┘

2. 复合按钮控制的连续与点动混合正转控制电路的工作原理分析

复合按钮控制的连续与点动混合正转控制电路如图 1-1-29b 所示，其工作原理如下：

（1）连续控制（SB3 未按下）

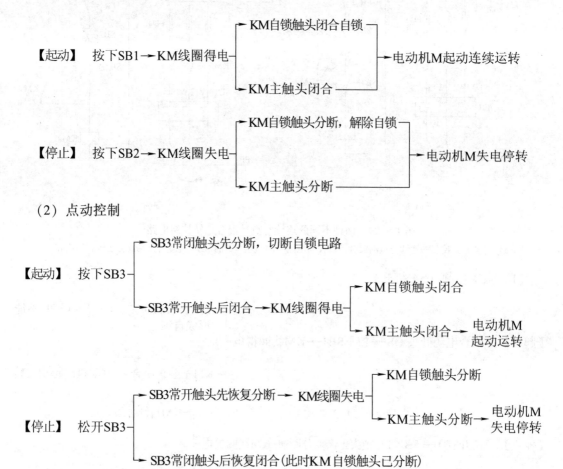

【起动】 按下SB1→KM线圈得电→ KM自锁触头闭合自锁 / KM主触头闭合 →电动机M起动连续运转

【停止】 按下SB2→KM线圈失电→ KM自锁触头分断，解除自锁 / KM主触头分断 →电动机M失电停转

（2）点动控制

【起动】 按下SB3→ SB3常闭触头先分断，切断自锁电路 / SB3常开触头后闭合→KM线圈得电→ KM自锁触头闭合 / KM主触头闭合→电动机M起动运转

【停止】 松开SB3→ SB3常开触头先恢复分断→KM线圈失电→ KM自锁触头分断 / KM主触头分断→电动机M失电停转 / SB3常闭触头后恢复闭合(此时KM自锁触头已分断)

二、多地控制电路

在 X62W 型铣床上，为了操作控制的方便，设有两个操作台，可在这两个地点对一台电动机进行控制。

能在两个或两个以上的地点控制同一台电动机的控制方式，称为电动机的多地控制。要实现多地控制，起动按钮要并联在一起，停止按钮要串联在一起，这样就可以分别在多地起动和停止同一台电动机，达到操作方便的目的。

图 1-1-30 所示是在三相异步电动机接触器自锁控制电路中加入一个停止按钮和一个起动按钮而构成的两地控制电路。

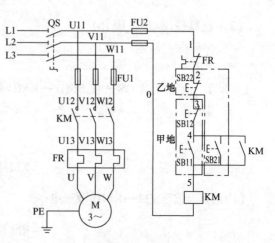

图 1-1-30　三相异步电动机接触器自锁两地控制电路

工作原理分析：

1. 甲地控制

【起动】　按下SB11 → KM线圈得电 → KM主触头闭合 ────→ 电动机M起动连续运转
　　　　　　　　　　　　　　　　　↳ KM自锁触头闭合自锁 ─┘

【停止】　按下SB12 → KM线圈失电 → KM主触头分断 ────→ 电动机M失电停转
　　　　　　　　　　　　　　　　　↳ KM自锁触头解除自锁 ─┘

2. 乙地控制

【起动】　按下SB21 → KM线圈得电 → KM主触头闭合 ────→ 电动机M起动连续运转
　　　　　　　　　　　　　　　　　↳ KM自锁触头闭合自锁 ─┘

【停止】　按下SB22 → KM线圈失电 → KM主触头分断 ────→ 电动机M失电停转
　　　　　　　　　　　　　　　　　↳ KM自锁触头解除自锁 ─┘

三、绘制与识读电路图的原则

对于较复杂的电路，将电气装置和元器件的实际图形都画出来是非常麻烦的，此时可将这些电气装置和元器件用国家标准规定的电气图形符号表示出来，并在它们的旁边标上电器的文字符号，画出电路图来分析它们的作用、电路的构成和工作原理等。

1. 电路图

电路图是根据生产机械运动形式对电气控制系统的要求，采用国家统一规定的电气图形和文字符号，按照电气设备和电器的工作顺序排列，详细表示电路、设备或成套装置的全部基本组成和连接关系，但不涉及元器件的结构尺寸、材料选用、安装位置和实际配线方法的一种简图。

电路图能充分表达电气设备和电器的用途、作用以及电路的工作原理，是进行电气控制电路安装、调试和检修的理论依据。

2. 绘制与识读电路图应遵循的原则

1）电路图一般分为电源电路、主电路和辅助电路3部分。

① 电源电路一般画成水平线，三相交流电源的相序 L1、L2、L3 自上而下依次画出，若有中性线 N 和保护接地线 PE，则依次画在相线之下。直流电源的"＋"端画在上边，"－"端在下边画出。电源开关要水平画出。

② 主电路是指受电的动力装置及控制、保护电器的支路等，是电源向负载提供电能的电路，它是由主熔断器、接触器的主触头、热继电器的热元件以及电动机等组成的。主电路通过的是电动机的工作电流，电流比较大，因此一般在图样上用粗实线表示，绘制在电路图的左侧并垂直于电源电路。

③ 辅助电路一般包括控制主电路工作状态的控制电路、显示主电路工作状态的指示电路、提供机床设备局部照明的照明电路等，一般由主令电器的触头、接触器的线圈及辅助触头、继电器的线圈及触头、仪表、指示灯和照明灯等组成。通常辅助电路通过的电流较小，一般不超过5A。辅助电路要跨接在两相电源之间，一般按照控制电路、指示电路和照明电路的顺序，用细实线依次垂直画在主电路的右侧，并且耗能元件（如接触器和继电器的线

圈、指示灯、照明灯等）要画在电路图的下方，与下边电源线相连，而电器的触头要画在耗能元件与上边电源线之间。为读图方便，一般应按照自左至右、自上而下的排列来表示操作顺序。

2）电路图中，元器件不画出其实际的外形，而是采用国家统一规定的电气图形符号表示。

同一电器的各元器件不是按它们的实际位置画在一起，而是按其在电路中所起的作用分别画在不同的电路中，但它们的动作却是相互关联的，必须用同一文字符号加以标注。若同一电路图中相同的电器较多时，需要在该电器文字符号后面标注不同的数字以示区别。各电器的触头位置都按电路未通电或电器未受外力作用时的触头常态位置画出，分析工作原理时应从触头的常态位置出发。

3）电路图采用电路编号法，即对电路中的各个接点用字母或数字编号。

① 主电路在电源开关的出线端按相序依次编号为 U11、V11、W11，然后按从上至下、从左至右的顺序，每经过一个元器件后，编号要递增，如 U12、V12、W12，U13、V13、W13 等。单台三相交流电动机（或设备）的三根引出线，按相序依次编号为 U、V、W。对于多台电动机引出线的编号，为了不致引起误解和混淆，可在字母前用不同的数字加以区别，如 1U、1V、1W，2U、2V、2W 等。

② 辅助电路编号按"等电位"原则，按从上至下、从左至右的顺序用数字依次编号，每经过一个元器件后，编号要依次递增。控制电路编号的起始数字必须是 1，其他辅助电路编号的起始数字依次递增 100，如照明电路编号从 101 开始，指示电路编号从 201 开始等。

在电气图中，导线、电缆线、信号通路及元器件、设备的引线均称为连接线。绘制电气图时，连接线一般应采用实线，无线电信号通路采用虚线，并且应尽量减少不必要的连接线，避免线条交叉和弯折。对有直接电联系的交叉导线的连接点，要用小黑圆点表示；无直接电联系的交叉跨越导线则不画小黑圆点，如图 1-1-31 所示。

图 1-1-31　连接线的交叉连接与交叉跨越
a）交叉连接　b）交叉跨越

✔ 任务实施

本次任务是安装图 1-1-29b 所示的复合按钮控制的连续与点动混合正转控制电路和图 1-1-30 所示的三相异步电动机接触器自锁两地控制电路。

12. 连续与点动
混合正转控制
电路的安装

一、绘制布置图和接线图

1. 绘制布置图

布置图如图 1-1-32 所示，图 1-1-32a 是手动开关控制的连续与点动电路布置图，图 1-1-32b 是复合按钮控制的连续与点动电路布置图，图 1-1-32c 是三相异步电动机接触器自锁两地控制电路布置图。

2. 绘制接线图

手动开关控制的连续与点动混合正转控制电路接线图如图 1-1-33 所示。

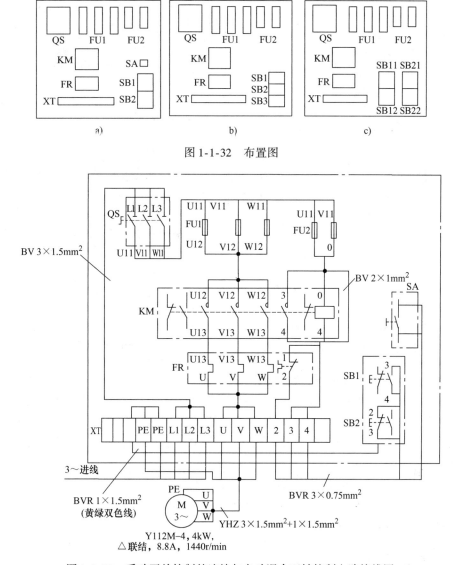

图 1-1-32 布置图

图 1-1-33 手动开关控制的连续与点动混合正转控制电路接线图

复合按钮控制的连续与点动混合正转控制电路接线图和三相异步电动机接触器自锁两地控制电路接线图请读者自己绘制。

二、电路安装

安装步骤、工艺要求与前面任务基本相同。

图 1-1-34 所示是复合按钮控制的连续与点动混合正转控制电路的接线示意图。图 1-1-35 所示是三相异步电动机接触器自锁两地控制电路的接线示意图。

三、自检

1. 复合按钮控制的连续与点动混合正转控制电路的检查

控制电路的检查步骤如下：将控制电路与主电路断开，万用表应选用倍率适当的电阻挡，

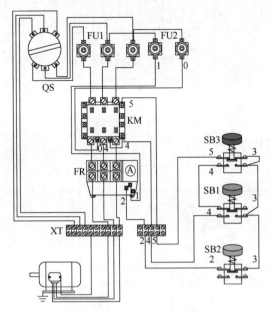

图 1-1-34 复合按钮控制的连续与点动混合
正转控制电路的接线示意图

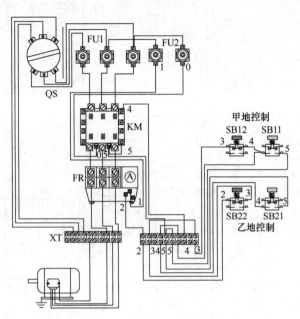

图 1-1-35 三相异步电动机接触器自锁两地
控制电路的接线示意图

并进行校零，以防发生短路故障。将表笔分别搭在 U11、V11 线端上，读数应为"∞"。按下 SB1 时，读数应为接触器线圈的直流电阻值。松开 SB1，按下 SB3 时，读数应为接触器线圈的直流电阻值。松开 SB3，手动按动接触器，使接触器触头吸合，读数应为接触器线圈的直流电阻值。然后断开控制电路，再检查主电路有无开路或短路现象，此时可用手动来代替接触器通电进行检查。

2. 三相异步电动机接触器自锁两地控制电路的检查

参考具有过载保护的接触器自锁控制电路的检查方法进行检查，重点检查 SB12 与 SB22 是否是串联关系，SB11 与 SB21 是否是并联关系。

四、通电试运行

与具有过载保护的接触器自锁控制电路的通电试运行方法基本一致。

分别安装手动开关控制的连续与点动混合正转控制电路、复合按钮控制的连续与点动混合正转控制电路和三相异步电动机接触器自锁两地控制电路。

五、故障检修

1）连续与点动混合正转控制电路的故障检修，参照点动和自锁控制电路的故障检修。

2）三相异步电动机接触器自锁两地控制电路的故障检修，见表 1-1-19。

13. 连续与点动
混合正转控制
电路的检修

表 1-1-19　电路故障的现象、原因分析及检查方法

故障现象	原因分析	检查方法
按 SB11 能正常起动，按 SB21 不能正常起动	右图中点画线所圈的部分，就是故障部分 可能故障点： 1. 4 号或 5 号线松脱或断线 2. SB21 接触不良 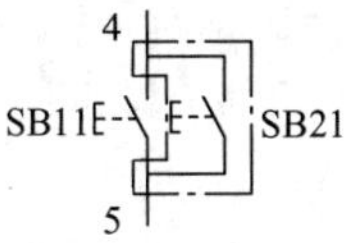	断开电源后，打开按钮盖，用电阻测量法找出故障点
按 SB12 能正常停止，按 SB22 不能正常停止	右图中点画线所圈的部分，就是故障部分 可能故障点：按钮 SB22 内短路 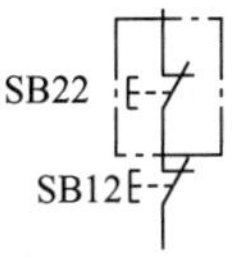	参见按钮的故障检修

注：其他故障参见具有过载保护的接触器自锁正转控制电路相应内容。

💡 任务总结与评价

参见表 1-1-8。

三相异步电动机正反转控制电路的安装与检修

在生产实践中，有许多生产机械的电动机不仅需要正转控制，同时还需要反转控制。单元一中的正转控制电路只能使电动机朝一个方向旋转，带动生产机械的运动部件朝一个方向运动。要满足生产机械运动部件能向正、反两个方向运动，就要求电动机能实现正、反转控制。本单元将对三相异步电动机正反转控制电路进行讨论。

✏️ 学习指南

通过学习本单元，能正确识读三相异步电动机正反转控制电路的原理图，能绘制布置图和接线图，能按照工艺要求正确安装三相异步电动机正反转控制电路，初步掌握低压断路器的选用方法与简单检修，并能根据故障现象检修三相异步电动机正反转控制电路。

主要知识点：三相异步电动机正反转控制电路的工作原理。

主要能力点：三相异步电动机正反转控制电路的故障检测方法及步骤。

学习重点：三相异步电动机正反转控制电路的安装步骤及工艺要求。

学习难点：三相异步电动机正反转控制电路的常见故障及其检修。

👆 能力体系／（知识体系）／内容结构

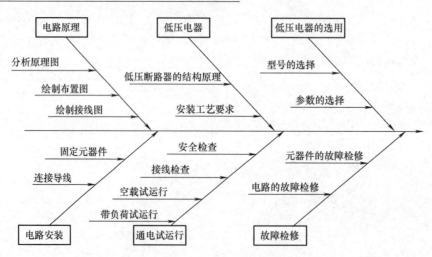

任务一 接触器联锁正反转控制电路的安装与检修

学习目标

技能目标:
(1) 能按照板前明线布线的工艺要求,正确安装接触器联锁正反转控制电路。
(2) 能根据故障现象,使用万用表检修三相异步电动机接触器联锁正反转控制电路。
知识目标:
(1) 正确理解三相异步电动机接触器联锁正反转控制电路的工作原理。
(2) 能正确绘制三相异步电动机接触器联锁正反转控制电路的布置图和接线图。
素养目标:
(1) 严格工艺要求,培养职业行为习惯。
(2) 加强训练,提升职业技能。

任务描述

在许多生产机械中,根据生产需求,电动机不仅要能正转,而且还要能反转,如在 Z3040 型摇臂钻床中控制摇臂升降的电动机,电动机正转则摇臂上升,电动机反转则摇臂下降。

任务分析

我们知道,当改变通入三相异步电动机定子绕组的三相电源相序,即把接入三相异步电动机三相电源进线中的任意两相对调接线时,电动机就可以反转。利用不同的两个接触器来对调两根相线,即可实现正反转控制。本次任务就是安装与检修接触器联锁正反转控制电路。

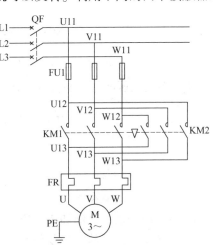

图 1-2-1 接触器切换定子绕组三相电源相序的电路

必备知识

图 1-2-1 中,KM1 闭合、KM2 断开时,电动机的三相电源按 L1—L2—L3 相序接线,电动机正转;KM2 闭合、KM1 断开时,电动机的三相电源按 L3—L2—L1 相序接线,电动机反转。其工作原理与接触器自锁控制电路基本相同。

一、低压断路器

1. 低压断路器的结构、符号和型号含义

几款低压断路器的外形如图 1-2-2 所示。

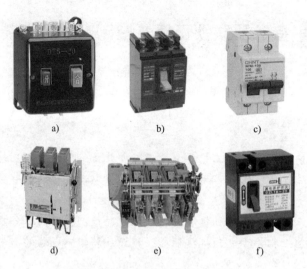

图 1-2-2　几款低压断路器的外形

a）DZ5 系列塑壳式　b）DZ15 系列塑壳式　c）NH2－100 隔离开　d）DW15 系列万能式

e）DW16 系列万能式　f）DZL18 剩余电流断路器

DZ5 系列低压断路器的结构如图 1-2-3a 所示。它主要由触头系统、灭弧装置、操作机构、热脱扣器、电磁脱扣器及绝缘外壳等部分组成。低压断路器的符号如图 1-2-3b 所示。

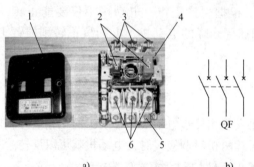

图 1-2-3　DZ5 系列低压断路器的结构和符号

a）结构　b）符号

1—绝缘外壳　2—按钮　3—热脱扣器　4—触头系统　5—接线柱　6—电磁脱扣器

DZ5 系列低压断路器的型号及含义如下：

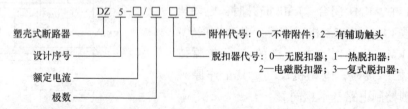

2. 低压断路器的功能和工作原理

（1）低压断路器的功能及分类　低压断路器简称断路器。它集控制和多种保护功能于一体，在电路工作正常时，它作为电源开关可以不频繁地接通和分断电路；当电路中发生短路、过载和失电压等故障时，它能自动跳闸切断故障电路，保护电路和电气设备。

低压断路器具有操作安全、安装使用方便、工作可靠、动作值可调、分断能力较高、兼做多种保护、动作后不需要更换元器件等优点，因此得到广泛应用。其分类见表1-2-1。

表1-2-1　低压断路器的分类

分类方法	常见形式	分类方法	常见形式
按结构形式	1. 塑壳式（又称为装置式） 2. 万能式（又称为框架式） 3. 限流式 4. 直流快速式 5. 灭磁式 6. 漏电保护式	按安装方式	1. 固定式 2. 插入式 3. 抽屉式
按操作方式	1. 人力操作式 2. 动力操作式 3. 储能操作式	按断路器在电路中的用途	1. 配电用断路器 2. 电动机保护用断路器 3. 其他负载（如照明）用断路器
按极数	1. 单极式 2. 二极式 3. 三极式 4. 四极式		

通常用得比较多的分类方法是按结构形式划分，几种塑壳式和万能式低压断路器的外形如图1-2-3a所示。在电力拖动系统中常用的是DZ系列塑壳式低压断路器，下面以DZ5-20型低压断路器为例进行介绍。

（2）低压断路器的工作原理　低压断路器的工作原理如图1-2-4所示。

按下接通按钮时，外力使锁扣克服反作用弹簧的推力，将固定在锁扣上面的静触头与动触头闭合，并由锁扣锁住搭扣使静触头与动触头保持闭合，开关处于接通状态。

当电路发生过载时，过载电流流过热元件，电流的热效应使双金属片受热向上弯曲，通过杠杆推动搭扣与锁扣脱扣，在反作用弹簧推力的作用下，动、静触头分断，切断电路，完成过电流保护。

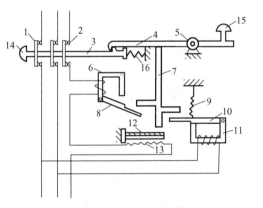

图1-2-4　低压断路器的工作原理

1—动触头　2—静触头　3—锁扣　4—搭扣
5—转轴座　6—电磁脱扣器　7—杠杆
8—电磁脱扣器衔铁　9—拉力弹簧
10—欠电压脱扣器衔铁　11—欠电压脱扣器
12—双金属片　13—热元件　14—接通按钮
15—停止按钮　16—反作用弹簧

当电路发生短路故障时，短路电流使电磁脱扣器产生很大的磁力吸引衔铁，衔铁撞击杠杆推动搭扣与锁扣脱扣，切断电路，完成短路保护。一般电磁脱扣器的整定电流在低压断路器出厂时设定为$10I_N$（I_N为断路器的额定电流）。

当电路欠电压时，欠电压脱扣器上产生的电磁力小于拉力弹簧的拉力，在弹簧力的作用下衔铁松脱，衔铁撞击杠杆推动搭扣与锁扣脱扣，切断电路，完成欠电压保护。

提醒：DZ5 系列低压断路器适用于交流 50Hz、额定电压为 380V、额定电流小于 50A 的电路中，用在三相异步电动机的控制电路中，可作为电动机的短路和过载保护；用在配电网络中，断路器可用来分配电能和作为电路及电源设备的短路和过载保护之用；在正常情况下，低压断路器也可分别用于保护电动机不频繁起动及电路不频繁转换。

3. 低压断路器的选用

1）低压断路器的额定电压和额定电流应不小于电路、设备的正常工作电压和工作电流。

2）热脱扣器的整定电流应等于所控制负载的额定电流。

3）电磁脱扣器的瞬时脱扣整定电流应大于负载电路正常工作时的峰值电流。用于控制电动机的断路器，其瞬时脱扣整定电流 I_z 可按下式选取：

$$I_z \geqslant K I_{st}$$

式中，K 为安全系数，可取 1.5～1.7；I_{st} 为电动机的起动电流。

4）欠电压脱扣器的额定电压应等于电路的额定电压。

5）断路器的极限通断能力应不小于电路的最大短路电流。

二、三相异步电动接触器联锁正反转控制电路的工作原理

图 1-2-5 所示电路相当于两条分别控制正转和反转的自锁电路并联，其中，SB1 和 SB3 分别控制电动机的正转和停止，SB2 和 SB4 分别控制电动机的反转和停止。

图 1-2-6 与图 1-2-5 基本相同，SB3 作为 KM1 和 KM2 共同的停止按钮，即按下 SB3，无论电动机正转还是反转都会停转。图 1-2-6 与图 1-2-5 相比减少了一个停止按钮，但控制效果相同。

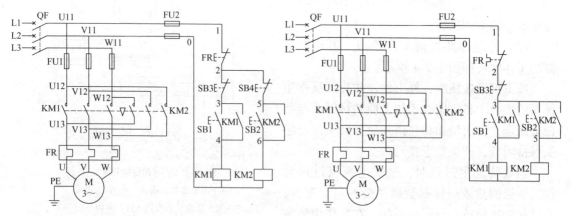

图 1-2-5　接触器自锁正反转控制电路（形式 1）　　图 1-2-6　接触器自锁正反转控制电路（形式 2）

以上两个电路都有相同的问题，即当正转时错按反转起动按钮，或反转时错按正转起动按钮，KM1 和 KM2 都得电吸合，会发生相间短路事故。因此，图 1-2-5 与图 1-2-6 所示电路在现实中没有应用。

为了避免两个接触器 KM1 和 KM2 同时得电动作发生相间短路事故，在正、反转控制电路中分别串接了对方接触器的一对辅助常闭触头，如图 1-2-7 所示。其工作过程如下：

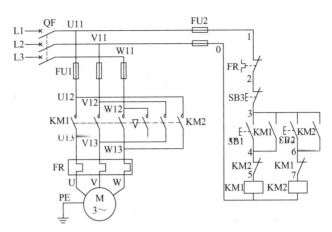

图 1-2-7 接触器联锁正反转控制电路

1. 正转控制

按下SB1 → KM1线圈得电 → KM1主触头闭合 → 电动机M起动运转
　　　　　　　　　　　　 → KM1自锁触头闭合自锁
　　　　　　　　　　　　 → KM1 联锁触头（6–7）分断，对KM2联锁

2. 停止控制

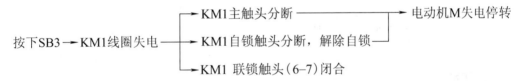

按下SB3 → KM1线圈失电 → KM1主触头分断 → 电动机M失电停转
　　　　　　　　　　　　 → KM1自锁触头分断，解除自锁
　　　　　　　　　　　　 → KM1 联锁触头（6–7）闭合

3. 反转控制

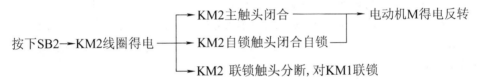

按下SB2 → KM2线圈得电 → KM2主触头闭合 → 电动机M得电反转
　　　　　　　　　　　　 → KM2自锁触头闭合自锁
　　　　　　　　　　　　 → KM2 联锁触头分断,对KM1联锁

　　当一个接触器得电动作时，通过其辅助常闭触头使另一个接触器不能得电动作，接触器之间这种相互制约的作用叫作接触器联锁（或互锁）。实现联锁作用的辅助常闭触头称为联锁触头（或互锁触头），联锁符号用"▽"表示。

✔ 任务实施

安装接触器联锁正反转控制电路：

一、绘制布置图和接线图

1. 绘制布置图（见图 1-2-8）
2. 绘制接线图（见图 1-2-9）

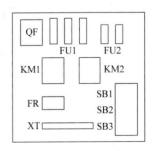

图 1-2-8 布置图

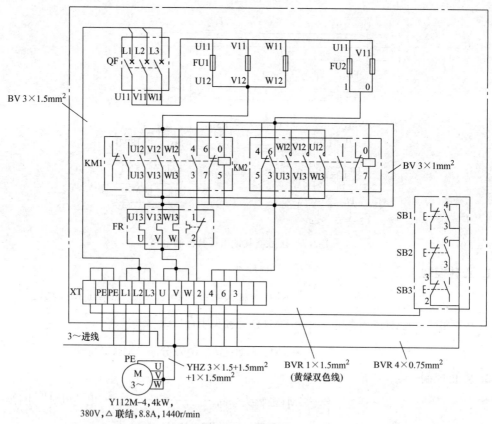

图 1-2-9　接线图

二、布线

接线的顺序、要求与单向起动电路基本相同，并应注意以下几个问题：

1）主电路从 QF 到接线端子板 XT 之间的走线方式与单向起动电路完全相同。两只接触器主触头端子之间的连线可以直接在主触头高度的平面内走线，不必向下贴近安装底板，以减少导线的弯折。

2）辅助电路接线时，可先接好两只接触器的自锁电路，核查无误后再进行联锁电路的接线。这两部分电路应反复核对，不可接错，其接线示意图如图 1-2-10 所示。

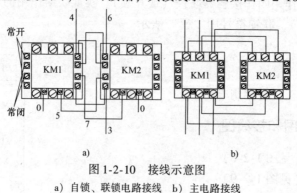

图 1-2-10　接线示意图

a）自锁、联锁电路接线　b）主电路接线

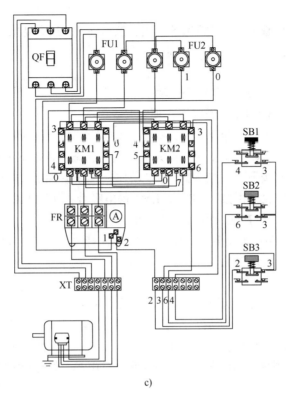

图 1-2-10 接线示意图（续）

c）整体接线

三、自检

用万用表检查电路的通断情况。万用表选用倍率适当的电阻挡，并进行校零。

断开 QF，摘下 KM1、KM2 的灭弧罩，用万用表"$R \times 1$"挡测量检查以下各项：

（1）检查主电路 断开 FU2 以切除辅助电路。

1）检查各相通路。两表笔分别接 U11—V11、V11—W11 和 W11—U11 端子测量相间电阻值，未操作前测得断路；分别按下 KM1、KM2 触头架，均应测得电动机一相绕组的直流电阻值。

2）检查电源换相通路。两表笔分别接 U11 端子和接线端子板上的 U 端子，按下 KM1 触头架时应测得 $R \rightarrow 0$。松开 KM1 而按下 KM2 触头架时，应测得电动机一相绕组的电阻值。用同样的方法测量 W11—W 之间的通路。

（2）检查辅助电路 拆下电动机接线，接通 FU2，将万用表的表笔接于 QF 下端 U11、V11 端子做以下几项检查：

1）检查正反转起动及停机控制。操作按钮前应测得断路；分别按下 SB1 和 SB2，各应测得 KM1 和 KM2 线圈的电阻值；如同时再按下 SB3，万用表应显示电路由通而断。

2）检查自锁电路。分别按下 KM1 及 KM2 触头架，应分别测得 KM1、KM2 线圈的电阻值。

3）检查联锁电路。按下 SB1（或 KM1 触头架），测得 KM1 线圈的电阻值后，再同时轻轻按下 KM2 触头架使常闭触头分断，万用表应显示电路由通而断。用同样方法检查 KM1 对

KM2 的联锁作用。

4）按前述的方法检查 FR 的过载保护作用，然后使 FR 触头复位。

四、通电试运行

做好准备工作，在指导教师监护下试运行。

（1）空操作实验　合上 QF，做以下几项实验：

1）正、反向起动、停机。按下 SB1，KM1 应立即动作并能保持吸合状态；按下 SB3 使 KM1 释放；按下 SB2，则 KM2 应立即动作并保持吸合状态；再按下 SB3，KM2 应释放。

2）联锁作用实验。按下 SB1 使 KM1 得电动作；再按下 SB2，KM1 不释放且 KM2 不动作；按下 SB3 使 KM1 释放，再按下 SB2 使 KM2 得电吸合；按下 SB1 则 KM2 不释放且 KM1 不动作。反复操作几次，检查联锁电路的可靠性。

3）用绝缘棒按下 KM1 触头架，KM1 应得电并保持吸合状态；再用绝缘棒缓慢地按下 KM2 触头架，KM1 应释放，随后 KM2 得电再吸合；再按下 KM1 触头架，则 KM2 释放而 KM1 吸合。

做此项实验时应注意：为保证安全，一定要用绝缘棒操作接触器的触头架。

（2）带负荷试运行　切断电源后，连接好电动机接线，装好接触器灭弧罩，合上 QF，然后开始实验正、反向起动、停机：操作 SB1 使电动机正向起动，操作 SB3 停机后再操作 SB2 使电动机反向起动。注意观察电动机起动时的转向和运行声音，如有异常则立即停机检查。

五、故障排除

1. 故障检修的步骤和方法

1）用试验法来观察故障现象。主要注意观察电动机的运行情况、接触器的动作情况和电路的工作情况等，如发现有异常情况，应马上断电检查。

2）用逻辑分析法缩小故障范围，并在电路图上用点画线标出故障部位的最小范围。

3）用测量法准确、迅速地找出故障点。

4）根据故障点的不同情况，采取正确的修复方法，迅速排除故障。

5）排除故障后通电试运行。

2. 接触器联锁正反转控制电路的各种故障现象、原因分析及检查方法（见表 1-2-2）

表 1-2-2　接触器联锁正反转控制电路的各种故障现象、原因分析及检查方法

故障现象	原因分析	检查方法
按下 SB1（或 SB2）时，接触器 KM1（或 KM2）动作，但电动机不能起动，且有"嗡嗡"声	按下 SB1（或 SB2）时，接触器 KM1（或 KM2）动作，说明控制电路正常，故障应在主电路上，其可能原因是： 1. 电源 W 相断相 2. 熔断器 FU1 有熔体熔断 3. 热继电器 FR 的热元件损坏 4. 主触头接触不良 5. 主电路各连接点接触不良或连接导线断路 6. 电动机故障	立即按下停止按钮： 1. 用验电器检查电源开关 W 相的上下端，若上端无电，则电源断相；若上端有电，下端无电，则开关故障 2. 若电源下端有电，用验电器检查接触器 KM1、KM2 的上接线桩是否有电，若某相无电，则用验电器从该点开始逐点向上检查，故障点在有电点与无电点之间

（续）

故障现象	原因分析	检查方法
按下 SB1（或 SB2）时，接触器 KM1（或 KM2）动作，但电动机不能起动，且有"嗡嗡"声	U11　V11　W11　FU1 FU1 FU1　U13　V12　W12　KM1　KM2　U13　V13　W13　FR　U V W　M 3～　PE	3. 若接触器主触头的上端头都有电，则断开电源，拔掉熔断器熔体，用万用表电阻挡检查，其中一表笔固定在接触器 KM1（或 KM2）主触头某相上端头，按下触头架，另一表笔交替测量另外两相，逐相进行两两间通断情况检测，对其他两相都不通的相是故障相。然后再对故障相逐点检查，找出故障点
正转控制正常，反转时接触器 KM2 不动作，电动机 M 不起动	正转控制正常，说明电源电路、熔断器 FU1 和 FU2、热继电器 FR、停止按钮 SB3 及电动机 M 均正常，其故障可能在反转控制电路 3—SB2—6—KM1—7—KM2—0 上　3 SB2 6 KM1 7 KM2 0	方法一：用验电器依次检查反转控制电路上的反转起动按钮 SB2、联锁触头 KM1 和接触器 KM2 线圈的上、下接线桩，根据是否有电找出故障点　方法二：断开电源后，用电阻测量法找出反转控制电路 3—SB2—6—KM1—7—KM2—0 上的故障点
正转控制正常，反转断相	正转正常，反转断相，说明电源电路、控制电路、熔断器、热继电器及电动机均正常，故障可能原因是反转接触器 KM2 主触头的某一相接触不良或其连接导线松脱或断路　U12 V12 W12 KM2　U13 V13 W13	用验电器检查反转接触器 KM2 主触头的上接线桩是否有电，若某点无电，则该相连接导线断路；都有电，则断开电源，按下 KM2 触头架，用万用表的电阻挡分别测量每对主触头的通断情况，不通者即为故障点；若全部导通，再检查 KM2 主触头下接线桩连接导线的通断情况，直至找出故障点
按下 SB1（或 SB2）时，接触器 KM1（或 KM2）不动作，电动机不起动	接触器 KM1（或 KM2）不动作，其可能原因是： 1. 电源电路故障 2. 熔断器 FU2 熔体熔断 3. 热继电器 FR 的常闭触头接触不良 4. 停止按钮 SB3 接触不良 5. 0 号线出现断路　QF FU2　L1 L2 L3　1 0 FR 2 SB3 3	1. 用电压测量法或验电器法查找电源电路和熔断器 FU2 的故障点 2. 用电阻测量法或验电器法查找控制电路公共部分的故障点

（续）

故障现象	原因分析	检查方法
按下 SB1 时，电动机正常运转；松开 SB1 后，电动机停转	由故障现象可判断故障点应在正转控制电路的自锁电路上 1. 接触器 KM1 的自锁触头接触不良 2. KM1 的自锁回路断路 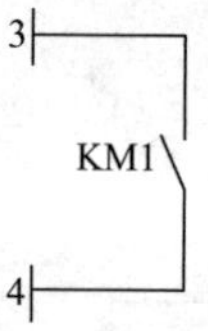	断开电源，将万用表置于倍率适当的电阻挡，将一支表笔固定在 SB3 的接线桩 3，按下 KM1 触头架，另一支表笔依次逐点检查自锁回路的通断情况，当检查到使电路不通的点时，则故障点在该点与上一点之间
按下 SB1 时，电动机正常运转，但按下停止按钮 SB3 后，电动机不停转	按下 SB3 后，电动机不停转的可能原因是： 1. 停止按钮 SB3 常闭触头焊住或卡住 2. 接触器 KM1 已断电，但其可动部分被卡住 3. 接触器 KM1 铁心接触面上有油污，其上、下铁心被粘住 4. 接触器 KM1 主触头熔焊 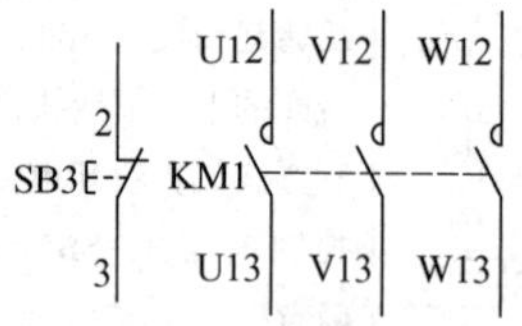	1. 停止按钮 SB3 的检查：断开电源，将万用表置于倍率适当的电阻挡，把两支表笔固定在 SB3 的 2、3 接线桩，检查通断情况 2. 接触器 KM1 主触头的检查：断开电源，将万用表置于倍率适当的电阻挡，把两支表笔分别固定在 KM1 主触头的上、下接线桩，检查通断情况
按下 SB1（或 SB2）时，电动机有"嗡嗡"声，但不能正常起动	根据故障现象判断故障范围，可能是在电源电路或主电路上出现了断相故障	参照单元一中任务三介绍的方法检查

💡 任务总结与评价

参见表 1-1-8。

📖 任务拓展

【按钮联锁正反转控制电路】

接触器联锁正反转控制电路的优点是安全可靠，缺点是操作不便。电动机从正转变为反转时，必须先按下停止按钮后才能按反转起动按钮，否则由于接触器的联锁作用，不能实现反转。为克服接触器联锁正反转控制电路操作不便的不足，可把正转按钮 SB1 和反转按钮 SB2 换成两个复合按钮，并使两个复合按钮的常闭触头代替接触器的联锁触头，这就构成了按钮联锁正反转控制线路，如图 1-2-11 所示。

按钮联锁正反转控制电路的工作原理与接触器联锁正反转控制电路的工作原理基本相同，只是当电动机从正转变为反转时，可以直接按 SB2 即可，不必先按 SB3。因为当按下 SB2 时，串接在正转控制电路中的 SB2 的常闭触头先分断，使正转接触器 KM1 先失电，KM1 主触头和自锁触头分断，电动机失电。SB2 的常闭触头分断后，SB2 的常开触头才随后

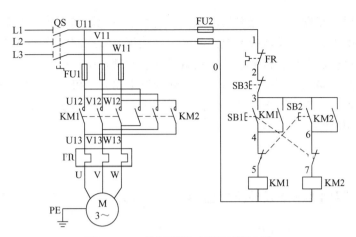

图 1-2-11　按钮联锁正反转控制电路

闭合，接通反转控制电路，电动机 M 反转。这样既保证了 KM1 和 KM2 的线圈不会同时得电，又可在不按停止按钮的情况下进行正反转转换。

　　按钮联锁正反转控制电路与接触器联锁正反转控制电路相比，操作更加方便了，但是，缺点是容易产生电源两相短路故障。例如，当正转接触器 KM1 发生主触头熔焊或被杂物卡住时，即使 KM1 线圈失电，主触头也分断不了，若按下 SB2，KM2 得电动作，触头闭合，将造成电源两相短路故障的发生。由于按钮联锁正反转控制电路存在安全隐患，所以在实际工作中不采用。

任务二　按钮、接触器双重联锁正反转控制电路的安装与检修

学习目标

技能目标：
(1) 能按照工艺要求正确安装按钮、接触器双重联锁正反转控制电路。
(2) 能熟练使用万用表检修按钮、接触器双重联锁正反转控制电路。
知识目标：
(1) 理解三相异步电动机按钮、接触器双重联锁正反转控制电路的工作原理。
(2) 能正确绘制三相异步电动机按钮、接触器双重联锁正反转控制电路的接线图。
素养目标：
(1) 通过练习场地管理，培养职业行为习惯。
(2) 加强技能训练，提升职业技能。

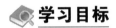任务描述

　　接触器联锁正反转控制电路安全可靠，但从正转到反转，在操作上很不方便，必须要先按停止按钮再按反转按钮才能完成从正转到反转的操作。在按钮联锁正反转控制电路中，从

正转到反转是可以直接操作，但接触器触头损坏时容易造成短路事故，因而安全性不足。

为了克服接触器联锁正反转控制电路和按钮联锁正反转控制电路的不足，在按钮联锁的基础上又增加了接触器联锁，构成按钮、接触器双重联锁正反转控制电路。按钮、接触器双重联锁正反转控制电路保留了接触器联锁正反转控制电路安全可靠和按钮联锁正反转控制电路操作方便的优点，又克服了上述两电路的缺点。本次任务就是安装与检修按钮、接触器双重联锁正反转控制电路。

✍ 必备知识

按钮、接触器双重联锁正反转控制电路如图 1-2-12 所示。

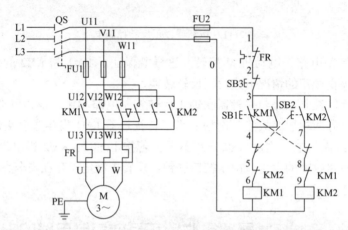

图 1-2-12　按钮、接触器双重联锁正反转控制电路

电路的工作原理如下：

1. 正转控制

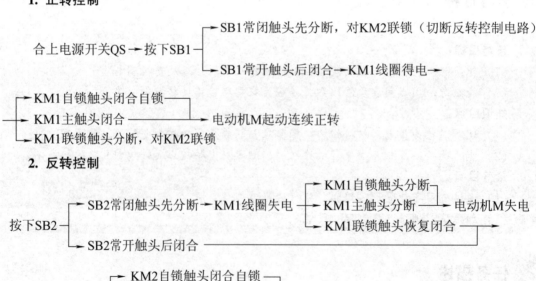

合上电源开关QS → 按下SB1
- SB1常闭触头先分断，对KM2联锁（切断反转控制电路）
- SB1常开触头后闭合 → KM1线圈得电 →

- KM1自锁触头闭合自锁
- KM1主触头闭合 → 电动机M起动连续正转
- KM1联锁触头分断，对KM2联锁

2. 反转控制

按下SB2
- SB2常闭触头先分断 → KM1线圈失电
  - KM1自锁触头分断
  - KM1主触头分断 → 电动机M失电
  - KM1联锁触头恢复闭合
- SB2常开触头后闭合

→ KM2线圈得电
- KM2自锁触头闭合自锁
- KM2主触头闭合 → 电动机M起动连续反转
- KM2联锁触头分断，对KM1联锁（切断正转控制电路）

3. 停止控制

按下SB3 → 整个控制电路失电 → ┌─→ 自锁触头复位
　　　　　　　　　　　　　　　├─→ 主触头分断 → 电动机M失电停转
　　　　　　　　　　　　　　　└─→ 联锁触头复位

该电路具有接触器联锁电路和按钮联锁电路的优点，操作方便，工作安全可靠，在生产实际中有广泛的应用。

✔ 任务实施

安装图 1-2-12 所示的按钮、接触器双重联锁正反转控制电路。

14. 双重联锁正反转控制电路的安装与检修

一、绘制布置图和接线图

1. 绘制布置图

其布置图与接触器联锁正反转控制电路的布置图相同。

2. 绘制接线图（见图 1-2-13）

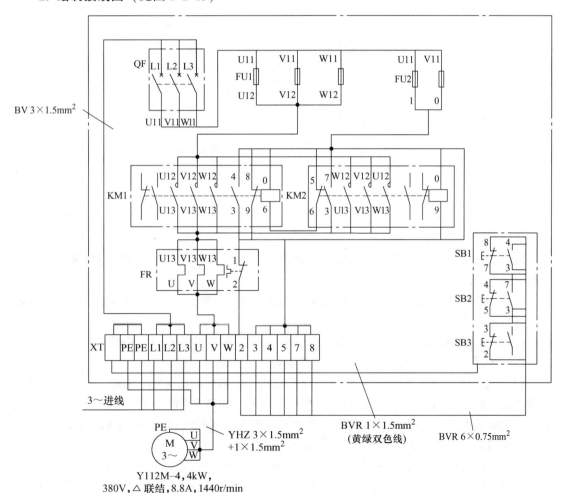

图 1-2-13　接线图

二、布线

布线的方法、工艺与接触器联锁正反转控制电路相同，其接线示意图如图 1-2-14 所示。

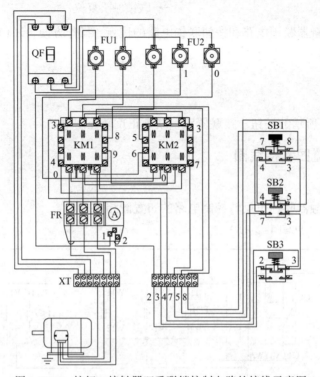

图 1-2-14　按钮、接触器双重联锁控制电路的接线示意图

三、自检

用万用表检查电路的通断情况，万用表选用"$R \times 1$"挡，并进行校零。断开 QF，摘下 KM1 和 KM2 的灭弧罩，进行以下几项检查。

（1）检查主电路　断开 FU2 切除辅助电路，按照接触器联锁正反转控制电路的要求检查主电路。

（2）检查辅助电路　拆下电动机接线，接通 FU2。万用表笔接 QF 下端的 U11、V11 端子，进行以下几项检查：

1）检查起动和停机控制。分别按下 SB1、SB2，各应测得 KM1、KM2 线圈的电阻值；在操作 SB1 或 SB2 的同时按下 SB3，万用表应显示电路由通而断。

2）检查自锁电路。分别按下 KM1、KM2 触头架，各应测得 KM1、KM2 线圈的电阻值；如操作的同时按下 SB3，万用表应显示电路由通而断。如果测量时发现异常，则重点检查接触器自锁触头上下端子的连线。容易接错处是：将 KM1 的自锁线错接到 KM2 的自锁触头上；将常闭触头用作自锁触头等。应根据异常现象分析、检查。

3）检查按钮联锁。按下 SB1 测得 KM1 线圈的电阻值后，再同时按下 SB2，万用表显示电路由通而断；同样，先按下 SB2 再同时按下 SB1，也应测得电路由通而断。发现异常时，应重点检查按钮盒内 SB1、SB2 和 SB3 之间接线以及按钮盒引出护套线与接线端子板 XT 的连接是否正确，若发现错误应立即予以纠正。

4）检查辅助触头联锁电路。按下 KM1 触头架测得 KM1 线圈的电阻值后，再同时按下 KM2 触头架，万用表应显示电路由通而断；同样，先按下 KM2 触头架再同时按下 KM1 触头架，也应测得电路由通而断。如发现异常，应重点检查接触器常闭触头与相反转向接触器线圈端子之间的连线。常见的错误接线是：将常开触头错当作联锁触头；将接触器的联锁线错接到同一接触器的线圈端子上等。应对照原理图、接线图认真核查排除错接。

四、通电试运行

（1）空操作实验　合上 QF 做以下实验：

1）检查正反向起动、自锁电路和按钮联锁电路。交替按下 SB1、SB2，观察 KM1 和 KM2 受其控制动作的情况，细听它们运行的声音，观察按钮联锁作用是否可靠。

2）检查辅助触头联锁动作。用绝缘棒按下 KM1 触头架，当其自锁触头闭合时，KM1 线圈立即得电，触头保持闭合；再用绝缘棒轻轻按下 KM2 触头架，使其联锁触头分断，则 KM1 应立即释放；继续将 KM2 的触头架按到底，则 KM2 得电动作。再用同样的办法检查 KM1 对 KM2 的联锁作用。反复操作几次，以观察电路联锁作用的可靠性。

（2）带负荷试运行　断开 QF，接好电动机接线，再合上 QF，先操作 SB1 起动电动机，待电动机达到额定转速后，再操作 SB2，注意观察电动机转向是否改变。交替操作 SB1 和 SB2 的次数不可太多，动作应慢，防止电动机过载。

五、故障排除

电路故障与前述接触器联锁电路的常见故障基本相同，其分析、检查及处理方法请参照前述内容，不同的见表 1-2-3。

表 1-2-3　电路的故障现象、原因分析及检查方法

故障现象	原因分析	检查方法
正转正常，按下反转按钮 SB2，KM1 能释放，但 KM2 不吸合，电动机不能反转	可能故障点： 1. 接触器 KM1 辅助常闭触头接触不良或断线 2. 反转按钮 SB2 常开触头接触不良 3. 正转按钮 SB1 常闭触头接触不良 4. 接触器 KM2 线圈断路 5. 接触器 KM2 触头卡阻	按下 SB2，用验电器依次测量 SB2 常开触头的上下端头，SB1 常闭触头的上下端头，KM1 常闭触头的上下端头，故障点在有电点和无电点之间。若上述正常，断开电源，用万用表电阻挡测量接触器 KM2 线圈的上下端头，检查其通断情况。若线圈也正常，则是接触器触头卡阻

注：其他故障参见接触器联锁正反转控制电路相应内容。

任务总结与评价

参见表 1-1-8。

三相异步电动机位置控制与顺序控制电路的安装与检修

1

✏️ 学习指南

通过学习本单元，能正确识读三相异步电动机位置控制电路和顺序控制电路的原理图、布置图和接线图，会按照工艺要求正确安装三相异步电动机位置控制电路和顺序控制电路，初步掌握行程开关的选用方法与简单检修，并能根据故障现象检修三相异步电动机位置控制电路和顺序控制电路。

主要知识点：位置控制电路和顺序控制电路的工作原理。

主要能力点：位置控制电路和顺序控制电路的故障检测方法及步骤。

学习重点：位置控制电路和顺序控制电路的安装步骤及工艺要求。

学习难点：三相异步电动机位置控制电路和顺序控制电路的常见故障及其检修。

👆 能力体系/（知识体系）/内容结构

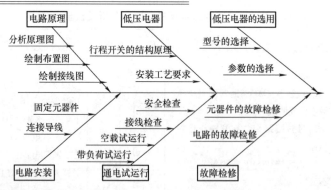

| 任务一 | 三相异步电动机位置控制电路的安装与检修 |

🔍 学习目标

技能目标：

（1）能按照板前线槽布线工艺要求正确安装位置控制电路。

（2）熟练使用万用表检修位置控制电路的故障。

知识目标：

（1）正确识别、选用、安装、使用行程开关，熟记它的图形符号和文字符号。

（2）正确理解三相异步电动机位置控制电路的工作原理。

素养目标：

（1）通过提高实训环境要求，培养职业行为习惯。

（2）反复练习，提升职业技能。

任务描述

在生产过程中，需要对一些生产机械运动部件的行程或位置进行限制，若仅仅依靠设备的操作人员进行控制，一是劳动强度大，另外生产的安全性也不能得到保证。如在 M7475B 型平面磨床工作台的左右移动和磨头上升控制中设有位置控制，还有像万能铣床、镗床、桥式起重机及各种自动或半自动控制机床设备中也都用到了这种控制方式。

任务分析

对生产机械运动部件的行程或位置进行限制，即对拖动生产机械运动部件的电动机进行控制，当运动部件到达设定位置或行程后，电路能自动停止电动机的运行。

这种利用生产机械运动部件上的挡铁与行程开关碰撞，使其触头动作，来接通或断开电路，以实现对生产机械运动部件的位置或行程进行限制的自动控制方式，称为位置控制，又称为行程控制或限位控制。

而实现这种控制要求所依靠的主要电器是行程开关或接近开关。本次任务就是安装与检修三相异步电动机位置控制电路。

必备知识

一、行程开关

行程开关是一种利用生产机械某些运动部件的碰撞来发出控制指令的主令电器，主要用于控制生产机械的运动方向、速度、行程大小或位置，是一种自动控制电器。

行程开关的作用原理与按钮相同，区别在于它不是靠手指的按压使其触头动作，而是利用生产机械运动部件的碰压使其触头动作，从而将机械信号转变为电信号，使运动机械按一定的位置或行程实现自动停止、反向运动、变速运动或自动往返运动等。

1. 行程开关的结构、符号、原理和型号含义

（1）结构和符号　机床中常用的行程开关有 LX19 和 JLXK1 等系列，各系列行程开关的基本结构大体相同，都是由操作机构、触头系统和外壳组成的，如图 1-3-1a 所示。操作机构由滚轮、传动杠杆、转轴和撞块组成，微动开关构成触头系统。行程开关在电路图中的符号如图 1-3-1b 所示。

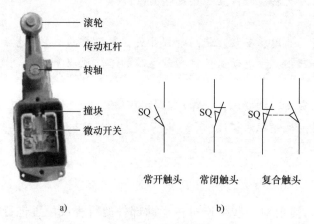

图 1-3-1 行程开关的结构和符号
a）结构 b）符号

（2）动作原理 当运动机械的挡铁撞到行程开关上的滚轮时，传动杠杆连同转轴一起转动，使凸轮撞动撞块，当撞块被压到一定位置时，推动微动开关快速动作，其常闭触头断开、常开触头闭合；滚轮上的挡铁移开后，复位弹簧就使行程开关各部分复位。其中，单轮旋转式行程开关能自动复位，还有一种直动式（按钮式）行程开关也是依靠复位弹簧复位的。而双轮旋转式行程开关不能自动复位，依靠运动机械反向移动时，挡铁碰撞另一滚轮时将其复位。几种行程开关的外形如图 1-3-2 所示。

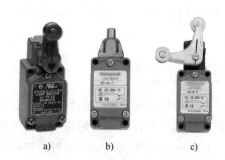

图 1-3-2 几种行程开关的外形
a）单轮旋转式 b）直动式（按钮式）
c）双轮旋转式

行程开关一般都具有快速换接动作机构，它的触头瞬时动作，这样可以保证动作的可靠性和准确性，还可以减少电弧对触头的烧灼。

行程开关的触头类型有一常开一常闭、一常开二常闭、二常开一常闭、二常开二常闭等形式，动作方式可分为瞬动、蠕动和交叉从动式三种，动作后的复位方式有自动复位和非自动复位两种。

（3）型号含义 LX19 系列和 JLXK1 系列行程开关的型号及含义如下：

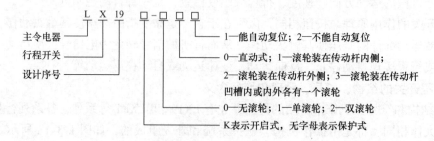

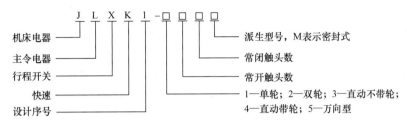

2. 行程开关的选用

行程开关的主要参数有型号、工作行程、额定电压及触头的电流容量，在产品说明书中都有详细说明。主要根据动作要求、安装位置及触头数量选择行程开关。

行程开关的控制机构是机械的，工作中需要与工作机械进行频繁的接触，如果在室外或环境较差的地方较容易损坏，如在户外工作的起重吊装设备吊钩上进行行程限位控制的行程开关，在日晒雨淋的环境中容易损坏，往往行程开关的损坏又会伴随着一些设备事故的发生。随着科学技术的发展，在这些场合使用的行程开关，逐步被一种不需要接触、密封较好的接近开关取代。

接近开关又称为无触头行程开关，它能在一定距离内检测有无物体靠近，当物体接近到设定的距离时，就可以发出"动作"信号。接近开关的核心部分是"感辨头"，它对接近的物体有很高的感辨能力。选择合适的接近开关可以取代行程开关。

二、工作原理分析

图 1-3-3 所示为工厂车间里的行车常采用的位置控制电路。

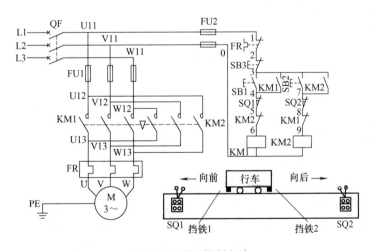

图 1-3-3　位置控制电路

图 1-3-3 的右下角是行车运动示意图，在行车运行路线的两端终点处各安装一个行程开关 SQ1 和 SQ2，它们的常闭触头分别串接在正转控制电路和反转控制电路中。当安装在行车前后的挡铁1或挡铁2撞击行程开关的滚轮时，行程开关的常闭触头分断，切断控制电路，使行车自动停止。图 1-3-3 所示电路的工作原理如下：

合上电源开关QF→按下SB1→KM1线圈得电 ┬→KM1自锁触头闭合自锁
　　　　　　　　　　　　　　　　　　├→KM1主触头闭合→电动机MT得电正转——
　　　　　　　　　　　　　　　　　　└→KM1联锁触头分断，对KM2联锁

→工作台左移→至限定位置，挡铁1撞击SQ1→SQ1常闭触头断开→KM1线圈失电——

┬→KM1自锁触头分断，解除自锁
├→KM1主触头复位断开→电动机M失电停转
└→KM1联锁触头闭合，解除对KM2联锁

按下SB2 →KM2线圈得电 ┬→KM2自锁触头闭合自锁
　　　　　　　　　　　├→KM2主触头闭合→电动机M得电反转——
　　　　　　　　　　　└→KM2联锁触头分断，对KM1联锁

→工作台右移→至限定位置，挡铁2撞击SQ2→SQ2常闭触头断开→KM2线圈失电——

┬→KM2自锁触头分断，解除自锁
├→KM2主触头复位断开→电动机M失电停转
└→KM2联锁触头闭合，解除对KM1联锁

在按下SB1(SB2)后，按下SB3→整个控制电路失电→KM1（或KM2）主触头分断——

→电动机M失电停转

三、板前线槽布线工艺要求

1. 走线槽安装的工艺要求

安装走线槽时，应做到横平竖直、排列整齐匀称、安装牢固和便于走线等。

2. 板前线槽配线的工艺要求

1）所有导线的截面积在大于或等于 $0.5mm^2$ 时，必须采用软线。考虑机械强度的原因，所用导线的最小截面积，在控制箱外为 $1mm^2$，在控制箱内为 $0.75mm^2$。但控制箱内通过很小电流的电路连线，如电子逻辑电路，可采用截面积为 $0.2mm^2$ 的导线，并且可以采用硬线，但只能用于不移动又无振动的场合。

2）布线时，严禁损伤线芯和导线绝缘。

3）各元器件接线端子引出导线的走向，以元器件的水平中心线为界线，在水平中心线以上接线端子引出的导线，必须进入元器件上面的走线槽；在水平中心线以下接线端子引出的导线，必须进入元器件下面的走线槽。任何导线都不允许从水平方向进入走线槽内。

4）各元器件接线端子上引出或引入的导线，除间距很小和元器件机械强度很差允许直接架空敷设外，其他导线必须经过走线槽进行连接。

5）进入走线槽内的导线要完全置于走线槽内，并应尽可能避免交叉，装线不要超过其容量的70%，以便于能盖上线槽盖和以后的装配及维修。

6）各元器件与走线槽之间的外露导线，应走线合理，并尽可能做到横平竖直，变换走向要垂直。同一个元器件上位置一致的端子和同型号元器件中位置一致的端子上，引出或引

入的导线要敷设在同一平面上，并应做到高低一致或前后一致，不得交叉。

7）所有接线端子、导线线头上，都应套有与电路图上相应接点线号一致的编码套管，并按线号进行连接，连接必须牢靠，不得松动。

8）在任何情况下，接线端子都必须与导线截面积和材料性质相适应。当接线端子不适合连接软线或较小截面积的软线时，可以在导线端头穿上针形或叉形轧头并压紧。

9）一般一个接线端子只能连接一根导线，如果采用专门设计的端子，可以连接两根或多根导线，但导线的连接方式，必须是公认的、在工艺上成熟的连接方式，如夹紧、压接、焊接和绕接等，并应严格按照连接工艺的工序要求进行。

✔ 任务实施

安装图 1-3-3 所示的位置控制电路。

一、安装布线

安装步骤与前面任务基本相同，布线时需要按照板前线槽布线工艺要求进行。接线示意图如图 1-3-4 所示。

二、通电试运行

（1）空操作实验 合上电源开关QF，按照双重联锁正反转控制电路的实验步骤检查各控制环境与保护环节的动作情况。实验结果一切正常后，再按下SB1 使 KM1 得电动作，然后用绝缘棒按下 SQ1 的滚轮，使其触头分断，则 KM1应失电释放。用同样的方法检查 SQ2 对KM2 的控制作用。反复操作几次，检查限位控制电路动作的可靠性。

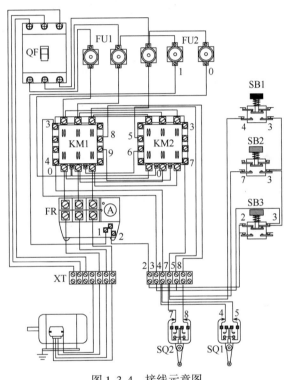

图 1-3-4 接线示意图

（2）带负荷试运行 断开 QF，接好电动机接线，装好接触器的灭弧罩。合上 QF，做好立即停机的准备，做下述几项实验：

1）检查电动机转向。按下 SB1，电动机起动并拖动设备上的运动部件开始移动，如移动方向为正方向（指向前）则符合要求；如果运动部件向反方向（指向后）移动，则应立即断电停机，否则限位控制电路不起作用，运动部件越过规定位置后继续移动，可能造成机械故障。将 QF 上端子处的任意两相电源线交换后，再接通电源试运行。电动机的转向符合要求后，操作 SB2 使电动机拖动部件反向运动，检查 KM2 的改换相序作用。

2）检查行程开关的限位控制作用。做好停机的准备，起动电动机拖动设备正向运动，当部件移动到规定位置附近时，要注意观察挡块与行程开关 SQ1 滚轮的相对位置。SQ1 被挡块操作后，电动机应立即停机。按下反向起动按钮（SB2）时，电动机应能反向拖动部件返回。如出现挡块过高、过低或行程开关动作后不能控制电动机等异常情况，应立即断电停机进行检查。

3）反复操作几次，观察电路的动作和限位控制动作的可靠性。在部件的运动中可以随时操作按钮改变电动机的转向，以检查按钮的控制作用。

三、故障排除

1. 行程开关的常见故障及其处理方法（见表1-3-1）

表1-3-1　行程开关的常见故障及其处理方法

故障现象	可能的原因	处理方法
挡铁碰撞行程开关后，触头不动作	1. 安装位置不准确 2. 触头接触不良或连线松脱 3. 触头弹簧失效	1. 调节安装位置 2. 清洗触头或紧固连线 3. 更换弹簧
传动杠杆已经偏转，或无外界机械力作用，但触头不复位	1. 复位弹簧失效 2. 内部撞块卡阻 3. 调节螺钉太长，顶住开关按钮	1. 更换弹簧 2. 清扫内部杂物 3. 检查调节螺钉

2. 电路常见故障的维修

电路常见的故障与双重联锁正反转控制电路类似。限位控制部分故障主要有挡块、行程开关的固定螺钉松动造成动作失灵等，见表1-3-2。

表1-3-2　电路故障的现象、原因分析及检查方法

故障现象	原因分析	检查方法
挡铁碰到SQ1后电动机不能停止	可能故障点：行程开关SQ1不动作 行程开关不动作多为行程开关未分断、行程开关固定螺钉松动使传动机构松动或发生位移、行程开关被撞坏使机构动作失灵、杂质进入开关内部使开关机械被卡住等原因造成的	1. 从外观检查行程开关固定螺钉是否松动；按压并放开行程开关，查看行程开关机构动作是否失灵 2. 断开电源，使用万用表的电阻挡，将两支表笔连接在SQ1的两端，按压并放开行程开关，检查通断情况
挡铁碰到SQ1电动机停止后，按SB2电动机起动，挡铁碰到SQ2停止后，再按SB1电动机不起动	可能故障点：行程开关SQ1不复位 1. 行程开关不复位多为运动部件或撞块超行程太多使机械失灵、开关被撞坏，杂质进入开关内部使机械部分被卡住，开关复位弹簧失效、弹力不足使触头不能复位闭合等原因造成的 2. 触头表面不清洁、有油垢造成的	1. 检查外观，是否因为运动部件或撞块超行程太多，造成行程开关机械损坏 2. 断开电源，打开行程开关检查触头表面是否清洁 3. 断开电源，使用万用表的电阻挡，将两支表笔连接在SQ1的两端，检查通断情况

注：其他故障参见接触器联锁正反转控制电路。

🔘 任务总结与评价

参见表1-1-8。

任务二

三相异步电动机自动循环控制电路的安装与检修

学习目标

技能目标：
（1）能按照板前线槽布线工艺要求正确安装自动循环控制电路。
（2）能使用万用表检修自动循环控制电路。

知识目标：
正确理解三相异步电动机自动循环控制电路的工作原理。

素养目标：
（1）通过不断提高工艺要求，培养职业行为习惯。
（2）反复安装练习，提升职业技能。

任务描述

在生产实际中，如 B2012A 型刨床工作台要求在一定行程内自动往返循环运动，X62W 型铣床工作台要求在纵向进给中自动循环工作，以便实现对工件的连续加工，提高生产效率。

任务分析

这种自动往返的循环运动，就需要电气控制电路能对电动机实现自动换接正反转控制。而这种利用机械运动触碰行程开关实现电动机自动换接正反转控制的电路，就是电动机自动循环控制电路。本次任务就是安装与检修自动循环控制电路。

必备知识

图 1-3-5 所示为工作台自动循环控制电路。从图中可以看出，为了使电动机的正反转控制与工作台的左右运动相配合，在控制电路中设置了 4 个行程开关 SQ1～SQ4，并把它们安装在工作台需要限位的地方。其中，SQ1、SQ2 被用来自动换接电动机正反转控制电路，实现工作台的自动往返行程控制；SQ3 和 SQ4 被用来做终端保护，以防止 SQ1、SQ2 失灵，工作台越过限定位置而造成事故。在工作台边的 T 形槽中装有两块挡铁，挡铁 1 只能和 SQ1、SQ3 相碰撞，挡铁 2 只能和 SQ2、SQ4 相碰撞。当工作台运动到所限位置时，挡铁碰撞行程开关，使其触头动作，自动换接电动机正反转控制电路，通过机械传动机构使工作台自动往返运动。工作台行程可通过移动挡铁位置来调节，拉开两块挡铁间的距离，行程就短，反之则长。

工作台自动循环控制电路的工作原理分析如下：

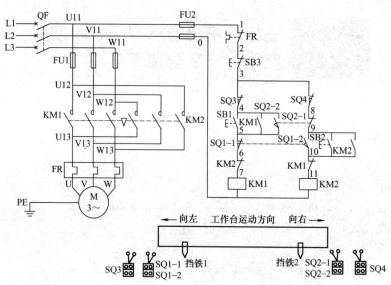

图 1-3-5　工作台自动循环控制电路

1. 自动往返运动

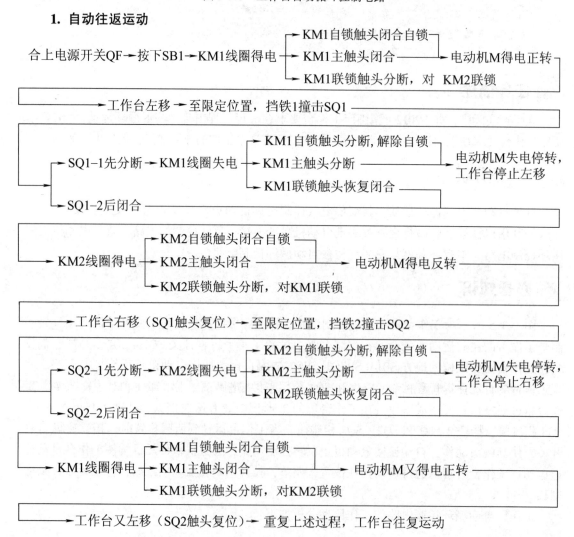

2. 停止

按下 SB3 → 整个控制电路失电 → KM1（或 KM2）主触头分断 → 电动机 M 失电停转

这里 SB1、SB2 分别作为正转起动按钮和反转起动按钮，若起动时工作台在左端，则应按下 SB2 进行起动。

✔ 任务实施

安装图 1-3-5 所示的工作台自动循环控制电路。

一、电路安装

安装步骤与前面任务基本相同。

二、自检

断开 QF，按正反转控制电路的步骤、方法检查主电路；拆下电动机接线，按辅助触头联锁正反转控制电路的步骤、方法检查辅助电路的正反转起动控制作用、自锁及联锁作用。以上各项正常无误后再做下述各项检查。

（1）检查正向行程控制　按下 SB1 不要放开，应测得 KM1 线圈的电阻值，再轻轻按下 SQl 的滚轮，使其常闭触头分断，万用表应显示电路由通而断；将 SQ1 的滚轮按到底，则应测得 KM2 线圈的电阻值。

（2）检查反向行程控制　按下 SB2 不要放开，应测得 KM2 线圈的电阻值；再轻轻按下 SQ2 的滚轮，使其常闭触头分断，万用表应显示电路由通而断；将 SQ2 的滚轮按到底，则应测得 KM1 线圈的电阻值。

（3）检查正、反向限位控制　按下 SB1，测得 KM1 线圈的直流电阻值后，再按下 SB3，应测出电路由通而断，放开 SB3，按下 SQ3 滚轮，应测出电路由通而断；按下 SB2，测得 KM2 线圈的直流电阻值后，再按下 SB3，应测出电路由通而断，放开 SB3，按下 SQ4 滚轮，应测出电路由通而断。

（4）检查行程开关的联锁作用　同时按下 SQ1 和 SQ2 的滚轮，测量结果应为断路。

提醒：SQ1 和 SQ2 的作用是行程控制，而 SQ3 和 SQ4 的作用是限位控制，这两组开关不可装反，否则会引起错误动作。

三、通电试运行

（1）空操作试验　检查 SB1、SB2 及 SB3 对 KM1、KM2 的起动及停止控制作用，检查接触器的自锁、联锁电路的作用。反复操作几次，检查电路动作的可靠性。上述各项操作实验正常后，再做以下检查。

1）行程控制实验：按下 SB1 使 KM1 得电动作后，用绝缘棒轻按 SQ1 的滚轮，使其常闭触头分断，KM1 应释放，将 SQ1 滚轮继续按到底，则 KM2 得电动作；再用绝缘棒缓慢按下 SQ2 的滚轮，则应先后看到 KM2 释放、KM1 得电动作（总之，SQ1 及 SQ2 对电路的控制作用与正反转控制电路中的 SB1 及 SB2 类似）。反复操作几次，检查行程控制动作的可靠性。

2）限位保护实验：按下 SB1 使 KM1 得电动作后，用绝缘棒按下 SQ3 的滚轮，KM1 应失电释放；再按下 SB2 使 KM2 得电动作，用绝缘棒按下 SQ4 的滚轮，KM2 应失电释放。反复操作几次，检查限位保护动作的可靠性。

（2）带负荷试运行　断开 QF，接好电动机接线，装好接触器的灭弧罩，做好立即停机的准备，然后合上 QF 进行以下几项实验。

1）检查电动机的转动方向：操作 SB1 起动电动机，若所拖动的部件向 SQ1 的方向移动，则电动机的转向符合要求。如果电动机的转向不符合要求，应断电后将 QF 下端的电源相线任意两根交换位置后接好，重新检查电动机的转向。

2）正反转控制实验：交替操作 SB1、SB3 和 SB2、SB3，检查电动机的转向是否受控制。

3）行程控制实验：做好立即停机的准备，起动电动机，观察设备上的运动部件在正、反两个方向的规定位置之间往返的情况，检查行程开关及电路动作的可靠性。如果部件到达行程开关，挡块已将开关滚轮压下而电动机不能停机，应立即断电停机进行检查。重点检查这个方向上的行程开关的接线、触头及有关接触器的触头动作，排除故障后重新试运行。

4）限位控制试验：起动电动机，在设备运行中用绝缘棒按压该方向上的限位保护行程开关，电动机应断电停机，否则应检查限位行程开关的接线及触头动作情况，排除故障后重新试运行。

四、故障排除（见表 1-3-3）

表 1-3-3　电路故障的现象、原因分析及检查方法

故障现象	原因分析	检查方法
挡铁 1 碰到 SQ1 就停机，工作台左右运动不往返	可能故障点：SQ1 的开关损坏，SQ1-2 不能闭合；接触器 KM1 的常闭触头接触不良，或者是接触器 KM2 线圈或机械部分有故障	断开电源，按下 SQ1，使用万用表的电阻挡，一表笔固定在 SB3 的下端头，另一支表笔依次检查 SQ4、SQ2-1、SQ1-2、KM1、KM2 上下端头的通断情况
挡铁 1 一直碰到 SQ3 才停机，工作台左右运动不往返	可能故障点：SQ1 安装位置不对，或使用时其位置发生位移，挡铁碰不到位置开关的滚轮；SQ1-1 的开关损坏，不能分断；SQ1-2 不能闭合	1. 检查 SQ1 安装位置，检查挡铁是否能碰到 SQ1 2. 断开电源，按下 SQ1，用万用表的电阻挡检查 SQ1-2 的上下端头的通断情况

（续）

故障现象	原因分析	检查方法
工作台刚开始返回就停机	可能故障点： 1. 接触器辅助常开触头接触不良 2. 自锁回路断线	参照接触器联锁正反转控制电路的故障检查方法

注：其他故障参见接触器联锁正反转控制电路。

🔆 任务总结与评价

参见表 1-1-8。

任务三　三相异步电动机顺序控制电路的安装与检修

📖 学习目标

技能目标：
（1）能按照工艺要求正确安装三相异步电动机顺序控制电路。
（2）能根据故障现象，使用万用表检修三相异步电动机顺序控制电路。
知识目标：
正确理解三相异步电动机顺序控制电路的工作原理。
素养目标：
（1）通过不断提高工艺要求，培养职业行为习惯。
（2）反复安装练习，提升职业技能。

🌿 任务描述

M7130 型磨床中，主轴电动机没起动，冷却泵电动机就无法起动；只有主轴电动机得电运行了，冷却泵电动机才能起动。这两台电动机在运行控制上存在顺序关系，这种顺序控制关系在生产机械中根据生产需要有着不同的方式。

👉 任务分析

在生产实际中，有些生产机械上有多台电动机，而每一台电动机的工作任务又是不同的，有时需要按一定的顺序起动或停止，才能保证操作过程的合理性和工作的安全可靠性。这种要求几台电动机的起动和停止必须按一定的先后顺序来完成的控制方式，称为电动机的顺序控制。能实现这种顺序控制的方法很多，常见的主要有两大类：一是通过主电路控制来实现；另一种是通过控制电路控制来实现。本次任务就是安装与检修通过控制电路控制实现的顺序控制电路。

✍ 必备知识

一、通过主电路控制实现的顺序控制

图 1-3-6 所示是通过主电路控制实现的顺序控制电路。从图中可以看出，主电路中 M2 接在 KM1 主触头的下端头，KM1 不闭合，M2 是不可能得电运行的。

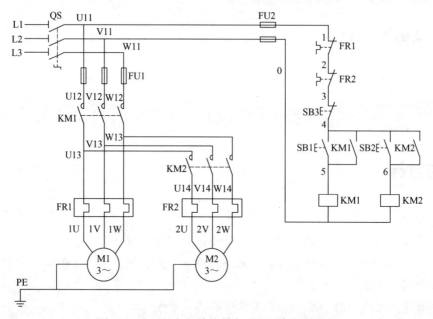

图 1-3-6　通过主电路控制实现的顺序控制电路

它的工作原理分析如下：

合上电源开关QS —→ 按下SB1 —→ KM1线圈得电 ┬→ KM1主触头闭合 ──┐
　　　　　　　　　　　　　　　　　　　　　　　└→ KM1自锁触头闭合自锁 ─┤

┌──┘
├→ 电动机M1起动连续运转
│　　　　　　　　　　　　　　　　┌→ KM2主触头闭合 —→ 电动机M2起动连续运转
└→ 再按下SB2 —→ KM2线圈得电 ─┴→ KM2自锁触头闭合自锁

按下 SB3 —→ 控制电路失电 —→ KM1、KM2 主触头分断 —→ 电动机 M1、M2 同时失电停转

二、通过控制电路控制实现的顺序控制

图 1-3-7 所示是通过控制电路控制实现的顺序控制电路。

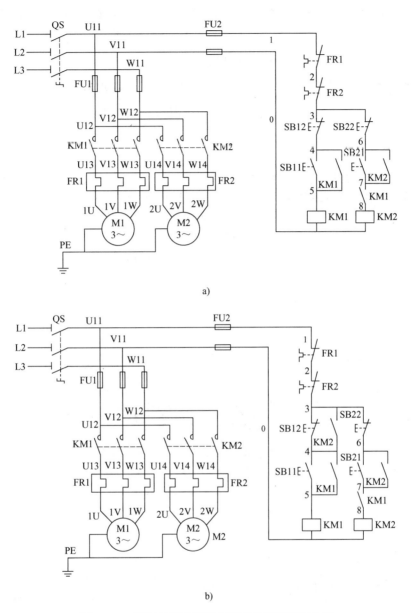

图 1-3-7 通过控制电路控制实现的顺序控制电路

a) 顺序起动控制 b) 顺序起动逆序停止

图 1-3-7a 所示电路的工作原理分析如下：

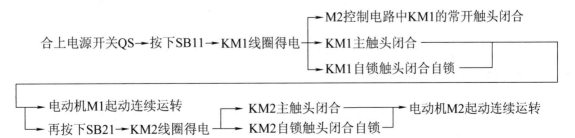

按下SB22 → KM2线圈失电 ┬→ KM2主触头分断 → 电动机M2失电停转
　　　　　　　　　　　　└→ KM2自锁触头分断

　　　　　　　　　　　　　┌→ KM1自锁触头分断 ┐
按下SB12 → KM1线圈失电 ┼→ KM1主触头分断 ──→ 电动机M1失电停转
　　　　　　　　　　　　　└→ M2控制电路中KM1的常开触头分断 ──────────┐

└→ KM2线圈失电 → 电动机M2失电停转

图 1-3-7b 所示电路的工作原理分析如下：

图 1-3-7b 所示控制电路是在图 1-3-7a 所示电路中的 SB12 的两端并接了接触器 KM2 的辅助常开触头，从而实现了 M1 起动后 M2 才能起动、M2 停止后 M1 才能停止的控制要求，即 M1、M2 是顺序起动逆序停止。

　　　　　　　　　　　　　　　　　　　┌→ M2控制电路中KM1的常开触头闭合
合上电源开关QS → 按下SB11 → KM1线圈得电 ┼→ KM1主触头闭合 ┐
　　　　　　　　　　　　　　　　　　　└→ KM1自锁触头闭合自锁

┌→ 电动机M1起动连续运转　　　┌→ KM2主触头闭合 ────────→ 电动机M2起动连续运转
└→ 再按下SB21 → KM2线圈得电 ┼→ KM2自锁触头闭合自锁
　　　　　　　　　　　　　　　└→ M1控制电路中KM2的常开触头闭合 → SB12被短接

按下 SB12 → 由于 KM2 的辅助触头将其短接，SB12 不起作用 → M1、M2 正常运转

　　　　　　　　　　　　　┌→ KM2自锁触头分断
按下SB22 → KM2线圈失电 ┼→ KM2主触头分断 → 电动机M2失电停转
　　　　　　　　　　　　　└→ 短接SB12的KM2辅助触头分断 → 再按下SB12 ──────┐

└→ 线圈KM1失电 → KM1主触头分断 → 电动机M1失电停转

✔ 任务实施

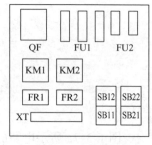

图 1-3-8　布置图

安装图 1-3-7b 所示的顺序起动逆序停止控制电路。

一、绘制布置图和接线图

1. 绘制布置图（见图 1-3-8）

2. 绘制接线图（见图 1-3-9）

二、安装接线

安装步骤与前面任务基本相同。接线示意图如图 1-3-10 所示。

三、自检

用万用表检查电路的通断情况。万用表选用倍率适当的电阻挡，并进行校零。

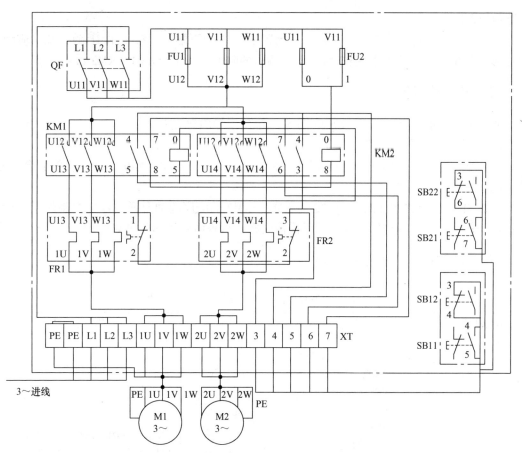

图 1-3-9 接线图

断开 QF，按接触器自锁控制电路的步骤、方法检查主电路，正常无误再做下述各项检查。

（1）检查 M1 的起动控制 万用表两表笔置于 FU2 的下端头，按下 SB11 不要放开，应测得 KM1 线圈的电阻值，再按下 SB12，万用表应显示电路由通而断。

（2）检查 M2 的起动控制 万用表两表笔置于 FU2 的下端头，按下 SB21，万用表应显示电路是断开的；再按下 KM1 触头架和 SB12 不要放开，应测得 KM2 线圈的电阻值；同时再按下 SB22，万用表应显示电路由通而断；松开 SB22 后，再放开 KM1 触头架，万用表应显示

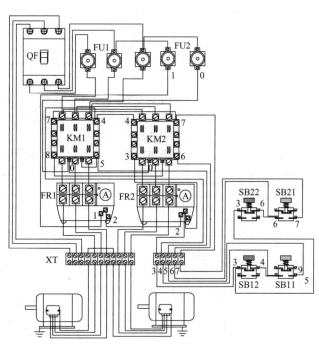

图 1-3-10 顺序起动逆序停止控制电路的接线示意图

电路由通而断。

（3）M1、M2 自锁检查　万用表两表笔置于 FU2 的下端头，按下 KM1 触头架，应测得 KM1 线圈的电阻值；再按下 KM2 触头架，测得的阻值应减半（KM1、KM2 线圈并联）。

四、通电试运行

通电试运行前，必须征得教师的同意，并在指导教师监护下，接通三相电源 L1、L2、L3。学生合上电源开关 QF 后，用验电器检查熔断器出线端，氖管亮说明电源接通。

断开 QF，接好电动机接线，装好接触器的灭弧罩，做好立即停机的准备，然后合上 QF 进行以下几项实验。

检查 SB11、SB22 及 SB21、SB22 对 KM1、KM2 的顺序起动及逆向停止控制作用，检查接触器的自锁、联锁电路的作用。反复操作几次，检查电路动作的可靠性。

五、故障检修（见表 1-3-4）

表 1-3-4　电路故障的现象、原因分析及检查方法

故障现象	原因分析	检查方法
在 M1 顺利起动后，M2 不能起动	1. 按下 SB21 后 KM2 不动作可能故障点： （1）SB22 接触不良 （2）6 号线断路 （3）SB21 接触不良 （4）7 号线断路 （5）KM1 常开触头接触不良 （6）8 号线断路 （7）KM2 线圈断路 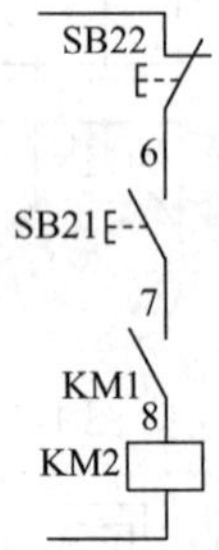 2. 按下 SB21 后 KM2 动作，但电动机不能起动可能故障点： （1）KM2 主触头故障 （2）FR2 热元件故障 （3）连接导线断路故障 （4）电动机 M2 故障 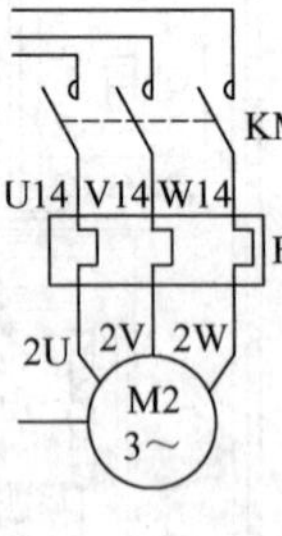	1. 按下 SB21 后 KM2 不动作的检查方法是：按下 SB21 后，用验电器逐点测量 SB22、SB21、KM1、KM2 的上下端头，故障点在有电点与无电点之间 2. 按下 SB21 后 KM2 动作，但电动机不能起动的检查方法同自锁控制电路中的主电路检查方法
在 M1 没有起动的情况下，按下 SB22，M2 起动	可能故障点： 右图点画线框中的 KM1 常开触头短接 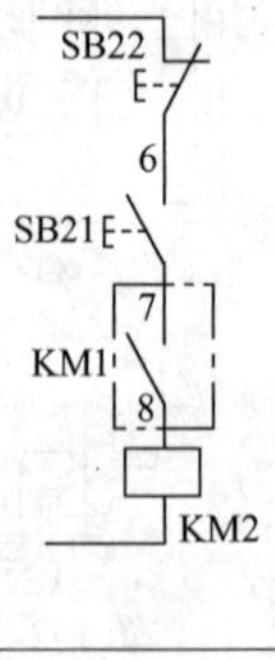	断开电源，万用表置于电阻挡，按下 KM1 触头架，两表笔接 KM1 常开触头的上下端头，检查其通断情况

（续）

故障现象	原因分析		检查方法
在 M1、M2 两台电动机起动后，按下 SB12，两台电动机同时停止，即没有逆向停止控制	可能故障点：右图点画线框中的 KM2 常开辅助触头接触不良 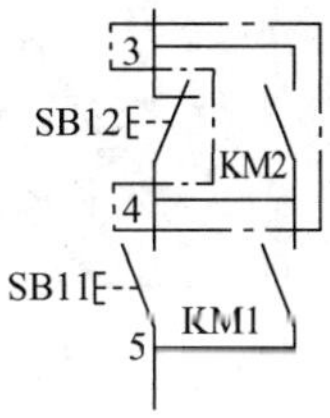		断开电源，万用表置于电阻挡，按下 SB12，其余检查方法与自锁控制回路的检查方法一致

注：其他检查方法参见前面内容。

任务总结与评价

参见表 1-1-8。

三相异步电动机软起动控制电路的安装与检修

1

前面介绍的各种三相异步电动机控制电路中，电动机在起动时，加在电动机绕组上的电压为电动机的额定电压，人们将电动机的这种起动方式称为全压起动，也称为直接起动。全压起动的优点是所用电气设备少，电路简单，维修量较小。但电动机全压起动时的起动电流比较大，一般为额定电流的 4~7 倍。在电源变压器容量不够大而电动机功率较大的情况下，全压起动将导致电源变压器输出电压下降，不仅减小电动机本身的起动转矩，而且会影响同一供电线路中其他电气设备的正常工作。因此，较大功率的电动机起动时，需要采用软起动。

三相异步电动机软起动通过采用减压、补偿或变频等技术手段，实现电动机及机械负载的平滑起动，减小起动电流对电网的影响，使电网和机械系统得到保护。在电动机定子回路，通过串入有限流作用的电力器件实现软起动，叫作减压或限流软起动。

软起动可分为有级和无级两类，有级软起动常见的主要有 3 种，即定子绕组串接电阻减压软起动、自耦变压器减压软起动、丫—△减压软起动等；无级软起动常见的主要有 3 种，即以电解液限流的液阻软起动、以晶闸管为限流器件的晶闸管软起动、以磁饱和电抗器为限流器件的磁控软起动。

有级软起动又称为减压起动。减压起动是指利用起动设备将电压适当降低后，加到电动机的定子绕组上进行起动，待电动机正常运转后，再使其电压恢复到额定电压。

在什么情况下需要进行三相异步电动机的减压起动？通常规定：电源容量在 180kV·A 以上、电动机功率在 7kW 以下的三相异步电动机可以采用全压起动；否则，则需要进行减压起动。对于判断一台电动机能否直接起动，也可通过下面的经验公式来确定：

$$\frac{I_{st}}{I_N} \leq \frac{3}{4} + \frac{S}{4P}$$

式中，I_{st} 是电动机全压起动电流（A）；I_N 是电动机额定电流（A）；S 是电源变压器容量（kV·A）；P 是电动机功率（kW）。

凡不满足直接起动条件的，均须采用软起动。

由电动机的工作原理可知，电动机的电流随电压的降低而减小，所以减压起动达到了减小起动电流的目的。但是，由于电动机转矩与电压的二次方成正比，所以减压起动也将导致电动机的起动转矩大为降低。因此，减压起动需要在空载或轻载条件下进行。

✏ 学习指南

通过学习本单元，能正确识读三相异步电动机软起动电路的原理图，能绘制布置图和接线图，会按照工艺要求正确安装三相异步电动机软起动控制电路，初步掌握时间继电器和中间继电器的选用方法与简单检修，并能根据故障现象检修三相异步电动机软起动控制电路。

主要知识点：三相异步电动机软起动控制电路的工作原理。

主要能力点：三相异步电动机软起动控制电路的故障检测方法及步骤。

学习重点：三相异步电动机软起动控制电路的安装步骤及工艺要求。

学习难点：三相异步电动机软起动控制电路的常见故障及其检修。

☝ 能力体系/（知识体系）/内容结构

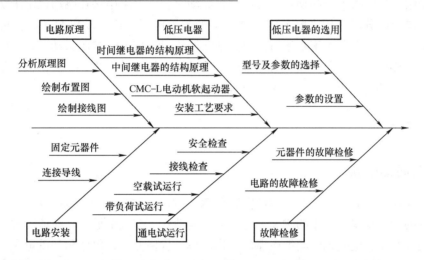

任务一 定子绕组串接电阻减压起动控制电路的安装与检修

📖 学习目标

技能目标：

（1）能按照工艺要求正确安装三相异步电动机定子绕组串接电阻减压起动控制电路。

（2）能用万用表检查定子绕组串接电阻减压起动控制电路的故障，并能进行维修。

知识目标：

（1）正确识别、选用、安装、使用时间继电器和起动电阻器，熟记其图形符号和文字符号。

（2）正确理解三相异步电动机定子绕组串接电阻减压起动控制电路的工作原理。

素养目标：

（1）通过本任务的学习，理解协同合作的作用，提升职业信念。

（2）通过实训学习，提升职业技能。

🌾 任务描述

工矿企业的一些设备上，经常用到一些大中型电动机，这些电动机若采用直接起动，由于起动电流过大，会造成电网波动，影响其他电气设备的运行，为了减小这些电动机起动时的影响，一般采用软起动。如 C650 型卧式车床的主轴电动机的减压起动控制电路，采用的就是定子绕组串接电阻减压起动。

👉 任务分析

定子绕组串接电阻减压起动是指在电动机起动时，把电阻串接在电动机定子绕组与电源之间，通过电阻的分压作用来降低定子绕组上的起动电压，待电动机起动后，再将电阻短接，使电动机在额定电压下正常运行。要实现定子绕组串接电阻减压起动，常见的控制电路有手动控制、按钮与接触器控制、时间继电器自动控制等几种形式。本次任务就是安装与检修时间继电器自动控制定子绕组串接电阻减压起动控制电路。

✍ 必备知识

一、时间继电器

在得到动作信号后，能按照一定的时间要求控制触头动作的继电器，称为时间继电器。时间继电器的种类很多，常用的主要有电磁式、电动式、空气阻尼式、晶体管式、单片机控制式等类型。其中，电磁式时间继电器的结构简单，价格低廉，但体积和重量大，延时时间较短，而且只能用于直流断电延时；电动式时间继电器是利用同步微电动机与特殊的电磁传动机械来产生延时的，其延时精度高，延时可调范围大，但结构复杂，价格贵；空气阻尼式时间继电器延时精度不高，体积大，已逐步被晶体管式时间继电器取代；单片机控制式时间继电器是为了适应越来越高的工业自动化控制水平而生产的，如 DHC6 多制式时间继电器，采用单片机控制，LCD 显示，具有 9 种工作制式，正计时、倒计时任意设定，有 8 种延时时段，延时范围从 0.01s ~ 999.9h 任意设定，采用键盘设定，设定完成之后可以锁定键盘，防止误操作，可以按要求任意选择控制模式，使控制电路最简单可靠。目前，在电力拖动控制电路中，应用较多的是晶体管式时间继电器。图 1-4-1 所示为几款时间继电器的外形。

图 1-4-1　几款时间继电器的外形
a）晶体管式　b）空气阻尼式　c）电动式　d）单片机控制式

1. JS20 系列晶体管式时间继电器

晶体管式时间继电器也称为半导体时间继电器或电子式时间继电器,具有机械结构简单、延时范围宽、整定精度高、体积小、耐冲击、耐振动、消耗功率小、调整方便及寿命长等优点,所以其发展十分迅速,已成为时间继电器的主流产品,应用越来越广泛。

晶体管式时间继电器按结构分为阻容式和数字式两类;按延时方式分为通电延时型、断电延时型及带瞬动触头的通电延时型。

JS20 系列晶体管式时间继电器是全国推广的统一设计产品,适用于交流 50Hz、380V 及以下或直流 220V 及以下的控制电路中作延时元件,按预定的时间接通或分断电路。它具有体积小、重量轻、精度高、寿命长、通用性强等优点。

(1)结构 JS20 系列晶体管式时间继电器,具有保护外壳,其内部结构采用印制电路组件。安装和接线采用专用的插接座,并配有带插脚标记的下标牌作接线指示,上标盘上还带有发光二极管作为动作指示。其结构形式有外接式、装置式和面板式 3 种。外接式的整定电位器可通过插座用导线接到所需的控制板上;装置式具有带接线端子的胶木底座;面板式采用通用 8 大引脚插座,可直接安装在控制台的面板上,另外还带有延时刻度和延时旋钮供整定延时时间用。JS20 系列通电延时型时间继电器的接线示意图如图 1-4-2a 所示。

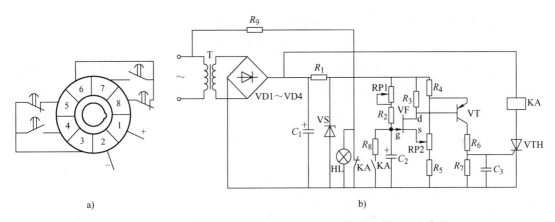

图 1-4-2 JS20 系列通电延时型时间继电器的接线示意图和电路图
a)接线示意图 b)电路图

(2)工作原理 JS20 系列通电延时型时间继电器的电路图如图 1-4-2b 所示。它由电源、电容充放电电路、电压鉴别电路、输出电路和指示电路 5 部分组成。电源接通后,经整流滤波和稳压后的直流电,经过 RP1 和 R_2 向电容 C_2 充电。当场效应晶体管 VF 的栅源电压 U_{gs} 低于夹断电压 U_p 时,VF 截止,因而 VT、VTH 也处于截止状态。随着充电过程的不断进行,电容 C_2 的电位按指数规律上升,当满足 U_{gs} 高于 U_p 时,VF 导通,VT、VTH 也导通,继电器 KA 吸合,输出延时信号。同时,电容 C_2 通过 R_8 和 KA 的常开触头放电,为下次动作做好准备。当切断电源时,继电器 KA 释放,电路恢复原始状态,等待下次动作。调节 RP1 和 RP2 即可调整延时时间。

(3)型号含义 JS20 系列晶体管式时间继电器的型号及含义如下:

(4)符号 时间继电器在电路图中的符号如图 1-4-3 所示。

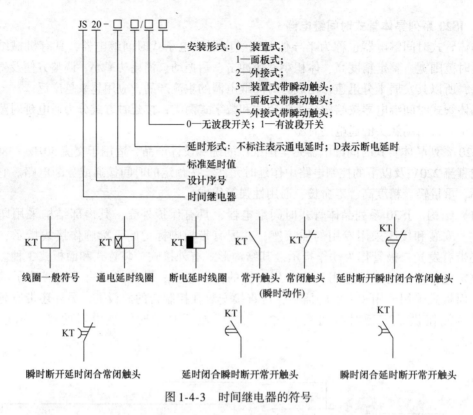

图 1-4-3　时间继电器的符号

（5）适用场合　当电磁式时间继电器不能满足要求时，或者当要求的延时精度较高时，或者控制回路相互协调需要无触头输出时，均可使用 JS20 系列晶体管式时间继电器。

2. 时间继电器的选用

1）根据系统的延时范围和精度选择时间继电器的类型和系列。目前电力拖动控制电路中，一般选用晶体管式时间继电器。

2）根据控制电路的要求选择时间继电器的延时方式（通电延时型或断电延时型）。同时，还必须考虑电路对瞬时动作触头的要求。

3）根据控制电路电压选择时间继电器吸引线圈的电压。

3. 时间继电器的安装与使用要求

1）时间继电器应按说明书规定的方向安装。无论是通电延时型还是断电延时型，都必须使继电器在断电后释放时衔铁的运动方向垂直向下，其倾斜度不得超过 5°。

2）时间继电器的整定值，应预先在不通电时整定好，并在试运行时加以校正。

3）时间继电器金属底板上的接地螺钉必须与接地线可靠连接。

4）通电延时型和断电延时型可在整定时间内自行调换。

5）时间继电器使用时，应经常清除灰尘及油污，否则延时误差将增大。

时间继电器的结构如图 1-4-4 所示。

a)　　　　　　　b)　　　　　　　c)

图 1-4-4　时间继电器的结构

a) 插接座　b) 时间调节旋钮　c) 插接柱

二、电阻器

1. 起动电阻器的用途与分类

电阻器是具有一定电阻值的元件，电流通过时，在它上面将产生电压降。利用电阻器这一特性，可控制电动机的起动、制动及调速。用于控制电动机起动、制动及调速的电阻器与电子产品中的电阻器有较大的区别，电子产品中用到的电阻器一般功率较小，发热量较低，一般不需要专门的散热设计；而用于控制电动机起动、制动及调速的电阻器的功率较大，一般为千瓦（kW）级，工作时发热量较大，需要有良好的散热性能，因此在外形结构上与电子产品中常用的电阻器有较大的差异。常用于控制电动机起动、制动及调速的电阻器有铸铁电阻器、康铜电阻器、铁铬铝合金电阻器和不锈钢电阻器。常用电阻器的外形如图 1-4-5 所示。电阻器的用途与分类见表 1-4-1。

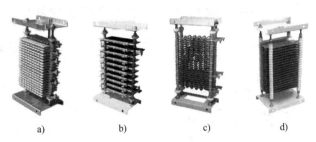

图 1-4-5　常用电阻器的外形

a）ZX1 系列铸铁电阻器　b）ZX2 系列康铜电阻器
c）ZX9 系列铁铬铝合金电阻器　d）ZX18 系列不锈钢电阻器

表 1-4-1　电阻器的用途与分类

类　型	型　号	结构及特点	适用场合	备　注
铸铁电阻器	ZX1	由铸造或冲压成型的电阻片组装而成，取材方便，价格低廉，有良好的耐腐蚀性和较大的发热时间常数，但性脆易断，电阻值较小，温度系数较大，体积大而笨重	在交直流低压电路中，供电动机起动、调速、制动及放电等用	
康铜电阻器	ZX2	在板形瓷质绝缘件上绕制的康铜线（ZX-2型）或康铜带（ZX2-1型）电阻元件，其特点是耐振动，具有较高的机械强度	同上，但较适用于有耐振要求的场合	
铁铬铝合金电阻器	ZX9	由铁、铬、铝合金电阻带轧成波浪形式，电阻器为敞开式，计算功率约为4.6kW	适用于大、中功率电动机的起动、制动和调速	技术数据与ZX1 基本相同，因而可将其取而代之
	ZX15	由铁、铬、铝合金带制成的螺旋式管状电阻元件（ZY 型）装配而成，功率约为4.6kW		
不锈钢电阻器	ZX18	由不锈钢板组构成，具有耐腐蚀、无感应、电阻值稳定（误差为7.5%）、使用寿命长等优点，电阻器的功率可达5.6kW，适用于各类绕线转子电动机的配套组合	适用于交流50Hz、电压1140V及直流电压1000V及以下的电路，主要供电动机起动、制动与调速用	

2. 起动电阻器的安装与使用要求

1）电阻器要安装在箱体内，并且要考虑其产生的热量对其他电器的影响。若将电阻器置于箱外，必须采取遮护或隔离措施，以防止发生触电事故。

2）若无起动电阻器时，也可用两组灯箱来代替电动机和起动电阻器进行模拟实验，但三相电路中灯泡的规格必须相同并符合要求。

三、时间继电器自动控制定子绕组串接电阻减压起动控制电路的工作原理

图 1-4-6、图 1-4-7 所示分别是手动控制电路和按钮与接触器控制电路。

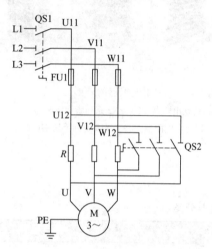

图 1-4-6　手动控制电路

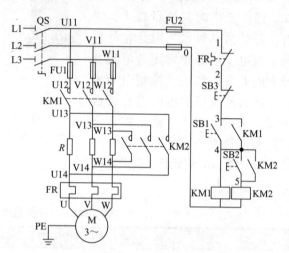

图 1-4-7　按钮与接触器控制电路

由于在手动控制电路和按钮与接触器控制电路中，电动机从减压起动到全压运行是由操作人员操作转换开关或按钮来实现的，既不方便也不可靠，一般很少采用。因此，本次任务对手动控制电路和按钮与接触器控制电路只进行简单的介绍，不进行实际的安装练习。

如 C650 型卧式车床主轴电动机的减压起动控制电路就采用图 1-4-8 所示的时间继电器自动控制定子绕组串接电阻减压起动控制电路。

在这个电路中，用接触器 KM2 的主触头代替图 1-4-6 所示电路中的开关 QS2 来短接电阻 R，用时间继电器 KT 来控制电动机从减压起动到全压运行的时间，从而实现了自动控制。

图 1-4-8 所示电路的工作原理如下：

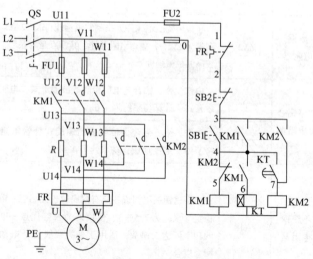

图 1-4-8　时间继电器自动控制定子绕组
串接电阻减压起动控制电路

合上电源开关QS → 按下SB1 → KM1线圈得电 →
├→ KM1自锁触头闭合自锁 → 电动机M串电阻减压起动
├→ KM1主触头闭合 —————→
└→ KM1辅助常开触头闭合 → KT线圈得电 ┐

└→ 至转速上升到一定值时，KT延时结束 → KT常开触头闭合 → KM2线圈得电 ┐

├→ KM2自锁触头闭合自锁 ┐
├→ KM2主触头闭合 —————→ 电阻R被短接 → 电动机M全压运行
└→ KM2辅助常开触头分断 → KM1、KT线圈失电，其触头复位

要停止时，按下 SB2 即可。

由以上分析可见，只要调整好时间继电器 KT 触头的动作时间，电动机由起动过程切换成运行过程就能准确可靠地自动完成。

串电阻降压起动的缺点是减小了电动机的起动转矩，同时起动时在电阻上的功率消耗也较大，如果起动频繁，则电阻的温度会变得很高，对于精密的机床会产生一定的影响，故目前这种降压起动的方法在生产实际中的应用正在逐步减少。

✔ **任务实施**

安装图 1-4-8 所示的时间继电器自动控制定子绕组串接电阻减压起动控制电路。

15. 串电阻减压起动控制电路

16. 时间继电器的检修与校验

一、电路安装

安装步骤与前面任务基本相同。

二、检测

万用表选用倍率适当的电阻挡（$R \times 1$），并进行校零。断开 QS，摘下接触器灭弧罩。

（1）主电路检测　将万用表两表笔跨接在 QS 下端子 U11 和 FR 下端子 U 处，应测得断路，按下 KM1 触头架，应测得约为 R 的电阻值（FR 的阻值较小）；放开 KM1 触头架，将放在 U11 的表笔移到 U13 处，再按下 KM2 触头架，万用表显示通路。在 V 和 W 相上重复进行检测。

（2）控制电路的检测　断开主电路，将万用表两表笔跨接在 QS 下端子 U11 和 V11 处，应测得断路，按下 SB1 不放，应测得 KM1 线圈的电阻值，同时按下 SB2，应测出辅助电路由通而断。放开 SB1、SB2 后，再按下 KM2 触头架，应测得 KM2 线圈的电阻值。按下 KM1 触头架，轻按 KM2 触头架，应测得 KT 线圈的电阻值（若是晶体管式时间继电器，电阻很大，可用导线将 0、6 之间短接，此时应为通路）。

三、通电试运行

（1）空操作试验　合上电源开关 QS，按下 SB1，使 KM1 线圈得电动作，几秒后，KM2

线圈得电动作，KM1 线圈失电触头复位。按下 SB2，控制电路失电，KM2 触头复位。

提醒：时间继电器的控制时间不要设置得太长，一般取 5~10s。

（2）带负荷试运行

1）断开 QS，接好电动机接线，断开时间继电器，然后合上电源开关 QS，做好立即停机的准备。

按下 SB1，电动机运行后，用万用表检查 U14、V14、W14 之间的电压是否小于 380V。若用灯箱来进行模拟实验，看灯箱是否正常发光。按下 SB2，主电路失电，电动机停转或灯箱停止发光。正常后再进行下一步。

2）断开 QS，接好电动机接线，连接好时间继电器，设定好动作时间，然后合上电源开关 QS，做好立即停机的准备。按下 SB1，KM1 线圈得电动作，电动机起动；几秒后，KM2 线圈得电动作，电动机正常运转。当电动机运转平稳后，用钳形电流表测量三相电流是否平衡。按下 SB2，电动机停转。

反复操作几次，观察电路动作的可靠性。

四、故障排除

电路故障的现象、原因分析及检查方法见表 1-4-2。

表 1-4-2　电路故障的现象、原因分析及检查方法

故障现象	原因分析	检查方法
电动机不能起动	1. 从主电路分析 可能存在的故障点有熔断器 FU1 断路、接触器 KM1 主触头接触不良、减压起动电阻断路、热继电器 FR 主通路有断点、电动机 M 绕组有故障 2. 从控制电路分析 可能存在的故障点有 1 号线至 2 号线间的热继电器 FR 常闭触头接触不良、2 导线至 3 导线间的按钮 SB2 常闭触头接触不良、按钮 SB1 损坏、4 号线至 5 号线间的 KM2 常闭触头接触不良、KM1 线圈损坏等	1. 按下电动机 M 的起动按钮 SB1，观察接触器 KM1 是否闭合。若接触器 KM1 闭合，则为主电路的问题，重点检查熔断器 FU1、接触器 KM1 的主触头、起动电阻、热继电器、电动机 M 的绕组等 2. 接触器 KM1 不闭合，则重点检查熔断器 FU2、1 号线至 2 号线间的热继电器 FR 的常闭触头、2 号线至 3 号线间的按钮 SB2 常闭触头、4 号线至 5 号线间的 KM2 常闭触头及接触器 KM1 线圈
电动机能起动，但不能转换成全压运转	电动机能起动，说明主电路中除 KM2 不能确定外，其余正常。控制电路中可能存在的故障点有 4 号线至 6 号线间的 KM1 常开触头接触不良、KT 线圈损坏、4 号线至 7 号线间的 KT 延时闭合触头不能闭合、KM2 线圈损坏，见右图中点画线所框部分 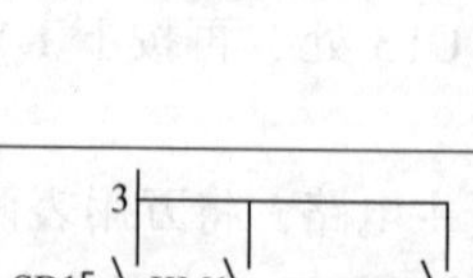	电动机起动后，观察时间继电器是否动作。若没有动作，检查 4 号线至 6 号线间的 KM1 常开触头和时间继电器的好坏。若时间继电器有动作，检查 4 号线至 7 号线间的 KT 延时闭合触头和 KM2 线圈

（续）

故障现象	原因分析	检查方法
电动机起动后，很快自动停转	1. 从主电路分析 可能存在的故障点有接触器 KM2 主触头接触不良 2. 从控制电路分析 可能存在的故障点有 3 号线至 7 号线间的 KM2 常开触头接触不良，见右图中点画线所框部分 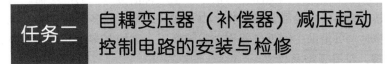	1. 接触器 KM2 主触头的检查参见前面的描述 2. 断开电源，用电阻测量法检查 3 号线和 7 号线及其间的 KM2 常开触头的接触是否良好

注：其他故障参见前面的处理方法

任务总结与评价

参见表 1-1-8。

任务二　自耦变压器（补偿器）减压起动控制电路的安装与检修

学习目标

技能目标：

（1）能按照工艺要求正确安装三相异步电动机定子绕组串接自耦变压器减压起动控制电路。

（2）能用万用表判断定子绕组串接自耦变压器减压起动控制电路故障，并进行维修。

知识目标：

（1）正确识别、选用、安装、使用中间继电器和自耦变压器，熟记其图形符号和文字符号。

（2）正确理解三相异步电动机定子绕组串接自耦变压器减压起动控制电路的工作原理。

素养目标：

（1）通过加强场地管理，培养职业行为习惯。

（2）加强技能训练，提升职业技能。

任务描述

定子绕组串接电阻减压起动应用的是串联电阻分压的原理，来降低电动机定子绕组上的电压。这种方法将使大量的电能在电动机起动过程中通过电阻器转化为热能白白地消耗掉了。如果起动频繁，不仅电阻器上产生很高的温度，对精密机床的加工精度产生影响，而且这种能量消耗也不利于环境保护。因此，定子绕组串接电阻减压起动的方式在生产中正在被逐步淘汰。

👉 任务分析

自耦变压器（补偿器）减压起动，是在起动时利用自耦变压器降低定子绕组上的起动电压，达到限制起动电流的目的。完成起动后，再将自耦变压器切除，电动机直接与电源连接全压运行。目前，对于自耦减压起动已有系列产品应用，常见的有 QJD3、QJ10 系列手动自耦减压起动器和 XJ01 系列自耦减压起动箱。由于 XJ01 系列自耦减压起动箱是定型产品，安装较为简单，因此本次任务是要完成与 XJ01 相接近的时间继电器自动控制自耦变压器（补偿器）减压起动电路的安装与检修。

✍ 必备知识

一、中间继电器

1. 功能

中间继电器是用来增加控制电路中的信号数量或将信号放大的继电器。其输入信号是线圈的通电和断电，输出信号是触头的动作。由于触头的数量较多，所以当其他电器的触头数或触头容量不够时，可借助中间继电器作中间转换用，来控制多个元件或回路。

2. 结构原理、符号及型号含义

中间继电器的结构及工作原理与接触器基本相同，因而中间继电器又称为接触器式继电器。但中间继电器的触头对数多，且没有主、辅触头之分，各对触头允许通过的电流大小相同，一般为 5A。因此，对于工作电流小于 5A 的电气控制电路，可用中间继电器代替接触器来控制。

图 1-4-9a、b 所示为 JZ7 系列交流中间继电器的外形和结构，其在电路图中的符号如图 1-4-9c 所示。

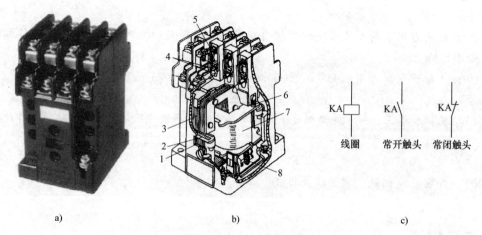

a)   b)   c)

图 1-4-9 中间继电器

a）JZ7 系列交流中间继电器的外形 b）JZ7 系列交流中间继电器的结构 c）符号

1—静铁心 2—短路环 3—衔铁 4—常开触头 5—常闭触头 6—反作用弹簧 7—线圈 8—缓冲弹簧

JZ14 系列中间继电器有交流操作和直流操作两种，采用螺管式电磁系统和双断点桥式

触头，其基本结构为交直流通用，只是交流铁心为平顶形，直流铁心与衔铁为圆锥形接触面，触头采用直列式分布，对数达8对，可按6常开2常闭、4常开4常闭或2常开6常闭组合。该系列继电器带有透明外罩，可防止尘埃进入内部而影响工作的可靠性。几种常见中间继电器的外形如图1-4-10所示。

a)　　　　　b)　　　　　c)

图1-4-10　几种常见中间继电器的外形
a）DZ-15　b）JZ14系列　c）ZJ6E系列

JZ11系列中间继电器的型号及含义如下：

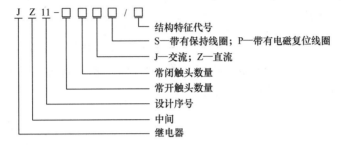

```
J Z 11 - □ □□□ / □
```
结构特征代号
S—带有保持线圈；P—带有电磁复位线圈
J—交流；Z—直流
常闭触头数量
常开触头数量
设计序号
中间
继电器

3. 选用

中间继电器主要依据被控制电路的电压等级、所需触头的数量、种类、容量等要求来选择。

二、手动自耦减压起动器

一般常用的手动自耦减压起动器有QJD3系列油浸式和QJ10系列空气式两种。图1-4-11所示是QJD3系列手动自耦减压起动器的外形、结构和电路。

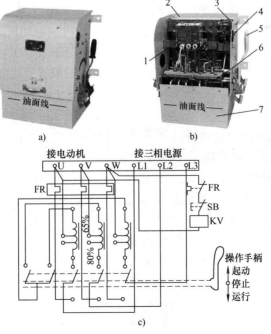

图1-4-11　QJD3系列手动自耦减压起动器
a）外形　b）结构　c）电路

1—热继电器　2—自耦变压器　3—欠电压保护装置　4—停止按钮　5—手柄　6—触头系统　7—油箱

1. QJD3 系列油浸式手动自耦减压起动器

该起动器主要由薄钢板制成的防护外壳、自耦变压器、触头系统（触头浸在油中）、操作机构及保护系统等 5 个部分组成，具有过载和失电压保护功能，适用于一般工业用交流50Hz 或 60Hz、380V、功率为 10～75kW 的三相笼型异步电动机作不频繁减压起动和停止用。

其型号及含义如下：

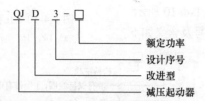

QJD3 系列手动自耦减压起动器的电路如图 1-4-11c 所示，其动作原理如下：

当手柄扳到"停止"位置时，装在主轴上的动触头与上、下两排静触头都不接触，电动机处于断电停止状态。

当手柄向前推到"起动"位置时，装在主轴上的动触头与上面一排起动静触头接触，三相电源 L1、L2、L3 通过右边三对动、静触头接入自耦变压器，又经自耦变压器的三个65%（或 80%）抽头接入电动机进行减压起动；左边两对动、静触头接触则把自耦变压器接成了星形。

当电动机的转速上升到一定值时，将手柄向后迅速扳到"运行"位置，使右边三个动触头与下面一排的三个运行静触头接触，这时自耦变压器脱离，电动机与三相电源 L1、L2、L3 直接相接全压运行。

停止时，只要按下停止按钮 SB，欠电压脱扣器 KV 线圈失电，衔铁下落释放，通过机械操作机构使起动器掉闸，手柄便自动回到"停止"位置，电动机断电停转。

由于热继电器 FR 的常闭触头、停止按钮 SB、欠电压脱扣器 KV 线圈串接在 U、W 两相电源上，所以当出现电源电压不足、突然停电、电动机过载或停机时都能使起动器掉闸，电动机断电停转。

起动器根据额定电压和额定功率，选定其触头额定电流及起动用自耦变压器等。

2. QJ10 系列空气式手动自耦减压起动器

该系列起动器适用于交流 50Hz、380V 及以下、功率为 75kW 及以下的三相笼型异步电动机作不频繁减压起动和停止用。

在结构上，QJ10 系列起动器也是由箱体、自耦变压器、保护装置、触头系统和手柄操作机构 5 部分组成的，它的触头系统有一组起动触头、一组中性触头和一组运行触头。其电路如图 1-4-12 所示，动作原理如下：

当手柄扳到"停止"位置时，所有的动、

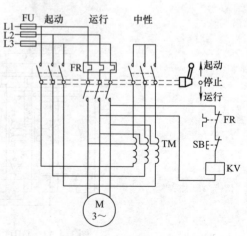

图 1-4-12　QJ10 系列空气式手动
自耦减压起动器的电路

静触头均断开，电动机处于断电停止状态；当手柄向前推到"起动"位置时，起动触头和中性触头同时闭合，三相电源经起动触头接入自耦变压器 TM，又经自耦变压器的三个抽头接入电动机进行减压起动，中性触头则把自耦变压器接成了星形；当电动机的转速上升到一定值后，将手柄迅速扳到"运行"位置，起动触头和中性触头先同时断开，运行触头随后闭合，这时自耦变压器脱离，电动机与三相电源 L1、L2、L3 直接相接全压运行。要停止时，按下 SB 即可。

3. XJ01 系列自耦减压起动箱

XJ01 系列自耦减压起动箱是我国生产的自耦变压器减压起动自动控制设备，广泛用于交流 50Hz、380V、功率为 14~300kW 的三相笼型异步电动机的减压起动。XJ01 系列自耦减压起动箱的外形及内部结构如图 1-4-13a 所示。

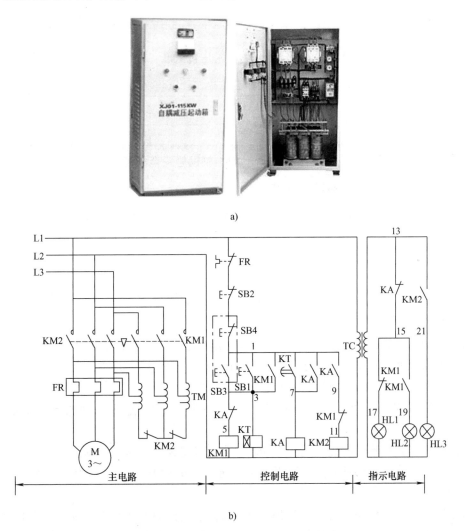

图 1-4-13　XJ01 系列自耦减压起动箱

a）外形及内部结构　b）电路

XJ01 系列自耦减压起动箱减压起动的电路如图 1-4-13b 所示。点画线框内的按钮是异地控制按钮。整个控制电路分为 3 部分：主电路、控制电路和指示电路。电路的工作原理如下：

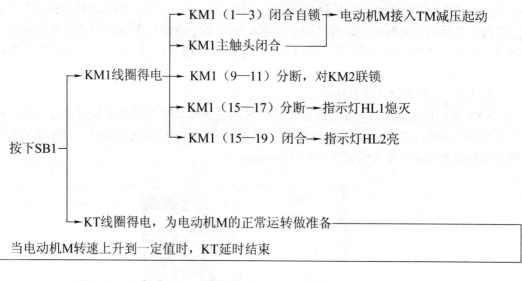

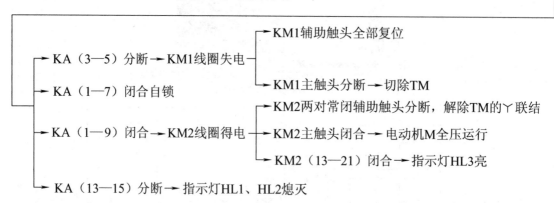

由以上分析可见，指示灯 HL1 亮，表示电源有电，电动机处于停止状态；指示灯 HL2 亮，表示电动机处于减压起动状态；指示灯 HL3 亮，表示电动机处于全压运行状态。要停止时，按下停止按钮 SB2，控制电路失电，电动机停转。

自耦变压器减压起动除自动式外还有手动式，常见的有 QJD3 系列油浸式和 QJ10 系列空气式。

自耦变压器减压起动的优点是：起动转矩和起动电流可以调节，缺点是设备庞大，成本较高。因此，这种减压起动方法适用于额定电压为 220/380V、△/丫联结、功率较大的三相异步电动机的减压起动。

对于控制的电动机功率为 14～75kW 的产品，采用自动控制方式；对于控制的电动机功率为 100～300kW 的产品，具有手动和自动两种控制方式，由转换开关进行切换。时间继电器为可调式，在 5～120s 内可以自由调节控制起动时间。自耦变压器备有额定电压 60% 和 80% 两挡抽头。补偿器具有过载和失电压保护，最大起动时间为 2min（包括一次或连续数次起动时间的总和），若起动时间超过 2min，则起动后的冷却时间应不少于 4h 才能再次起动。由于是定型产品，安装相对容易。

三、时间继电器自动控制自耦变压器（补偿器）减压起动电路

图 1-4-14 所示是时间继电器自动控制自耦变压器（补偿器）减压起动电路，其工作原理读者可自行分析。

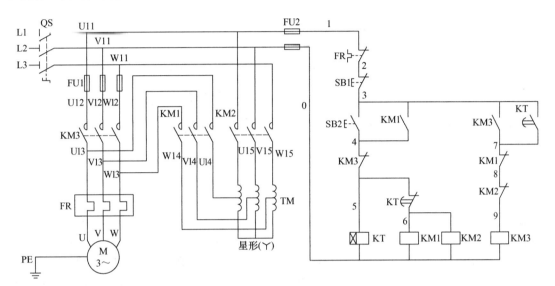

图 1-4-14　时间继电器自动控制自耦变压器（补偿器）减压起动电路

✔**任务实施**

安装检修图 1-4-14 所示的时间继电器自动控制自耦变压器（补偿器）减压起动电路。

17. 自耦变压器
减压起动控制电路

一、自耦变压器的安装

1）自耦变压器要安装在箱体内，否则应采取遮护或隔离措施，并在进、出线的端子上进行绝缘处理，以防止发生触电事故。

2）若无自耦变压器时，可采用两组灯箱来分别代替电动机和自耦变压器进行模拟实验，但三相电路中灯泡的规格必须相同，如图 1-4-15 所示。

二、电路安装

时间继电器自动控制自耦变压器（补偿器）减压起动电路的安装步骤与前面任务基本相同，这里不再赘述。

三、检测

（1）主电路的检测　将万用表两表笔跨接在 QS 下端子 U11 和端子排 U 处，应测得断

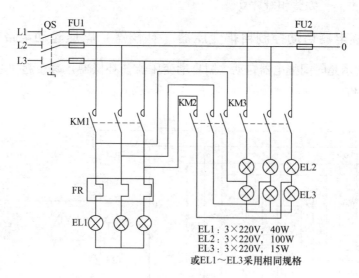

图 1-4-15　用灯箱进行模拟实验的电路

路；按下 KM3 触头架，万用表显示通路；放开 KM3 触头架，同时按下 KM1、KM2 触头架，万用表显示通路。用相同的方法检查 V 和 V11、W 和 W11。

（2）控制电路的检测　断开主电路，将万用表两表笔跨接在 FU2 的下端头 1 和 0 处，按下 SB2 不放，若采用晶体管式时间继电器，万用表显示 KM1 和 KM2 线圈的并联阻值（若 KM1 和 KM2 相同，则显示 KM1 线圈阻值的 1/2）；按下 SB1，万用表显示断路；轻按 KM3 触头架，万用表显示断路。放开 SB2，按下 KM1 触头架，万用表显示 KM1 和 KM2 线圈的并联阻值；按下 KM3 触头架不放，万用表显示 KM3 线圈的阻值；按下 SB1，万用表显示断路，再按下 KM1 或 KM3 触头架，万用表仍显示断路。

四、通电试运行

（1）空操作实验　合上电源开关 QS，按下 SB2，KM1、KM2 线圈得电动作，几秒后，KM1、KM2 线圈失电，触头复位；同时 KM3 得电动作。按下 SB1，控制电路失电，KM3 触头复位。反复操作几次，观察电路动作的可靠性。

提示：时间继电器的时间设定，根据实际要求一般为 3~5s。

（2）带负荷试运行　断开 QS，接好电动机接线，连接好时间继电器，设定好动作时间，然后合上电源开关 QS，做好立即停机的准备。

按下 SB1，电动机起动后，用万用表检查 U13、V13、W13 之间的电压是否小于 380V。若用灯箱来进行模拟实验，看灯箱是否正常发光。几秒后，KT 动作，同时 KM3 得电，电动机正常运行。按下 SB2，主电路失电，电动机停转或灯箱停止发光。正常后在进行下一步。若用灯箱来进行模拟实验，看灯箱 EL2、EL3 是否熄灭。反复操作几次，观察电路动作的可靠性。

五、故障排除

以图 1-4-13b 所示电路为例，具体见表 1-4-3。

表1-4-3 电路故障的现象、原因分析及检查方法

故障现象	原因分析	检查方法
电动机不能起动	1. 从主电路分析 可能存在的故障点有： （1）电源无电压或熔断器侧熔断 （2）接触器KM1本身有故障 （3）电动机故障 （4）变压器电压抽头选得过低 2. 从控制电路来分析 可能存在的故障点有热继电器触头FR、SB1、SB2、KA等触头接触不良	按下起动按钮，观察接触器KM1是否吸合，根据KM1的动作情况，按以下两种现象分析故障原因。接触器KM1不吸合：第一看电源指示灯亮不亮，不亮说明电源无电压或熔断器侧熔断；第二看时间继电器是否吸合，不吸合且指示灯1亮，可能是热继电器触头FR、SB1、SB2等触头接触不良；第三看接触器KM1本身是否有故障。如果KM1动作，电动机不转但有"嗡嗡"声：第一，电动机负载过大，机械部分故障，造成反转矩过大等；第二，传送带过紧或电压过低；第三，接触器KM1的主触头一相接触不良；第四，变压器电压抽头选得过低，或电动机本身故障
自耦变压器发出"嗡嗡"声	变压器铁心松动、过载等；变压器绕组接地；电动机短路或其他原因使起动电流过大	断电后检查变压器铁心的压紧螺钉是否松动；用绝缘电阻表检查变压器绕组的接地电阻；检查电动机
自耦变压器过热	1. 自耦变压器短路、接地 2. 起动时间过长或电路不能切换成全压运行 （1）时间继电器延时时间过长、线圈短路、机械受阻等原因造成不能吸合 （2）时间继电器KT的延时闭合常开触头不能闭合或接触不良 （3）中间继电器KA本身故障不能吸合 （4）起动次数过于频繁	当发现这种故障时，应立即停机，不然会将自耦变压器烧毁（因电动机起动时间很短，自耦变压器也是按短时通电设计的，只允许连续起动两次） 1. 断电后检查，用绝缘电阻表检查变压器绕组的接地电阻、匝间电阻 2. 切断主电路，通电检查时间继电器延时时间是否过长，触头是否动作和中间继电器KA是否动作

（续）

故障现象	原因分析	检查方法
接触器 KM1 释放后电动机停转	可能故障点： 1. KM1 常闭触头接触不良，使接触器 KM2 无法通电 2. 中间继电器 KA 在 KM2 电路上的常开触头接触不良 3. 接触器 KM2 本身有故障不能吸合 4. 切换时间太短，其原因是 KT 整定时间太短，造成电动机起动状态还没结束便转为工作状态 5. 较长时间的大电流通过热继电器的感温元件；热继电器辅助触头跳开，电动机停转 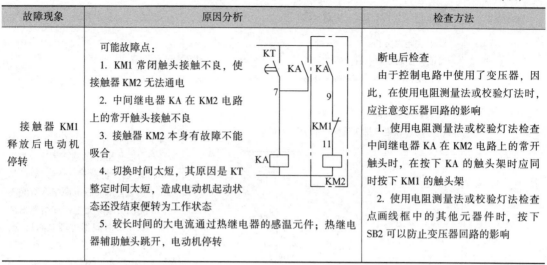	断电后检查 由于控制电路中使用了变压器，因此，在使用电阻测量法或校验灯法时，应注意变压器回路的影响 1. 使用电阻测量法或校验灯法检查中间继电器 KA 在 KM2 电路上的常开触头时，在按下 KA 的触头架时应同时按下 KM1 的触头架 2. 使用电阻测量法或校验灯法检查点画线框中的其他元器件时，按下 SB2 可以防止变压器回路的影响

注：其他故障参见前面的处理方法。

任务总结与评价

参见表 1-1-8。

任务三　Y—△减压起动控制电路的安装与检修

学习目标

技能目标：
（1）能按照工艺要求正确安装三相异步电动机Y—△减压起动控制电路。
（2）能使用万用表检修Y—△减压起动控制电路的故障。
知识目标：
（1）正确识别、选用、安装、使用手动Y—△起动器。
（2）正确理解三相异步电动机Y—△减压起动控制电路的工作原理。
素养目标：
（1）通过加强纪律管理，培养职业行为习惯。
（2）加强技能训练，提升职业技能。

任务描述

任务二中自耦变压器（补偿器）减压起动是在起动时利用自耦变压器降低定子绕组上的起动电压，达到限制起动电流的目的。但这种方法的缺点是设备庞大，成本较高。

在生产实际中，M7475B 型平面磨床上的砂轮电动机则是采用Y—△减压起动，T610 型镗床的主轴电动机也是采用丫—△减压起动。

任务分析

丫—△减压起动是指电动机起动时，把定子绕组接成丫联结，以降低起动电压，限制起动电流。待电动机起动后，再将定子绕组改成△联结，使电动机全压运行。图 1-4-16 所示是三相定子绕组的丫/△联结。

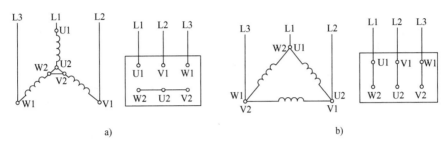

图 1-4-16　三相定子绕组的丫/△联结

a) 丫联结　b) △联结

能完成丫—△减压起动的控制电路，常见的主要有 3 种，一是手动丫—△起动器起动电路；二是按钮、接触器控制丫—△减压起动电路；三是时间继电器自动控制丫—△减压起动电路。由于手动丫—△起动器起动电路和按钮、接触器控制丫—△减压起动电路的丫—△转换是要通过人工操作来完成的，目前在生产机械中使用较少，因此只做一般介绍。

电动机起动时，定子绕组接成丫联结，加在每相定子绕组上的起动电压只有△联结时的 $1/\sqrt{3}$，起动电流为△联结时的 1/3，起动转矩也只有△联结时的 1/3。所以，这种减压起动方法只适用于轻载或空载下起动。凡是在正常运行时定子绕组为△联结的异步电动机，均可采用这种减压起动方法。本次任务就是完成时间继电器自动控制丫—△减压起动电路的安装与检修。

必备知识

一、手动丫—△起动器起动电路

手动丫—△起动器起动电路中的关键低压电器是手动丫—△起动器。手动丫—△起动器有 QX1 和 QX2 系列，按控制电动机的功率分为 13kW 和 30kW 两种，起动器的正常操作频率为 30 次/h。其外形、接线图和触头分合图如图 1-4-17 所示。

如图 1-4-17 所示，起动器有起动（丫）、停止（0）和运行（△）3 个位置，当手柄扳到"0"位置时，8 对触头都分断，电动机脱离电源停转；当手柄扳到"丫"位置时，1、2、5、6、8 触头闭合接通，3、4、7 触头分断，定子绕组的末端 W2、U2、V2 通过触头 5 和 6 接成丫联结，始端 U1、V1、W1 则分别通过触头 1、8、2 接入三相电源 L1、L2、L3，电动机进行丫联结减压起动；当电动机转速上升并接近额定转速时，将手柄扳到"△"位置，这时 1、2、3、4、7、8 触头闭合，5、6 触头分断，定子绕组按 U1→触头 1→触头 3→W2、V1→触头 8→触头 7→U2、W1→触头 2→触头 4→V2 接成△联结全压正常运转。

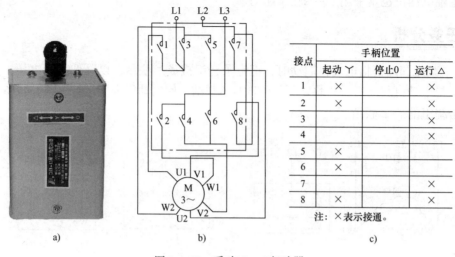

图 1-4-17　手动丫—△起动器

a）外形　b）接线图　c）触头分合图

二、按钮、接触器控制丫—△减压起动电路

图 1-4-18 所示是按钮、接触器控制丫—△减压起动电路。该电路使用了 3 个接触器、1 个热继电器和 3 个按钮。接触器 KM 用于引入电源，接触器 KM丫 和 KM△ 分别用于丫联结起动和△联结运行，SB1 是起动按钮，SB2 是丫—△换接按钮，SB3 是停止按钮，FU1 作为主电路的短路保护，FU2 作为控制电路的短路保护，FR 作为过载保护。

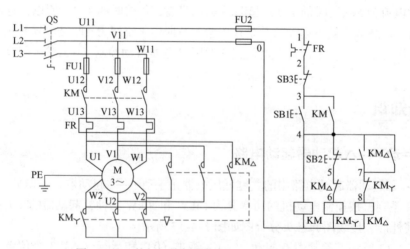

图 1-4-18　按钮、接触器控制丫—△减压起动电路

电路的工作原理如下：合上电源开关 QS，按下起动按钮 SB1，接触器 KM 和 KM丫 线圈同时得电，KM丫 主触头闭合，把电动机绕组接成丫联结，KM 主触头闭合接通电动机电源，使电动机 M 接成丫联结减压起动。当电动机转速上升到一定值时，按下起动按钮 SB2，SB2 常闭触头先分断，切断 KM丫 线圈回路，SB2 常开触头后闭合，使 KM△ 线圈得电，电动机 M 被接成△联结运行，整个起动过程完成。当需要电动机停转时，按下停止按钮 SB3 即可。

三、时间继电器自动控制丫—△减压起动电路

1. 时间继电器自动控制丫—△减压起动电路

时间继电器自动控制丫—△减压起动电路如图 1-4-19 所示。

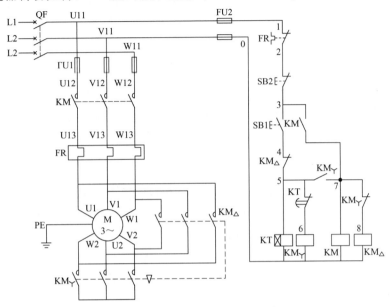

图 1-4-19 时间继电器自动控制丫—△减压起动电路

（1）电路的工作原理 合上电源开关 QF，按下 SB1，KM丫线圈得电，KM丫动合触头闭合，KM 线圈得电，KM 自锁触头闭合自锁、KM 主触头闭合；KM丫线圈得电后，KM丫主触头闭合；电动机 M 接成丫联结减压起动；KM丫联锁触头分断对 KM△的联锁；在 KM丫线圈得电的同时，KT 线圈得电，延时开始，当电动机 M 的转速上升到一定值时，KT 延时结束，KT 动触头分断，KM丫线圈失电，KM丫动触头分断；KM丫主触头分断，解除丫联结；KM丫联锁触头闭合，KM△线圈得电，KM△联锁触头分断对 KM丫的联锁；同时 KT 线圈失电，KT 动断触头瞬时闭合，KM△主触头闭合，电动机 M 接成△联结全压运行。

要停止时，按下 SB2 即可。

（2）特点 简便经济，容易控制，使用比较普遍，只要正常运行时定子绕组是△联结的电动机就都可以进行丫—△减压起动。

2. 丫—△自动起动器

时间继电器自动控制丫—△减压起动电路有两个系列定型产品，分别是 QX3、QX4 两个系列，称之为丫—△自动起动器，它们的主要技术数据见表 1-4-4。

表 1-4-4 丫—△ 自动起动器的主要技术数据

起动器型号	控制功率/kW			配用热元件的额定电流/A	延时调整范围/s
	220V	380V	500V		
QX3－13	7	13	13	11、16、22	4～16
QX3－30	17	30	30	32、45	4～16

（续）

起动器型号	控制功率/kW			配用热元件的额定电流/A	延时调整范围/s
	220V	380V	500V		
QX4-17		17	13	15、19	11、13
QX4-30		30	22	25、34	15、17
QX4-55		55	44	45、61	20、24
QX4-75		75		85	30
QX4-125		125		100~160	14~60

　　QX3 系列丫—△自动起动器的外形、结构和电路如图 1-4-20 所示。这种起动器主要由 3 个接触器（KM、KM丫、KM△）、1 个热继电器（FR）、1 个通电延时型时间继电器（KT）和两个按钮组成。工作原理读者可自行分析。

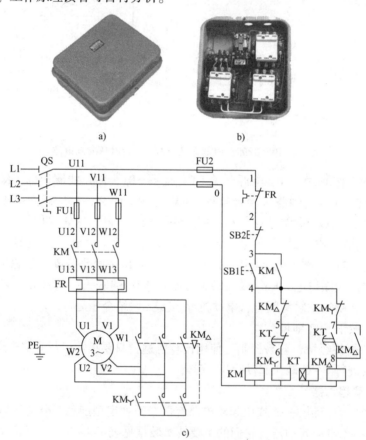

图 1-4-20　QX3 系列丫—△自动起动器

a）外形　b）结构　c）电路

✔**任务实施**

　　安装图 1-4-19 所示的时间继电器自动控制丫—△减压起动电路。

18. 丫—△减压起动控制电路

一、电路安装

安装步骤与前面任务基本相同，接线示意图如图1-4-21、图1-4-22所示。

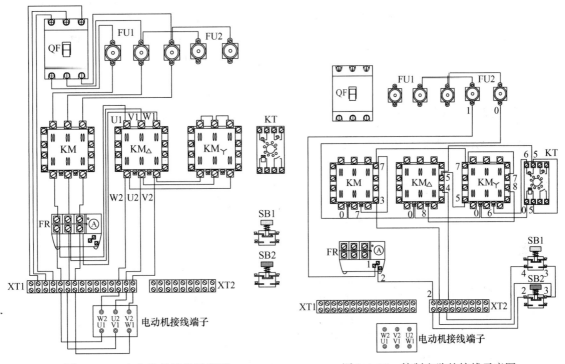

图 1-4-21　主电路的接线示意图　　　　　图 1-4-22　控制电路的接线示意图

二、自检

断开 QF，摘下接触器灭弧罩。

（1）主电路的检测

1）将万用表两表笔跨接在 QF 下端子 U11 和端子排 U1 处，应测得断路；按下 KM 触头架，万用表显示通路。重复 V11—V1 和 W11—W2 之间的检测。

2）将万用表两表笔跨接在 QF 下端子 U1 和端子排 W2 处，应测得断路；按下 KM△触头架，万用表显示通路。重复 V1—U2 和 W1—V2 之间的检测。

3）将万用表两表笔跨接在端子排 W2 和 U2 之间，应测得断路；按下 KMᵧ触头架，万用表显示通路。重复 W2—V2 和 U2—V2 之间的检测。

（2）控制电路的检测（按使用晶体管式时间继电器为例）

1）将万用表两表笔跨接在 U11 和 V11 之间，应测得断路；按下 SB1 不放，应测得 KMᵧ线圈的电阻值，同时按下 KM△触头架，应测得断路；放开 KM△触头架，按下 SB2，应测得断路。

2）放开 SB1，按下 KM 触头架，同时轻按 KMᵧ触头架，应测得 KM 线圈的电阻值；放开 KMᵧ触头架，应测得 KM 和 KM△线圈的并联阻值，按下 SB2，应测得断路。

三、通电试运行

（1）空操作实验　拆下电动机连线，调整好时间继电器的延时动作时间（一般为 5 ~ 10s），合上 QF，按下 SB1，KM 和 KM$_Y$ 吸合动作，5 ~ 10s 后，KM$_Y$ 失电断开，KM$_\triangle$ 得电吸合动作；按下 SB2，所有接触器失电断开。

（2）带负荷试运行　断开 QF，连接好电动机接线，合上 QF，做好随时切断电源的准备。按下 SB1，观察电动机的起动情况，5 ~ 10s 后，KM$_Y$ 失电断开，KM$_\triangle$ 得电吸合动作，电动机全压运行。

四、故障排除

1. 空气阻尼式时间继电器常见故障的检修（见表 1-4-5）

表 1-4-5　空气阻尼式时间继电器常见故障的检修

常见故障	原因及检修方法
延时触头不动作	1. 电磁铁线圈断线，万用表检测，更换线圈 2. 电源电压大大低于线圈额定电压，调高电流电压或更换线圈 3. 连接触头不牢，重新连接
延时时间缩短	1. 空气阻尼式时间继电器气室装配不严、漏气，调换气室 2. 空气阻尼式时间继电器气室内橡皮薄膜损坏，更换橡皮膜
延时时间变长	空气阻尼式时间继电器气室有灰尘，使气道阻塞，清洁或更换气室

2. 时间继电器自动控制丫—△减压起动电路故障的检修（见表 1-4-6）

表 1-4-6　时间继电器自动控制丫—△减压起动电路故障的检修

故障现象	原因分析	检查方法
电动机不能起动	这意味着电动机 M 不能接成丫联结起动 1. 从主电路分析 熔断器 FU1 断路，接触器 KM、KM$_Y$ 的主触头接触不良，热继电器 FR 的主通路有断点，电动机 M 的绕组有故障 2. 从控制电路分析 （1）1 号线至 2 号线间的热继电器 FR 的常闭触头接触不良 （2）2 号线至 3 号线间的按钮 SB2 的常闭触头接触不良 （3）4 号线至 5 号线间的接触器 KM$_\triangle$ 的常闭触头接触不良 （4）5 导线至 6 号线间的时间继电器 KT 的延时断开瞬时闭合触头接触不良 （5）接触器 KM 及接触器 KM$_Y$ 的线圈损坏等	按下电动机 M 的起动按钮 SB1，观察接触器 KM、KM$_Y$ 是否闭合 1. 若接触器 KM、KM$_Y$ 都闭合，则为主电路的问题，重点检查熔断器 FU1、接触器 KM 及 KM$_Y$ 的主触头、电动机 M 的绕组等 2. 如果接触器 KM、KM$_Y$ 均不闭合，则重点检查熔断器 FU2、1 号线至 2 号线间的热继电器 FR 的常闭触头、2 号线至 3 号线间的按钮 SB2 的常闭触头、5 号线至 6 号线间的时间继电器 KT 的延时断开瞬时闭合常闭触头等 3. 若接触器 KM$_Y$ 闭合，KM 未闭合，则重点检查点 5 号线至 7 号线间的接触器 KM$_Y$ 的常开触头及接触器 KM 的线圈

（续）

故障现象	原因分析	检查方法
电动机能丫联结起动但不能转换为△联结运行	1. 从主电路分析：接触器 KM△ 主触头闭合接触不良 2. 从控制电路分析：4 号线至 5 号线间的接触器 KM△ 的常闭触头接触不好、时间继电器 KT 的线圈损坏、7 号线至 8 号线间的接触器 KM丫 的常闭触头接触不良、接触器 KM△ 的线圈损坏等	按下起动按钮 SB1，电动机 M 在丫联结起动后，观察时间继电器 KT 是否闭合 1. 若时间继电器 KT 未闭合，重点检查时间继电器 KT 的线圈 2. 如果 KT 闭合，经过一定时间后，观察接触器 KM丫 是否释放，KM△ 是否闭合 （1）如 KM丫 未释放，则检查 5 号线至 6 号线间的 KT 的瞬时闭合延时断开触头（不能延时断开） （2）如 KM丫 释放，观察 KM△ 是否吸合。如 KM△ 未闭合，则检查 7 号线至 8 号线间的接触器 KM丫 的常闭触头。若 KM△ 闭合，则检查 KM△ 的主触头

注：其他故障参见前面的处理方法。

任务总结与评价

参见表 1-1-8。

任务四　CMC-L 电动机软起动器的安装接线与参数设置

学习目标

技能目标：

能对照说明书，进行 CMC-L 电动机软起动器的接线和面板设置。

知识目标：

了解软起动器的种类及工作原理，熟悉各类软起动器的特点，了解晶闸管软起动器的使用。

素养目标：

（1）强化实训纪律要求，培养职业信念。

（2）加强练习，提升职业技能。

任务描述

软起动可分为有级和无级两类，前者的调节是分挡的，后者的调节是连续的。传统的软起动均是有级的，如丫—△减压软起动、自耦变压器软起动、定子绕组串接电阻软起动等。有级方法存在明显缺点，即减压起动过程到全压运行的切换中出现二次冲击电流。

☞ 任务分析

在电动机定子回路中，通过串入有限流作用的电力器件实现的软起动叫作减压或限流软起动。它是软起动中的一个主要类别。高压减压软起动又是其中的一个重要类别。软起动器是一种集电动机软起动、软停机、轻载节能和多种保护功能于一体的新型电动机控制装置。本次任务就是安装与设置晶闸管软起动器。

✍ 必备知识

一、软起动器的分类

可进行无级连续调节的软起动器主要有 3 种：以电解液限流的液阻软起动器，以晶闸管为限流器件的晶闸管软起动器，以磁饱和电抗器为限流器件的磁控软起动器。

1. 液阻软起动器

液阻是一种由电解液形成的电阻，它导电的本质是离子导电。它的阻值正比于相对的两块电极板的距离，反比于电解液的电导率，极板距离和电导率都便于控制。液阻的热容大。液阻的这两大特点（阻值可以无级控制和热容大）恰恰是软起动所需要的，加上另一个十分重要的优势——低成本，使液阻软起动器得到广泛的应用。

液阻软起动器也有缺点：

1）液阻箱容积大，其根源在于阻性限流，减小容积会引起温升加大。一次软起动后电解液通常会有 10～30℃的温升，软起动的重复性变差。

2）移动极板需要有一套伺服机构，它的移动速度较慢，难以实现起动方式的多样化。

3）液阻软起动器需要维护，液阻箱中的水需要定期补充。电极板长期浸泡在电解液中，表面会发生锈蚀，需要做表面处理（一般 2～3 年一次）。

4）液阻软起动器不适合放置在易结冰或颠簸的场合。

2. 晶闸管软起动器

晶闸管软起动器利用晶闸管移相控制原理，控制三相反并联晶闸管的导通角，使电动机的输入电压从零以预设函数关系逐渐上升，直至起动结束赋予电动机全电压。它使被控电动机的输入电压按不同的要求而变化，从而实现不同的起动功能。可见，晶闸管软起动器实际上是一个晶闸管交流调压器，通过改变晶闸管的触发延迟角，就可调节晶闸管调压电路的输出电压。与液阻软起动器相比，它的体积小、结构紧凑，几乎不用维护，功能齐全，菜单丰富，起动重复性好，保护措施周全，这些都是液阻软起动器难以比拟的。

但是晶闸管软起动器也有缺点：一是高压产品的价格太高，是液阻软起动器的 5～10 倍；二是晶闸管引起的高次谐波较严重；三是不能应用于绕线转子异步电动机。

3. 磁控软起动器

磁控软起动是从电抗器软起动衍生出来的。用三相电抗器串在电动机定子绕组中实现减压起动是二者的共同点。磁控软起动不同于电抗器软起动的主要点是其电抗值可控。总体说来，起动开始时电抗器的电抗值较大，在软起动过程中通过反馈调节使电抗值逐渐减小，直至软起动完成后被旁路。

电抗值的变化是通过控制直流励磁电流，改变铁心的饱和度来实现的，所以叫作磁控软起动。因为磁饱和电抗器的输出功率比控制功率大几十倍，它也可以称为"磁放大器"。由于它不具有零输入对应零输出的特点，所以不建议采用"磁放大器"这一术语。

磁饱和电抗器有 3 对交流绕组（每相 1 对）和三相共有的 1 个直流励磁绕组。在交流绕组里流过的是电动机定子电流，它必然会在直流励磁绕组上感应出电动势。后者会影响励磁回路的运行。用一对交流绕阻的主要原因就是为了抵消这种影响。

显然，电抗值的调节是静止的、无接触的、非机械式的。这就为微电子技术的介入打开了大门。所以，在工作原理上磁控软起动与晶闸管软起动是完全相同的。说磁控软起动能够实现软停止，能够具有晶闸管软起动所具有的几乎全部功能，大概就是这个原因。

高压磁饱和电抗器在原理和结构上与低压（380V）磁饱和电抗器没有本质上的区别，但是在某些方面采取了一些特殊处理。

磁饱和电抗器具有 0.1s 量级的惯性，这使得磁控软起动器的快速性比晶闸管软起动器慢一个数量级。对于电动机系统的大惯性来说，磁控软起动器的惯性是不足为虑的。

有人说磁控软起动不产生高次谐波，这是错误的，只要饱和，就一定会有非线性，就一定会引起高次谐波，只是磁饱和电抗器产生的高次谐波会比工作在斩波状态的晶闸管要小一些。

磁控软起动装置需要有相对较大功率的辅助电源，噪声较大则是其不足之处。

4. 变频调速装置

变频调整装置也是一种软起动装置。它是比较理想的一种，可以在限流的同时保持较高的起动转矩。但是，价格昂贵是制约其推广应用的主要因素。

软起动器和变频器是两种完全不同用途的产品。变频器用于需要调速的地方，其输出不但改变电压而且同时改变频率；软起动器实际上是个调压器，用于电动机起动时，输出只改变电压并没有改变频率。变频器具备所有软起动器的功能，但它的价格比软起动器昂贵得多，结构也复杂得多。

二、晶闸管软起动器的工作原理

CMC-L 电动机软起动器是一种将电力电子技术、微处理器和自动控制技术相结合的新型电动机起动与保护装置。它能无阶跃地平稳起动/停止电动机，避免因采用直接起动、丫—△起动、自耦减压起动等传统起动方式起动电动机而引起的机械与电气冲击等问题，并能有效地降低起动电流及配电容量。其晶闸管串联装置的原理图如图 1-4-23 所示。

图 1-4-23 中，点画线框内为 3 只串联在电路中的三相晶闸管功率串联装置；M 为软起动器的负载电动机；L1、L2、L3 分别为电网的三相交流输入。以 L1 相串联装置为例，VT1 ~ VT6 为大功率晶闸管，它们每 3 个串联后再反并联组成单相功率串联装置，以实现软起动器对交流电的控制。这 6 只晶闸管选用同一厂家、同一型号、同一生产批次的产品，以减小其在生产过程中由于生产工艺的不同而产生的自身特性（诸如伏安特性、反向恢复电荷、开关时间和临界电压上升率等）的差异。R_1、R_2、R_3 为静态均压电阻，用以实现晶闸管的静态均压。静态均压电阻选用无感电阻，阻值约为晶闸管阻断状态等效阻值的 1/40，且功率留有足够大的余量。

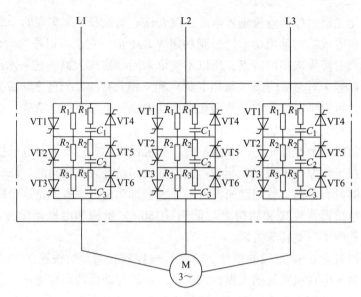

图 1-4-23　晶闸管串联装置的原理图

三、晶闸管软起动器的特点

（1）多种起动方式　可以限流软起动、斜坡限流起动、电压斜坡起动，最大程度满足现场需求，实现最佳起动效果。

（2）高可靠性　高性能微处理器对控制系统中的信号进行数字化处理，避免了以往模拟电路的过多调整，从而获得极佳的准确性和执行速度。

（3）强大的抗干扰性　所有外部控制信号均采用光电隔离，并设置了不同的抗噪级别，适应在特殊的工业环境中使用。

（4）优化的结构　独特的紧凑结构设计，方便用户将其集成到已有系统中，为用户节约系统改造费用。

（5）电动机的保护　多种电动机保护功能（如过电流、输入/输出断相、晶闸管短路、过热保护等）确保电动机及软起动器在故障或误操作时不被损坏。

（6）维护简便　由 4 位数码显示组成的监控信号编码系统 24h 监控系统设备的工作状况，同时提供快速故障诊断。

四、CMC-L 电动机软起动器介绍

1. 软起动器铭牌说明（见图 1-4-24）

2. 软起动器型号说明

图 1-4-24　CMC-L 电动机软起动器的铭牌

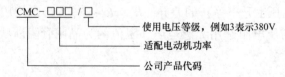

3. 软起动器编号说明

NO:XXXXXXXXXXXXXXXXXXXCMC-XX□□□

—— L：数码型
—— M：数码智能型
—— SX：汉显智能型
—— M2：机床专用型

4. 软起动器使用条件（见表1-4-7）

表1-4-7　CMC-L 电动机软起动器的使用条件

控制电源	AC 110～220V，允许的波动范围为±15%
三相电源	AC 380V、660V、1140V，允许的波动范围为±30%
标称电流	15～1000A，共22种额定值
适用电动机	一般笼型异步电动机
起动斜坡方式	限流软起动、电压斜坡起动、电压斜坡+限流起动
停机方式	自由停机、软停机
逻辑输入	阻抗1.8kΩ，电源15V
起动频次	可做频繁或不频繁起动，建议每小时起动次数不超过10次
保护功能	断相、过电流、短路、SCR保护、过热等
防护等级	IP00、IP20
冷却方式	自然冷却或强迫风冷
安装方式	壁挂式
环境条件	海拔超过2000m，应相应降低功率使用；环境温度在-25～45℃之间；相应湿度不超过95%（20℃±5℃）；无易燃、易爆、腐蚀性气体，无导电尘埃，室内安装，通风良好，振动小于0.5g

✔ 任务实施

CMC-L 电动机软起动器的接线。

一、接线图

CMC-L 电动机软起动器的基本接线原理图如图1-4-25所示，接线示意图如图1-4-26所示。
CMC-L 电动机软起动器的典型应用接线图如图1-4-27所示。

注意：

1）图1-4-27所示为单节点控制方式。触头闭合软起动器起动，触头打开软起动器停止。需要注意的是，这种接线 LED 面板起动操作无效。端子3、4、5（起停信号端子）是一个无源节点。

19. 软起动

2）PE 线应尽可能短，接于距软起动器最近的接地点，合适的接地点应位于安装板上紧靠软起动器处，安装板也应接地，此处接地为功能接地而不是保护接地。

3）电流互感器二次侧的导线截面积应不小于2mm²。

二、面板示意图

CMC-L 电动机软起动器的面板示意图如图1-4-28所示，其按键功能说明见表1-4-8。

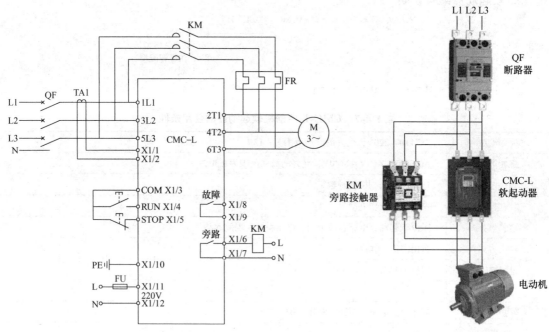

图 1-4-25　CMC-L 电动机软起动器的基本接线原理图　　　　　图 1-4-26　接线示意图

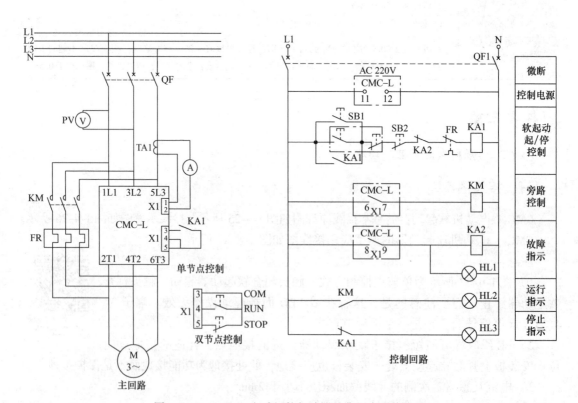

图 1-4-27　CMC-L 电动机软起动器的典型应用接线图

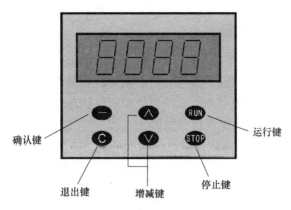

图 1-4-28　CMC-L 电动机软起动器的面板示意图

表 1-4-8　CMC-L 电动机软起动器的按键功能说明

符　　号	名　　称	功能说明
—	确认键	进入菜单项，确认需要修改数据的参数项
∧	递增键	参数项或数据的递增操作
∨	递减键	参数项或数据的递减操作
C	退出键	确认修改的参数数据并退出参数项，退出参数菜单
RUN	运行键	键操作有效时，用于运行操作，并且端子排 X1 的 3、5 端子短接
STOP	停止键	键操作有效时，用于停止操作，故障状态下按下 STOP 键 4s 以上可复位当前故障

三、显示状态说明

CMC-L 电动机软起动器显示状态说明见表 1-4-9。

表 1-4-9　CMC-L 电动机软起动器的显示状态说明

序号	显示符号	状态说明	备　　注
1	STOP	停止状态	设备处于停止状态
2	PO2O	编程状态	此时可阅览和设定参数
3	AUA˥	运行状态 1	设备处于软起动过程状态
4	AUA¯	运行状态 2	设备处于全压工作状态
5	AUA˩	运行状态 3	设备处于软停机状态
6	Err1	故障状态	设备处于故障状态

四、键盘操作及参数说明

（1）键盘操作　当软起动器通电后，即进入起动准备状态，键盘显示**STOP**，此时按━键进入编程状态。编程状态下软起动器可进行参数阅览和参数设定两种操作，当显示参数前两位处于闪烁状态时是参数阅览状态，后两位处于闪烁状态时是参数设定状态。

参数阅览状态时，按∧或∨键进行参数阅览；按━键进入参数设定状态，按∧或∨键进行参数设定及修改。按c键退出本级菜单并返回上一级。

（2）参数设定及操作说明　参数显示有 4 位，前两位是参数项，后两位是参数值。参数设定及操作说明见表 1-4-10。

表 1-4-10　参数设定及操作说明

序号	显示	参数说明	操作说明	出厂值
1	P020	起始电压 （10% ~ 70%）U_e，16 级可调，设为 99% 时为全压起动	参数设定状态下，按∧或∨键可修改起动电压大小	20%
2	P110	起动时间 0~60s，16 级可调，选择 0s 为电流限幅软起动	参数设定状态下，按∧或∨键可修改起动时间	10
3	P200	停机时间 0~60s，16 级可调，选择 0s 为自由停机	参数设定状态下，按∧或∨键可修改停机时间	0
4	P33.0	电流限幅倍数（1.5~5）I_e，16 级可调	参数设定状态下，按∧或∨键修改起动电流限幅倍数	3
5	P41.5	运行过电流保护（1.5~5）I_e，8 级可调	参数设定状态下，按∧或∨键修改运行过电流保护值	1.5
6	P500	未定义参数		
7	P6 2	控制选择 0—接线端子控制 1—操作键盘控制 2—键盘、端子同时控制	参数设定状态下，按∧或∨键选择控制方式	2
8	P7 0	SCR 保护选择 0—允许 SCR 保护 1—禁止 SCR 保护	参数设定状态下，按∧或∨键选择是否用 SCR 保护	0
9	P800	双斜坡起动 0—双斜坡起动无效 非 0—双斜坡起动有效，设定值为第一次起动时间（范围：0~60s）	参数设定状态下，按∧或∨键选择是否用双斜坡起动	0

注：在停止状态下参数设定有效。

五、故障排除

1. 故障分析

当软起动器保护功能动作时，软起动器立即停机，显示屏显示当前故障，用户可根据故障内容进行故障分析。例如：若显示 Err3 则表示机器处于故障状态，后缀数字表示故障号，见表1-4-11。

表 1-4-11　CMC-I 电动机软起动器的故障代码分析

显示	状态说明	排除方法
5ГOP	软起动器待机状态	1. 检查旁路接触器是否卡在闭合位置上 2. 检查各晶闸管是否击穿或损坏
	给出起动信号电动机无反应	1. 检查端子3、4、5是否接通 2. 检查控制电路连接是否正确，控制开关是否正常 3. 检查控制电源是否电压过低
无显示		1. 检查端子11和12是否接通 2. 检查控制电源是否正常
Err1	电动机起动时断相	检查三相电源各相电压，判断是否断相并予以排除
Err2	晶闸管温度	1. 检查软起动器安装环境是否通风良好且垂直安装 2. 软起动器是否被阳光直射 3. 检查散热器是否过热或过热保护开关是否被断开 4. 降低起动频次 5. 控制电源是否电压过低
Err3	起动失败故障	1. 逐一检查各项工作参数设定值，核实设置的参数值与电动机实际参数是否匹配 2. 起动失败（80s未完成起动），检查限流倍数是否设定过小或核对电流互感器电流比正确性
Err4	软起动器输入与输出端短路	1. 检查旁路接触器是否卡在闭合位置上 2. 检查晶闸管是否击穿或损坏
	电动机连接线开路（P7设置为0）	1. 检查软起动器输出端与电动机是否正确且可靠连接 2. 判断电动机内部是否开路 3. 检查晶闸管是否击穿或损坏 4. 检查进线是否断相
Err5	限流功能失效	1. 检查电流互感器是否接到端子1、2上 2. 查看限流保护设置是否正确 3. 电流互感器的电流比是否与电动机相匹配
	电动机运行过电流	1. 检查软起动器输出端连接是否有短路现象 2. 电动机过载或者短路 3. 检查电动机电路是否断相 4. 电流互感器的电流比是否与电动机相匹配

2. 故障排除

故障具有记忆性，故在故障排除后，通过按键 STOP（长按 4s 以上）进行复位，使软起动器恢复到起动准备状态。

3. 熟悉 CMC-L 软起动器的日常维护

1）如果灰尘太多，将降低软起动器的绝缘等级，可能使软起动器不能正常工作，处理方法：

① 用清洁干燥的毛刷轻轻刷去灰尘。

② 用压缩空气吹去灰尘。

2）如果结露，将降低软起动器的绝缘等级，可能使软起动器不能正常工作，处理方法：

① 用电吹风或电炉吹干。

② 配电间除湿。

3）定期检查元器件是否完好，是否能正常工作。

4）检查软起动器的冷却通道，确保不被脏物和灰尘堵塞。

💡 **任务总结与评价**

参见表 1-1-8。

三相异步电动机制动控制电路的安装与检修

1

生产机械在电动机的拖动下运转，当电动机失电后，由于惯性作用电动机不可能立即停下来，而会继续转动一段时间才会完全停下来。这种现象不但会使生产机械的工作效率变低，而且对于某些生产机械也是不适宜的。为了能使电动机迅速停转，就需要对电动机进行制动。

所谓制动，就是给电动机一个与转动方向相反的转矩使它迅速停转（或限制其转速）。制动的方法一般有机械制动和电力制动两类。

学习指南

通过学习本单元，能正确识读三相异步电动机制动控制电路的原理图，能绘制布置图和接线图，会按照工艺要求正确安装三相异步电动机制动控制电路，初步掌握速度继电器和电磁制动器的选用方法与简单检修，并能根据故障现象检修三相异步电动机制动控制电路。

主要知识点：三相异步电动机制动控制电路的工作原理。

主要能力点：三相异步电动机制动控制电路的故障检测方法及步骤。

学习重点：三相异步电动机制动控制电路的安装步骤及工艺要求。

学习难点：三相异步电动机制动控制电路的常见故障及其检修。

能力体系/（知识体系）/内容结构

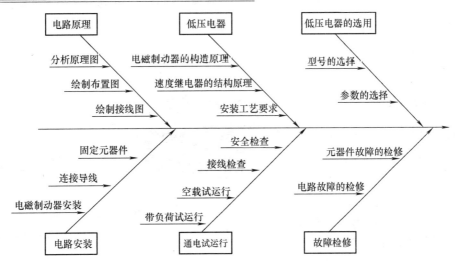

任务一　机械制动——电磁制动器断电（通电）制动控制电路的安装与检修

📖 学习目标

技能目标：

（1）能正确安装电磁制动器并进行调试。

（2）能使用万用表查找出电磁制动器断电制动控制电路的故障并加以维修。

知识目标：

（1）正确理解三相异步电动机电磁制动器断电（通电）制动控制电路的工作原理。

（2）熟悉电磁制动器的功能、基本结构、工作原理及型号含义，熟记其图形符号和文字符号。

素养目标：

（1）通过不断学习，强化职业信念。

（2）加强技能练习，提升职业技能。

📛 任务描述

对于 X62W 型万能铣床的主轴电动机，为了保证加工的精度，电动机断电后，铣刀应立刻停止切削，一般采用电磁离合器制动以实现准确停机。而在 20/5t 桥式起重机上，主钩、副钩、大车、小车全部采用电磁制动器，以保证电动机失电后的迅速停机。

👉 任务分析

电动机断开电源后，利用机械装置产生的反作用力矩使其迅速停转的方法叫作机械制动。机械制动常用的方法有电磁制动器制动和电磁离合器制动。本次任务就是安装与检修电磁制动器断电制动控制电路。

✍ 必备知识

一、电磁制动器

图 1-5-1 所示为常用的 MZD1 系列交流单相制动电磁铁与 TJ2 系列闸瓦制动器的外形，它们配合使用共同组成电磁制动器，其结构如图 1-5-2a 所示，符号如图 1-5-2b 所示。TJ2 系列闸瓦制动器与 MZD1 系列交流制动电

　　　　a)　　　　　　　　　　　　b)

图 1-5-1　制动电磁铁与闸瓦制动器

a）MZD1 系列交流单相制动电磁铁　b）TJ2 系列闸瓦制动器

磁铁的配用见表1-5-1。

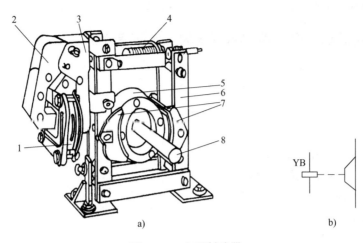

图1-5-2 电磁制动器

a) 结构 b) 符号

1—线圈 2—衔铁 3—铁心 4—弹簧 5—闸轮 6—杠杆 7—闸瓦 8—轴

表1-5-1 TJ2系列闸瓦制动器与MZD1系列交流制动电磁铁的配用

制动器 型号	制动力矩/N·m		正常/最大 闸瓦退距 /mm	开始/最大 调整杆行程 /mm	电磁铁型号	电磁铁转矩/N·m	
	通电持续率 为25%或40%	通电持续率 为100%				通电持续率为 25%或40%	通电持续率 为100%
TJ2-100	20	10	0.4/0.6	2/3	MZD1-100	5.5	3
TJ2-200/100	40	20	0.4/0.6	2/3	MZD1-200	5.5	3
TJ2-200	160	80	0.5/0.8	2.5/3.8	MZD1-200	40	20
TJ2-300/200	240	120	0.5/0.8	2.5/3.8	MZD1-200	40	20
TJ2-300	500	200	0.7/1	3/4.4	MZD1-300	100	40

电磁铁和制动器的型号含义如下：

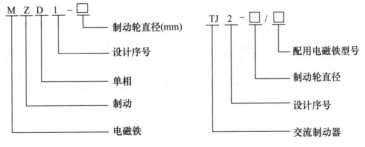

制动电磁铁由铁心、衔铁和线圈3部分组成。闸瓦制动器包括闸轮、闸瓦、杠杆和弹簧等部分。电磁制动器分为断电制动型和通电制动型两种。

断电制动型的工作原理如下：当制动电磁铁的线圈得电时，制动器的闸瓦与闸轮分开，无制动作用；当线圈失电时，制动器的闸瓦紧紧抱住闸轮制动。

通电制动型的工作原理如下：当制动电磁铁的线圈得电时，闸瓦紧紧抱住闸轮制动；当线圈失电时，制动器的闸瓦与闸轮分开，无制动作用。

二、电磁制动器断电制动控制电路的工作原理分析

图 1-5-3 所示就是 20/5t 桥式起重机副钩上采用的电磁制动器断电制动控制电路。

电路的工作原理如下：

（1）起动运转　先合上电源开关 QS，按下起动按钮 SB1，接触器 KM 线圈得电，其自锁触头和主触头闭合，电动机 M 接通电源，同时电磁制动器 YB 线圈得电，衔铁与铁心吸合，衔铁克服弹簧拉力，迫使制动杠杆向上移动，从而使制动器的闸瓦与闸轮分开，电动机正常运转。

（2）制动停转　按下停止按钮 SB2，接触器 KM 线圈失电，其自锁触头和主触头分断，电动机 M 失电，

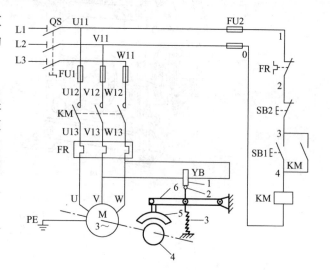

图 1-5-3　电磁制动器断电制动控制电路
1—线圈　2—衔铁　3—弹簧　4—闸轮　5—闸瓦　6—制动杠杆

同时电磁制动器 YB 线圈也失电，衔铁与铁心分开，在弹簧拉力的作用下，制动器的闸瓦紧紧抱住闸轮，使电动机被迅速制动而停转。

另外，由于电磁制动器在切断电源后的制动作用，使手动调整工件很困难，因此，要求电动机制动后能调整工件位置的机床设备，可采用通电制动控制电路。

三、电磁离合器

电磁离合器的制动原理和电磁制动器相似，不同的是：电磁离合器是利用动、静摩擦片之间产生的足够大的摩擦力，使电动机断电后立即制动的。

（1）外形和结构示意图　电磁离合器的外形和结构示意图如图 1-5-4 所示。

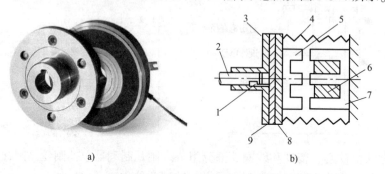

图 1-5-4　断电制动型电磁离合器的外形和结构示意图
a）外形　b）结构示意图
1—键　2—绳轮轴　3—法兰　4—制动弹簧　5—动铁心　6—励磁线圈　7—静铁心　8—静摩擦片　9—动摩擦片

（2）电路　电磁离合器的制动控制电路与电磁制动器断电制动控制电路基本相同。

（3）制动原理　电磁离合器的制动原理为：电动机断电时，线圈失电，制动弹簧将静摩擦片紧紧地压在动摩擦片上，此时电动机通过绳轮轴被制动。当电动机通电运转时，线圈也同时得电，电磁铁的动铁心被静铁心吸合，使静摩擦片分开，于是动摩擦片连同绳轮轴在电动机的带动下正常起动运转。当电动机切断电源时，线圈也同时失电，制动弹簧立即将静摩擦片连同动铁心推向转着的动摩擦片，强大的弹簧张力迫使动、静摩擦片之间产生足够大的摩擦力，使电动机断电后立即受制动停转。

✔ 任务实施

安装电磁制动器断电制动控制电路。

20. 机械制动

一、电磁制动器的安装

1）必须与电动机一起安装在固定的底座或座墩上，其地脚螺栓必须拧紧，而且应设有防松措施。电动机轴伸出端上的制动闸轮必须与闸瓦制动器的抱闸机构在同一平面上，而且轴心要一致。

2）电磁制动器安装后，必须在切断电源的情况下先进行粗调，然后在通电试运行时再进行微调。粗调时以断电状态下用外力转不动电动机的转轴，而当用外力将制动电磁铁吸合后，电动机转轴能自由转动为合格。

二、电路的安装与检查

安装步骤与前面任务基本相同，控制电路的检查与接触器自锁控制电路的检查方法一致。

主电路的检查与接触器自锁控制电路的检查方法基本一致，不同点是在热继电器的下端头 V 和 W 之间连接有电磁制动器线圈，重点检查线圈的通断情况。

三、故障排除

电磁制动器断电制动控制电路故障的现象、原因分析及检查方法，见表1-5-2。

表1-5-2　电路故障的现象、原因分析及检查方法

故障现象	原因分析	检查方法
电动机起动后，电磁制动器的闸瓦与闸轮过热	可能原因：闸瓦与闸轮的间距没有调整好，间距太小，造成闸瓦与闸轮有摩擦	检查闸瓦与闸轮的间距，调整间距后起动电动机，一段时间后停机，再检查闸瓦与闸轮过热是否消失
电动机断电后不能立即制动	可能原因：闸瓦与闸轮的间距过大	检查调小闸瓦与闸轮的间距，调整间距后起动电动机，停机检查制动情况
电动机堵转	可能原因：电磁制动器的线圈损坏或线圈连接电路断路，造成抱闸装置在通电的情况下没有放开	断开电源，拆下电动机的连接线，用电阻测量法或校验灯法检查故障点

任务总结与评价

参见表1-1-8。

任务二 电力制动——反接制动控制电路的安装与检修

学习目标

技能目标：

（1）掌握速度继电器的安装与使用方法。

（2）能正确安装反接制动控制电路，并能对电路故障进行检修。

知识目标：

（1）知道如何正确识别、选用、安装、使用速度继电器，熟记其图形符号和文字符号。

（2）正确理解三相异步电动机反接制动控制电路的工作原理。

素养目标：

（1）通过不断的知识学习，强化职业信念。

（2）强化技能训练，养成职业习惯。

任务描述

单元五任务一中的电磁制动器断电制动在起重机械上被广泛采用。其优点是能够准确定位，同时可防止电动机突然断电时重物的自行坠落。当重物起吊到一定高度时，按下停止按钮，电动机和电磁制动器的线圈同时断电，闸瓦立即抱住闸轮，电动机立即制动停转，重物随之被准确定位。如果电动机在工作时，电路发生故障而突然断电，电磁制动器同样会使电动机迅速制动停转，从而避免重物自行坠落。这种制动方法的缺点是不经济，因为电磁制动器线圈的耗电时间与电动机一样长。

任务分析

电力制动是指使电动机在切断定子电源停转的过程中，产生一个和电动机实际旋转方向相反的电磁转矩（制动转矩），迫使电动机迅速制动停转。电力制动常用的方法有反接制动、能耗制动、电容制动和再生发电制动等。

依靠改变电动机定子绕组的电源相序来产生制动转矩，迫使电动机迅速停转的方法称为反接制动。反接制动的工作原理如图1-5-5所示。当电动机正常运行时，电动机定子绕组

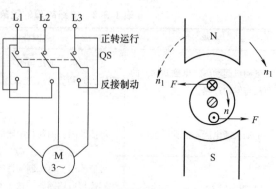

图1-5-5 反接制动的工作原理

的电源相序为 L1—L2—L3，电动机将沿旋转磁场方向以 $n < n_1$ 的速度正常运转。当电动机需要停转时，可拉开开关 QS，使电动机先脱离电源（此时转子仍按原方向旋转），当将开关迅速向下投合时，使电动机三相电源的相序发生改变，旋转磁场反转，此时转子将以 $n_1 + n$ 的相对速度沿原转动方向切割旋转磁场，在转子绕组中产生感应电流，其方向可由左手定则判断出来，可见此转矩方向与电动机的转动方向相反，使电动机受制动迅速停转。

反接制动时应注意的是：当电动机转速接近零值时，应立即切断电动机的电源，否则电动机将反转。在反接制动设备中，为保证电动机的转速被制动到接近零值时能迅速切断电源，防止反向起动，常利用速度继电器来自动地及时切断电源。

本次任务就是安装检修单向起动反接制动控制电路。

✍ 必备知识

一、速度继电器

速度继电器是反映转速和转向的继电器，其主要作用是以旋转速度的快慢为指令信号，与接触器配合实现对电动机的反接制动控制，故又称为反接制动继电器。常用速度继电器的型号及含义如下：

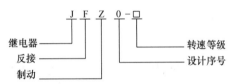

JY1 型速度继电器的外形、结构和符号如图 1-5-6 所示。它主要由定子、转子、可动支架、触头系统及端盖等部分组成。转子由永久磁铁制成，固定在转轴上；定子由硅钢片叠成并装有笼型绕组，能做小范围偏转；触头系统由两组转换触头组成，一组在转子正转时动作，另一组在转子反转时动作。

电动机旋转时，带动与电动机同轴相连的速度继电器的转子旋转，相当于在空间中产生旋转磁场，从而在定子笼型绕组中产生感应电流，感应电流与永久磁铁的旋转磁场相互作用，产生电磁转矩，使定子随永久磁铁转动的方向偏转，与定子相连的胶木摆杆也随之偏转。当定子偏转到一定角度时，胶木摆杆推动簧片，使继电器的触头动作。

当转子转速减小到零时，由于定子的电磁转矩减小，胶木摆杆恢复原状态，触头随即复位。

速度继电器的触头在转速达到120r/min时能动作，在100r/min左右时能复位。常用的速度继电器中，JY1 型能在 3000r/min 以下可靠地工作；JFZ0 型的两组触头改用两个微动开关，使其触头的动作速度不受定子偏转速度的影响，额定工作转速有 300～1000r/min（JFZ0–1 型）和 1000～3600r/min（JFZ0–2 型）两种。

二、单向起动反接制动控制电路的工作原理

图 1-5-7 所示是单向起动反接制动控制电路，反接制动属于电力制动。其主电路和正反转控制电路的主电路相同，只是在反接制动时增加

21. 电气制动

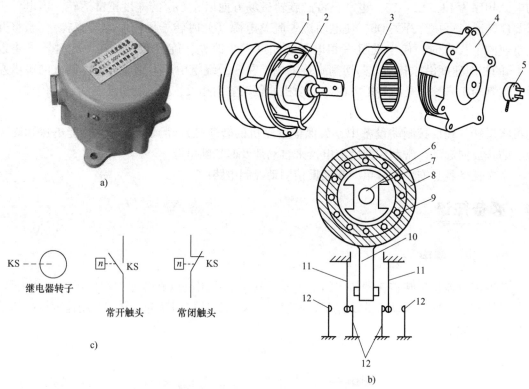

图 1-5-6　JY1 型速度继电器的外形、结构和符号

a）外形　b）结构　c）符号

1—可动支架　2—转子　3、8—定子　4—端盖　5—连接头　6—电动机轴　7—转子（永久磁铁）

9—定子绕组　10—胶木摆杆　11—簧片（动触头）　12—静触头

了 3 个限流电阻 R。电路中 KM1 为正转运行接触器，KM2 为反接制动接触器，KS 为速度继电器，其轴与电动机轴相连（图 1-5-7 中用点画线表示）。

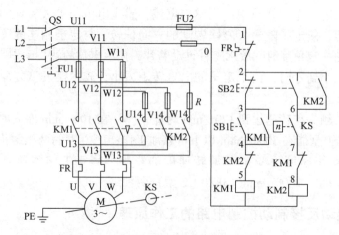

图 1-5-7　单向起动反接制动控制电路

电路的工作原理如下：

【单向起动】

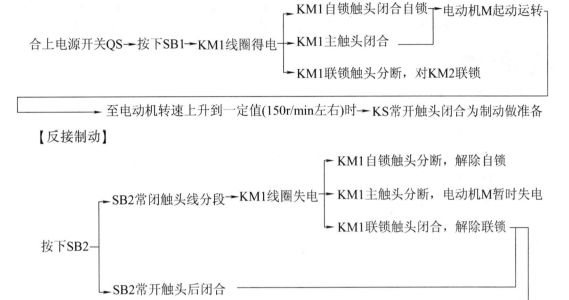

【反接制动】

反接制动时，由于旋转磁场与转子的相对转速 $(n_1 + n)$ 很高，故转子绕组中感应电流很大，致使定子绕组中的电流很大，一般约为电动机额定电流的 10 倍。因此，反接制动适用于 10kW 以下小功率电动机的制动，并且在对 4.5kW 以上的电动机进行反接制动时，需在定子绕组同路中串入限流电阻 R，以限制反接制动电流。限流电阻 R 的大小可参考下述经验计算公式进行估算。

在电源电压为 380V 时，若要使反接制动电流等于电动机直接起动时起动电流的 $1/2$，即 $I_{st}/2$，则三相电路每相应串入的电阻 $R (\Omega)$ 值可取为

$$R \approx 1.5 \times \frac{220}{I_{st}}$$

若要使反接制动电流等于起动电流 I_{st}，则每相应串入的电阻 $R' (\Omega)$ 值可取为

$$R' \approx 1.3 \times \frac{220}{I_{st}}$$

如果反接制动时只在电源两相中串接电阻，则电阻值应加大，分别取上述电阻值的 1.5 倍。

反接制动的优点是制动力强，制动迅速；缺点是制动准确性差，制动过程中冲击强烈，易损坏传动零件，制动能量消耗大，不宜经常制动。因此，反接制动一般适用于制动要求迅速、系统惯性较大、不经常起动与制动的场合，如铣床、镗床、中型车床等主轴电动机的制动控制。

✔ 任务实施

安装图 1-5-7 所示的单向起动反接制动控制电路。

一、电路安装

安装步骤与前面任务基本相同，但速度继电器的安装与使用应注意以下问题：

1）速度继电器的转轴应与电动机同轴连接，使两轴的中心线重合。速度继电器的轴可用联轴器与电动机的轴连接。

2）速度继电器安装接线时，应注意正反向触头不能接错，否则不能实现反接制动控制。

3）速度继电器的金属外壳应可靠接地。

二、检测

（1）检查主电路　断开 FU2 切除辅助电路，按照接触器联锁正反转控制电路的要求检查主电路。

（2）检查控制电路　拆下电动机接线，接通 FU2。将万用表两表笔接 QS 下端的 U11、V11 端子，做以下几项检查。

1）检查起动和停机控制。按下 SB1，应测得 KM1 线圈的电阻值；在操作 SB1 的同时按下 SB2，万用表应显示电路由通而断。

2）检查自锁电路。按下 KM1 触头架，应测得 KM1 线圈的电阻值；如操作的同时按下 SB2，万用表应显示电路由通而断。如果测量时发现异常，则重点检查接触器自锁触头上下端子的连线。容易接错处是：将 KM1 的自锁线错接到 KM2 的自锁触头上；将常闭触头用作自锁触头等，应根据异常现象分析、检查。

3）检查制动电路。按下 SB2，电路不通。打开速度继电器的端盖，拨动胶木摆杆，使 KS 闭合；按下 SB2，应测得 KM2 线圈的电阻值，同时按下 KM1 触头架，万用表应显示电路由通而断；放开 SB2，按下 KM2 触头架，应测得 KM2 线圈的电阻值。

三、故障排除

1. 速度继电器的故障检修（见表 1-5-3）

表 1-5-3　速度继电器的常见故障及其处理方法

故障现象	可能的原因	处理方法
反接制动时速度继电器失效，电动机不制动	1. 胶木摆杆断裂 2. 触头接触不良 3. 簧片（动触头）断裂或失去弹性 4. 笼型绕组开路	1. 更换胶木摆杆 2. 清洗触头表面油污 3. 更换簧片（动触头） 4. 更换笼型绕组

（续）

故障现象	可能的原因	处理方法
电动机不能正常制动	速度继电器的簧片（动触头）调整不当	重新调节调整螺钉： 1. 将调整螺钉向下旋，簧片（动触头）弹性增大，速度较高时继电器才动作 2. 将调整螺钉向上旋，簧片（动触头）弹性减少，速度较低时继电器即动作

2. 反接制动控制电路的故障检修（见表1-5-4）

表1-5-4　电路故障的现象、原因分析及检查方法

故障现象	原因分析	检查方法
按停止按钮SB2，KM1释放，但没有制动	可能故障点： 1. 按钮SB2常开触头接触不良或连接线断路 2. 接触器KM1常闭辅助触头接触不良 3. 接触器KM2线圈断线 4. 速度继电器KS动合触头接触不良 5. 速度继电器与电动机之间连接不好，见右图中点画线框 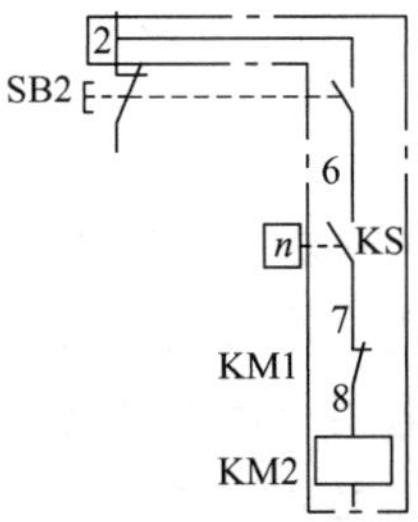	1. 按下SB2，速度继电器KS动合触头前的故障点，可用验电器法检查故障点 2. 速度继电器KS动合触头后的故障点，可在断电电源后用电阻测量法判断故障点
制动效果不显著	可能故障点： 1. 速度继电器的整定转速过高 2. 速度继电器永磁转子磁性减退 3. 限流电阻 R 的阻值太大	首先调松速度继电器的整定弹簧，观察制动效果是否有明显改善。如若制动效果无明显改善，则减小限流电阻 R 的阻值，调整后再观察其变化，若仍然制动效果不明显，则更换速度继电器
制动后电动机反转	可能故障点：由于制动太强，速度继电器的整定速度太低，电动机反转	1. 调紧调节螺钉 2. 增加簧片弹力
制动时电动机振动过大	由于制动太强，限流电阻 R 的阻值太小，造成制动时电动机振动过大	应适当减小限流电阻阻值

注：其他故障参见接触器联锁正反转控制电路的故障检修。

💡 任务总结与评价

参见表1-1-8。

任务三 电力制动——能耗制动控制电路的安装与检修

学习目标

技能目标：
能正确安装无变压器单相半波整流能耗制动自动控制电路，并能对其故障进行检修。

知识目标：
正确理解三相异步电动机能耗制动控制电路的工作原理。

素养目标：
（1）加强操作安全教育，提升职业技能。
（2）加强合作练习，提升职业信念。

任务描述

C5225 型车床工作台主拖动电动机的制动，采用的是能耗制动控制电路。反接制动虽然设备简单、调整方便、制动迅速、价格低，缺点是制动冲击大，制动能量损耗大，不宜频繁制动，且制动准确度不高，故适用于要求制动迅速、系统惯性较大、制动不频繁的场合。而对于要求频繁制动的场合则采用能耗制动控制。

任务分析

当电动机切断交流电源后，立即在定子绕组中通入直流电迫使电动机停转的方法，称为能耗制动。其制动原理如图 1-5-8 所示。先断开电源开关 QS1，切断电动机的交流电源，这时转子仍沿原方向惯性运转；随后立即合上开关 QS2，并将 QS1 向下合闸，电动机 V、W 两相定子绕组通入直流电，使定子中产生一个恒定的静止磁场，这样做惯性运转的转子因切割磁力线而在转子绕组中产生感应电流，其方向可用右手定则判断出来，上面标"×"，下面标"·"。绕组中一旦产生了感应电流，又立即受到静止磁场的作用，产生电磁转矩，用左手定则判断可知，转矩的方向正好与电动机的转向相反，使电动机受制动迅速停转。由于这种制动方法是通过在定子绕组中通入直流电以消耗转子惯性运转的动能来进行制动的，所以称为能耗制动，又称为动能制动。

能耗制动控制电路一般用于功率在 10kW 以下的电动机，常采用无变压器单相半波整流能耗制动自动控制电路，如图 1-5-9 所示；用于功率在 10kW 以上的电动机时，常采用有变压器单相桥式整流单向起动能耗制动自动控制电路。本次任务就是安装检

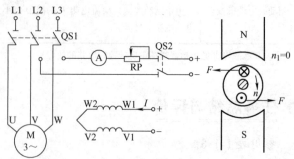

图 1-5-8 能耗制动原理

修无变压器单相半波整流能耗制动自动控制电路。

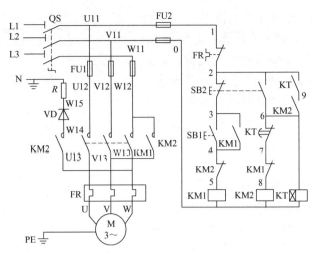

✍️ 必备知识

一、无变压器单相半波整流能耗制动自动控制电路

如图1-5-9所示，电路采用单相半波整流器作为直流电源，所用附加设备较少，电路简单，成本低。

电路的工作原理如下：

图 1-5-9　无变压器单相半波整流能耗制动自动控制电路

【单向起动运转】

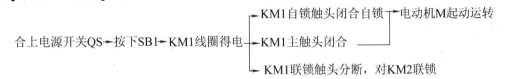

【能耗制动停转】

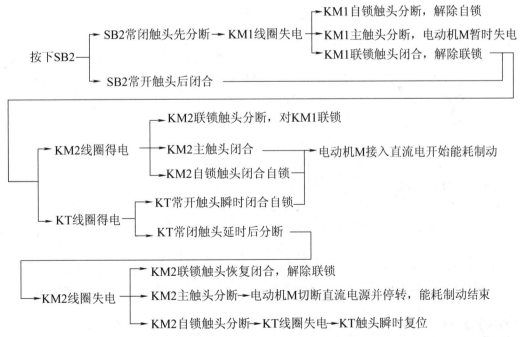

图 1-5-9 中 KT 瞬时闭合常开触头的作用是：当 KT 出现线圈断线或机械卡住等故障时，按下 SB2 后能使电动机制动后脱离直流电源。

二、有变压器单相桥式整流单向起动能耗制动自动控制电路

有变压器单相桥式整流单向起动能耗制动自动控制电路如图1-5-10所示，其中，直流电

源由单相桥式整流器 VC 供给，TC 是整流变压器，电位器 RP 是用来调节直流电流的，从而调节制动强度，整流变压器一次侧与整流器的直流侧同时进行切换，有利于提高触头的使用寿命。

能耗制动的优点是制动准确、平稳，且能量消耗较小，缺点是需要附加直流电源装置，设备费用较高，制动力较弱，在低速时制动转矩小。因此，能耗制动一般用于要求制动准确、平稳的场合，如磨床、立式铣床等的控制电路中。

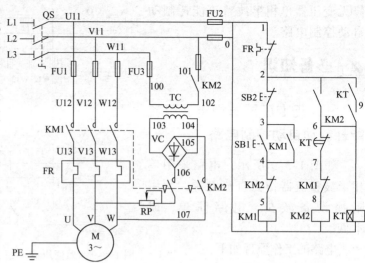

图 1-5-10 有变压器单相桥式整流单向起动能耗制动自动控制电路

三、能耗制动所需直流电源

一般用以下方法进行计算，其估算步骤（以常用的单相桥式整流电路为例）是：

1）首先测量出电动机 3 根进线中任意两根之间的电阻 $R(\Omega)$。

2）测量出电动机的进线空载电流 $I_0(\mathrm{A})$。

3）能耗制动所需的直流电流 $I_{\mathrm{L}}(\mathrm{A}) = KI_0$，所需的直流电压 $U_{\mathrm{L}}(\mathrm{V}) = I_{\mathrm{L}}R$。其中，$K$ 是系数，一般取 3.5～4，若考虑到电动机定子绕组的发热情况，为使电动机达到比较满意的制动效果，对转速高、惯性大的传动装置可取其上限。

4）单相桥式整流电源变压器二次电压和电流有效值分别为

$$U_2 = \frac{U_{\mathrm{L}}}{0.9} \qquad I_2 = \frac{I_{\mathrm{L}}}{0.9}$$

变压器计算容量为

$$S = U_2 I_2$$

如果制动不频繁，可取变压器实际容量为

$$S' = \left(\frac{1}{4} \sim \frac{1}{3}\right)S$$

5）电位器的电阻 $R_{\mathrm{RP}} \approx 2\Omega$，电位器功率 $P_{\mathrm{RP}} = I_{\mathrm{L}}^2 R_{\mathrm{RP}}$，实际选用时，电位器功率也可小些。

✔ 任务实施

安装图 1-5-9 所示的无变压器单相半波整流能耗制动自动控制电路。

一、安装

安装步骤、工艺要求与前面任务基本相同。

二、检测

用万用表检查电路的通断情况。

万用表选用倍率适当的电阻挡（$R \times 1$），并进行校零。

（1）检查主电路 断开 FU2 切除辅助电路，将万用表两表笔接 QS 下端的 V11、W11 端子。

1）按下 KM1 触头架，万用表显示由断到通。

2）按下 KM2 触头架，万用表显示由断到通。

要注意万用表的正负极性。

（2）检查控制电路 拆下电动机接线，接通 FU2，将万用表两表笔接 QS 下端的 U11、V11 端子，做以下几项检查。

1）按下 SB1，应测得 KM1 线圈的电阻值；在操作 SB1 的同时轻轻按下 SB2，万用表应显示电路由通而断。

2）按下 KM1 触头架，再按下 KM2 触头架，万用表显示由通到断。

3）按下 SB2，再轻轻按下 KM1 触头架，万用表显示由通到断。

4）按下 SB2，拔掉晶体管式时间继电器或按动气囊，使 KT 延时触头断开，万用表显示由通到断。

三、通电试运行

（1）空操作实验 拆下电动机连线，调整好时间继电器的延时动作时间（一般为 3 ~ 5s），合上 QS，按下 SB1，KM1 吸合动作，按下 SB2，KM1 失电断开，KM2 得电吸合动作，3 ~ 5s 后，KM2 失电断开。

（2）带负荷试运行 断开 QS，连接好电动机接线，合上 QS，做好随时切断电源的准备。按下 SB1，观察电动机的起动情况，按下 SB2，KM1 断开，KM2 闭合，电动机迅速停转，停转后，KM2 分断。

四、故障排除（见表 1 - 5 - 5）

表 1-5-5　电路故障的现象、原因分析及检查方法

故障现象	原因分析	检查方法
按下停止按钮，接触器 KM2 不吸合，电动机不能制动	可能故障点在下图中点画线框中部分 可能是接触器 KM1 的常闭触头接触不良；SB2 的常开触头接触不良；时间继电器 KT 的延时分断触头接触不良；接触器 KM2 本身有故障不能吸合	1. 将 SB2 按下并停留一段时间（时间大于时间继电器的动作时间），看时间继电器是否动作 2. 时间继电器没有动作，用验电器先测量 SB2 上端头是否有电，如没有电，则是 2 号线断路；如有电，则是 SB2 常闭触头接触不良 3. 时间继电器有动作，故障在 6、7、8 号线和 KT 延时断开触头、KM1 常闭触头、KM2 线圈。检查方法：断开电源，万用表置于电阻挡，一表笔固定在 SB2 常开触头的下端头，另一表笔逐点测量，电阻明显变大的为故障点

（续）

故障现象	原因分析	检查方法
按下停止按钮，接触器KM2吸合，电动机不能制动	可能故障点在下图中点画线框中部分 接触器KM2吸合，说明可能是接触器KM2的主触头中某一触头接触不良，整流电路断路，整流器件部分烧毁等 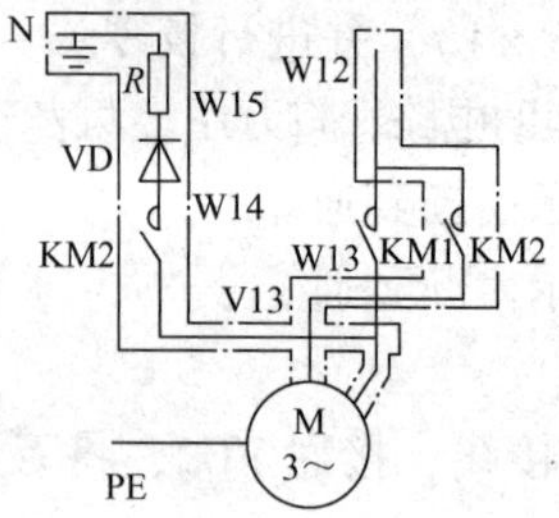	用验电器先测量KM2主触头的上端头是否有电，如没有电，则是KM2主触头上端头连接导线断路；如有电，则断开电源，万用表置于电阻挡，黑表笔固定在KM2主触头的上端头，按下KM2触头架，红表笔逐点测量通断情况，故障点在通断两点之间
按下停止按钮，接触器KM2吸合，松开停止按钮，接触器KM2复位，电动机制动为点动控制	可能故障点在下图中点画线框中部分 1. 时间继电器KT的瞬时闭合触头接触不良 2. 时间继电器线圈损坏 3. KM2常开辅助触头接触不良 4. 2、6、9号连接导线断路 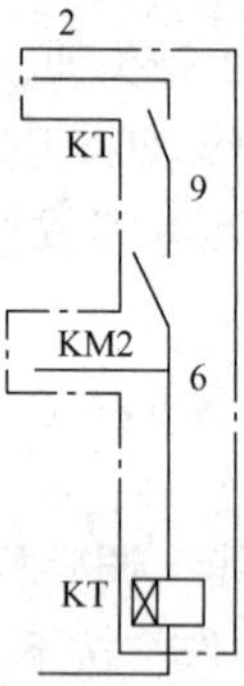	用验电器先测量KT常开触头的上端头是否有电，如没有电，2号线断路；如有电，断开电源，万用表置于电阻挡，检查9、6号线和KM2常开辅助触头的通断情况，若正常，则是时间继电器故障

注：其他故障参见接触器自锁控制电路的故障检修。

🔅 任务总结与评价

参见表1-1-8。

多速异步电动机控制电路的安装与检修

在实际的机械加工生产中，许多生产机械为了适应各种工件加工工艺的要求，主轴需要有较大的调速范围，常采用的方法主要有两种：一种是通过变速器机械调速；另一种是通过电动机调速。

由三相异步电动机的转速公式 $n = 60f_1(1-s)/p$ 可知，改变异步电动机转速可通过 3 种方法来实现：一是改变电源频率 f_1；二是改变转差率 s；三是改变磁极对数 p。

改变异步电动机的磁极对数调速称为变极调速。变极调速是通过改变定子绕组的连接方式来实现的，它是有级调速，且只适用于笼型异步电动机。凡磁极对数可改变的电动机都称为多速电动机。常见的多速电动机有双速、三速、四速等几种类型。随着变频技术的快速发展和变频设备价格的不断下降，变频调速的使用逐步增加，采用多速电动机进行变极调速在设备中的使用在逐步减少。本单元只介绍双速和三速异步电动机的控制电路。

📝 学习指南

通过学习本单元，能正确识读双速和三速异步电动机控制电路的原理图，并能绘制布置图和接线图，会按照工艺要求正确安装双速和三速异步电动机控制电路，并能根据故障现象检修双速和三速异步电动机控制电路。

主要知识点：双速和三速异步电动机控制电路的工作原理。

主要能力点：双速和三速异步电动机控制电路的故障检测方法及步骤。

学习重点：双速和三速异步电动机控制电路的安装步骤及工艺要求。

学习难点：双速和三速异步电动机控制电路的常见故障及其检修。

👆 能力体系／（知识体系）／内容结构

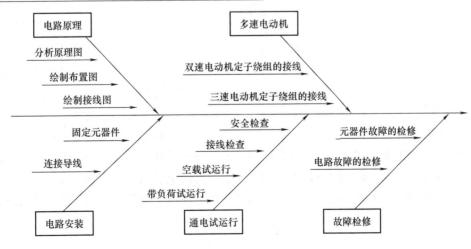

任务一　双速异步电动机控制电路的安装与检修

📖 学习目标

技能目标：
（1）能按工艺要求安装双速异步电动机的控制电路。
（2）能使用万用表等对双速异步电动机控制电路的故障进行检修。

知识目标：
（1）理解双速异步电动机控制电路的工作原理。
（2）熟记双速异步电动机定子绕组的接线图。

素养目标：
（1）不断加深学习，树立职业理想。
（2）加强技能练习，提升职业技能。

🥕 任务描述

因为生产需要，生产机械经常需要电动机有不同的转速，如 T68 型镗床的主轴电动机，主轴需较大的调速范围，且要求恒功率调速，通常采用机械电气联合调速，因此其主轴电动机就采用了一台双速电动机。

👉 任务分析

双速异步电动机定子绕组的△/丫丫接线图如图 1-6-1 所示。图中，三相定子绕组接成三角形，由 3 个连接点接出 3 个出线端 U1、V1、W1，从每相绕组的中点各接出一个出线端 U2、V2、W2，这样定子绕组共有 6 个出线端。通过改变这 6 个出线端与电源的连接方式，就可以得到两种不同的转速。

电动机低速工作时，三相电源分别接在出线端 U1、V1、W1 上，另外 3 个出线端 U2、V2、W2 空着不接，如图 1-6-1a 所示。此时电动机定子绕组接成三角形，磁极为 4 极，同步转速为 1500r/min。

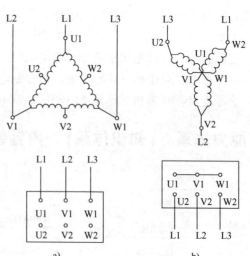

图 1-6-1　双速异步电动机定子绕组的△/丫丫接线图
a）△联结　b）丫丫联结

电动机高速工作时，要把 3 个出线端 U1、V1、W1 并接在一起，三相电源分别接到另外 3 个出线端 U2、V2、W2 上，如图 1-6-1b 所示。这时电动机定子绕组接成星–星形，磁极为 2 极，同步转速为 3000r/min。可见，双速电动机高速运转时的转速是低速运转时的两倍。

值得注意的是，双速电动机定子绕组从一种接法变为另一种接法时，必须把电源相序反接，以保证电动机的旋转方向不变。

本次任务就是安装与检修时间继电器控制双速电动机控制电路。

✍ 必备知识

时间继电器控制双速电动机控制电路的工作原理：

用时间继电器控制双速电动机低速起动高速运转的电路如图1-6-2所示。时间继电器KT控制电动机的△联结起动时间和△—丫丫自动换接运转。

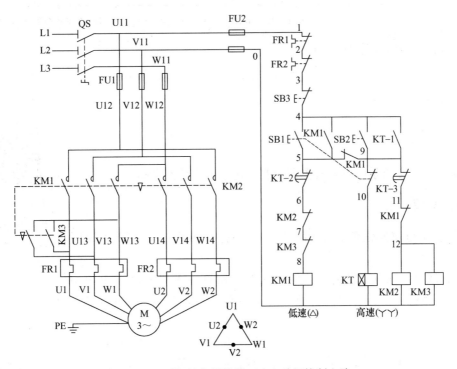

图1-6-2 时间继电器控制双速电动机控制电路

电路的工作原理如下：

【△联结低速起动运转】

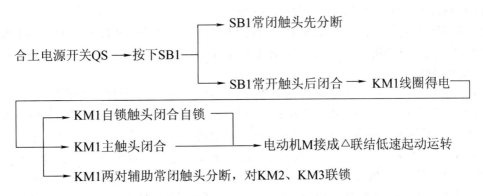

【丫丫联结高速运转】

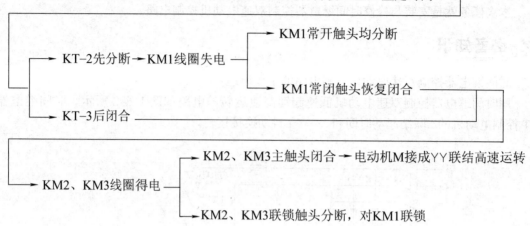

按下SB2→KT线圈得电→KT-1常开触头瞬时闭合自锁，经KT整定时间

KT-2先分断→KM1线圈失电
- → KM1常开触头均分断
- → KM1常闭触头恢复闭合

KT-3后闭合

KM2、KM3线圈得电
- → KM2、KM3主触头闭合 → 电动机M接成丫丫联结高速运转
- → KM2、KM3联锁触头分断，对KM1联锁

要停止时，按下 SB3 即可。

✔ 任务实施

安装图 1-6-2 所示的时间继电器控制双速电动机控制电路。

22. 时间继电器控制双速电动机控制电路的安装与检修

一、安装

安装步骤与前面任务基本相同，本任务操作过程中需要重点说明的是：

1）接线时，注意主电路中接触器 KM1、KM2 在两种转速下电源相序的改变，不能接错，否则，两种转速下电动机的转向相反，换向时将产生很大的冲击电流。

2）控制双速电动机△联结的接触器 KM1 和控制丫丫联结的接触器 KM2 的主触头不能对换接线，否则，不但无法实现双速控制要求，而且会在丫丫联结运转时造成电源短路事故。

3）热继电器 FR1、FR2 的整定电流及其在主电路中的接线不要搞错。

二、检测

（1）检查主电路 断开 FU2 切除辅助电路。

1）检查各相通路。将万用表两表笔分别接 U11—V11、V11—W11 和 W11—U11 端子测量相间电阻值，未操作前测得断路；分别按下 KM1、KM2 触头架，均应测得电动机一相绕组的直流电阻值。

2）检查△—丫丫转换通路。将万用表两表笔分别接 U11 端子和接线端子板上的 U 端子，按下 KM1 触头架时应测得 $R \to 0$。松开 KM1 而按下 KM2 触头架时，应测得电动机一相绕组的电阻值。用同样的方法测量 V11—V、W11—W 之间通路。

（2）检查辅助电路 拆下电动机接线，接通 FU2，将万用表两表笔接于 QS 下端 U11、V11 端子，做以下几项检查。

1）检查△联结低速起动运转及停机。操作按钮前应测得断路；按下 SB1 时，应测得

KM1 线圈的电阻值；如同时再按下 SB3，万用表应显示电路由通而断。

2）检查ΥΥ联结高速运转。按下 SB2 和 KM1 触头架，应测得 KT 线圈的电阻值；轻按 SB1，应测得断路；轻按 SB1 和 KT 触头架，应测得 KM1 和 KM2 线圈的电阻并联值。

三、通电试运行

（1）空操作实验　合上 QS，做以下几项实验：

1）△联结低速起动运转及停机。按下 SB1，KM1 应立即动作并能保持吸合状态；按下 SB3 使 KM1 释放。

2）ΥΥ联结高速运转及停机。按下 SB2，KT 吸合动作，KM1 应立即动作吸合，几秒后 KM1 释放，KM2、KM3 同时吸合；按下 SB3，KM2、KM3 同时释放。

（2）带负荷试运行　切断电源后，连接好电动机接线，装好接触器灭弧罩，合上 QS 试运行。

1）实验△联结低速起动运转后转ΥΥ联结高速运转及停机。按下 SB1，使电动机△联结低速起动运转后，再按下 SB2，使电动机ΥΥ联结高速运转，最后按下 SB3 停机。

2）实验电动机ΥΥ联结高速运转。按下 SB2，电动机△联结低速起动后，自动转入ΥΥ联结高速运转。

试运行时要注意观察电动机起动时的转向和运行声音，电动机运转过程中用转速表测量电动机的转速，如有异常则立即停机检查。

四、故障排除（见表1-6-1）

表1-6-1　电路故障的现象、原因分析及检查方法

故障现象	原因分析	检查方法
电动机低速、高速都不起动	1. 按 SB1 或 SB2 后 KM1、KM2、KT 不动作，可能的故障点在电源电路及 FU2、FR1、FR2、SB3 和 1、2、3、4 号线 2. 按 SB1 或 SB2 后 KM1、KM2、KT 动作，可能的故障点在 FU1 	1. 用验电器检查电源电路中 QS 的上下端头是否有电，若没有电则故障点在电源 2. 用验电器检查 FU2、FR1、FR2 常闭触头和 SB3 常闭触头的上下端头是否有电，故障点在有电点与无电点之间 3. 用验电器检查 FU1 的上下端头是否有电
电动机低速起动正常，高速不起动	1. 电动机低速起动后，按下 SB2 后电动机继续低速运转，KT 不动作 可能的故障点：SB2 接触不良，SB1 的常闭触头接触不良，KT 线圈损坏，4、9、10、0 号线断路，见图1 2. 电动机低速起动后，按下 SB2 后 KT 动作，但电动机仍然继续低速运转 可能的故障点：	1. 用验电器检查 SB2 是否有电，若没有电，则 4 号线断路；若有电，断开电源，按下 SB2，用万用表的电阻挡，一表笔固定于 FU2 的下端头，另一表笔按图2逐点测量，电阻为零的正常，电阻较大的是故障点

（续）

故障现象	原因分析	检查方法
电动机低速起动正常，高速不起动	（1）时间继电器延时时间过长 （2）KT-2 不能分断 3. 电动机低速起动后，按下 SB2 后 KT 动作后，电动机停转 可能的故障点： KT-3 或 KM1 接触不良，9、11 号线断路，见图2 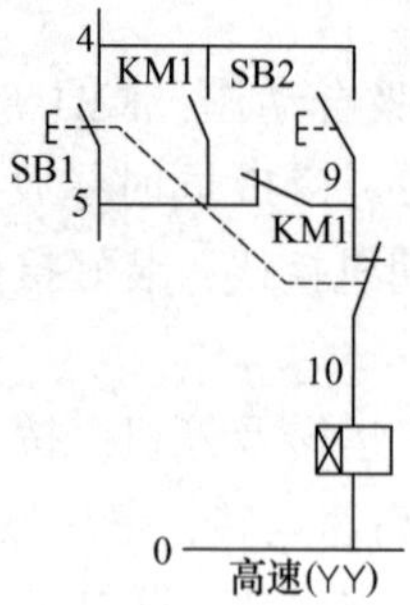 图1 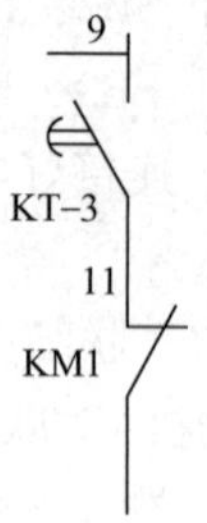　　　图2	2. 首先检查时间继电器延时时间，如时间正常，断开电源，按下 KT 触头架，用万用表的电阻挡测量 KT-2 的电阻，应较大，若电阻为零说明没有分断 3. 用验电器检查 KT-3 的上端头是否有电，若没有电，则 9 号线断路；若有电，用万用表的电压挡检查 KT-3 和 KM1 两端的电压，电压为电源电压的是故障点

注：其他故障参见前面的处理方法。

任务总结与评价

参见表 1-1-8。

任务二　三速三相异步电动机控制电路的安装与检修

学习目标

技能目标：
能正确进行三速异步电动机控制电路的安装和检修。

知识目标：
（1）熟记三速异步电动机定子绕组的接线图。
（2）理解三速异步电动机控制电路的构成和工作原理。

素养目标：
（1）严格工艺要求，提升职业信念。
（2）严格训练，提升职业技能。

任务描述

塔式起重机一般采用 YZTD 系列三速三相异步电动机，它具有调速比大、起动转矩大、过载能力强、堵转电流小、温升低、可靠性高、使用维护方便等特点，在变频调速已较为普及的今天，仍然有广泛的运用。

任务分析

三速三相异步电动机有两套定子绕组，分两层嵌放在定子槽内，第一套绕组（双速）有七个出线端 U1、V1、W1、U3、U2、V2、W2，可做△联结或丫丫联结；第二套绕组（单速）有 3 个出线端 U4、V4、W4，只做丫联结，如图 1-6-3a 所示。当分别改变两套定子绕组的连接方式（即改变磁极对数）时，电动机可以得到 3 种不同的转速。

三速异步电动机定子绕组的联结方式如图 1-6-3b、c、d 和表 1-6-2 所示。图中，W1 和 U3 出线端分开的目的是当电动机定子绕组接成丫联结中速运转时，避免在△联结的定子绕组中产生感应电流。

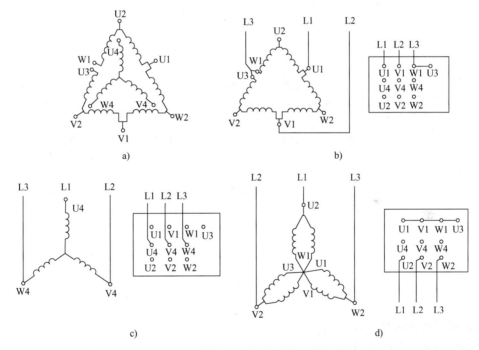

图 1-6-3　三速异步电动机定子绕组的接线图

a）三速电动机的两套定子绕组　b）低速（△联结）　c）中速（丫联结）　d）高速（丫丫联结）

表 1-6-2　三速异步电动机定子绕组的联结方式

转速	电源接线			并头	联结方式
	L1	L2	L3		
低速	U1	V1	W1	U3、W1	△
中速	U4	V4	W4	—	丫
高速	U2	V2	W2	U1、V1、W1、U3	丫丫

本次任务就是要安装与检修时间继电器自动控制三速异步电动机的电路。

✍ 必备知识

一、接触器控制三速异步电动机控制电路

用按钮和接触器控制三速异步电动机的电路如图 1-6-4 所示。其中，SB1、KM1 控制电动机△联结下低速运转；SB2、KM2 控制电动机丫联结下中速运转；SB3、KM3 控制电动机丫丫联结下高速运转。

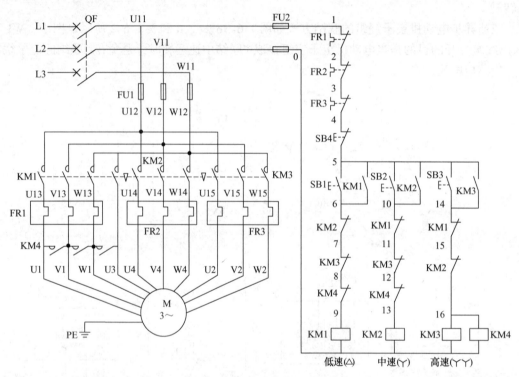

图 1-6-4　接触器控制三速异步电动机控制电路

电路的工作原理如下：

【△联结低速起动运转】

合上电源开关 QF → 按下 SB1 → KM1 线圈得电 → KM1 触头动作 → 电动机 M 第一套定子绕组出线端 U1、V1、W1（U3 通过 KM1 常开触头与 W1 并接）与三相电源接通 → 电动机 M 接成△联结低速起动运转

【低速转为中速运转】

先按下停止按钮 SB4 → KM1 线圈失电 → KM1 触头复位 → 电动机 M 失电 → 再按下 SB2 → KM2 线圈得电 → KM2 触头动作 → 电动机 M 第二套定子绕组出线端 U4、V4、W4 与三相电源接通 → 电动机 M 接成丫联结中速运转

【中速转为高速运转】

先按下停止按钮 SB4 → KM2 线圈失电 → KM2 触头复位 → 电动机 M 失电 → 再按下 SB3 →

KM3 线圈得电→KM3 触头动作→电动机 M 第一套定子绕组出线端 U2、V2、W2 与三相电源接通（U1、V1、W1、U3 则通过 KM3 的 3 对常开触头并接）→电动机 M 接成丫丫联结高速运转

该电路的缺点是在进行速度转换时，必须先按下停止按钮 SB4 后，才能再按下相应的起动按钮变速，所以操作不方便。

二、时间继电器自动控制三速异步电动机控制电路

用时间继电器控制三速异步电动机的电路如图 1-6-5 所示。其中，SB1、KM1 控制电动机△联结下低速起动运转；SB2、KT1、KM2 控制电动机从△联结下低速起动到丫联结下中速运转的自动变换；SB3、KT1、KT2、KM3 控制电动机从△联结下低速起动到丫中速过渡到丫丫联结下高速运转的自动变换。

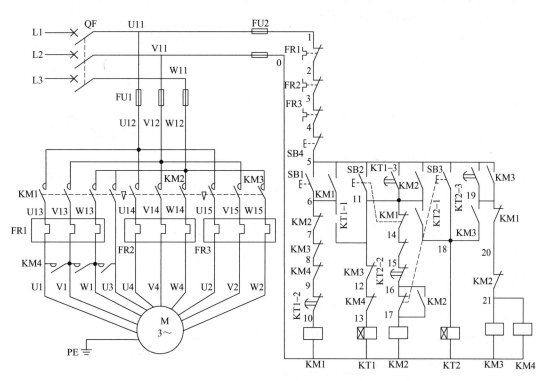

图 1-6-5　时间继电器自动控制三速异步电动机控制电路

电路的工作原理如下：

【△联结低速起动运转】

合上电源开关QF→按下SB1→KM1线圈得电
- →KM1自锁触头闭合自锁→电动机M接成△联结低速运转
- →KM1主触头闭合
- →KM1两对联锁触头分断，对KM2，KM3联锁

【△联结低速起动丫中速运转】

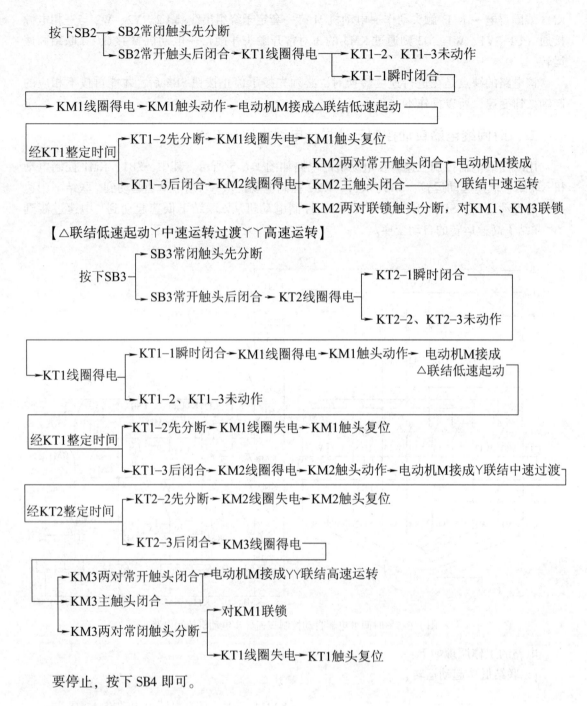

【△联结低速起动丫中速运转过渡丫丫高速运转】

要停止，按下 SB4 即可。

✔ **任务实施**

安装图 1-6-5 所示的时间继电器自动控制三速异步电动机控制电路。

一、电路安装

安装步骤、工艺与前面任务基本相同，需注意以下两个问题：

1）主电路接线时，要看清电动机出线端的标记，掌握其接线要点：△联结低速时，U1、V1、W1 经 KM1 接电源，W1、U3 并接；丫联结中速时，U4、V4、W4 经 KM2 接电源，W1、U3 必须断开，空着不接；丫丫联结高速时，U2、V2、W2 经 KM3 接电源，U1、V1、W1、U3 并接。接线时要细心，确保正确无误。

2）热继电器 FR1、FR2、FR3 的整定电流在 3 种转速下是不同的，调整时不要搞错。

二、试运行

试运行时，用转速表、钳形电流表测量电动机转速和电流值，并记入表 1-6-3 中。

表 1-6-3 测量结果

绕组接法		△联结低速	丫联结中速	丫丫联结高速
电流	I_U/A			
	I_V/A			
	I_W/A			
转速/(r/min)				

三、故障排除（见表 1-6-4）

表 1-6-4 接触器控制的三速电动机控制电路各种故障的现象、原因分析及检查方法

故障现象	原因分析	检查方法
电动机低速、中速、高速都不能起动	1. 按下 SB1 或 SB2 或 SB3 后，KM1、KM2、KM3、KM4 均不动作，可能的故障点在电源电路及 FU2、FR1、FR2、FR3、SB4 和 1、2、3、4、5 号导线 2. 按下 SB1 或 SB2 或 SB3 后，KM1、KM2、KM3、KM4 均动作，可能的故障点在 FU1	1. 用验电器检查电源电路中 QF 的上下接线桩是否有电，若没有电，故障在电源 2. 用验电器检查 FU2 和 FR1、FR2、FR3、SB4 常闭触头的上下接线端是否有电，故障点在有电点与无电点之间 3. 用验电器检查 FU1 的上下接线端是否有电
电动机低速、中速起动正常，但高速不起动	电动机低速、中速起动正常，但按下 SB3 后电动机不起动，故障点可能在以下电路：SB3 常开触头或 KM1、KM2 常闭触头接触不良；KM3、KM4 线圈损坏断路；5、14、15、16、0 号导线出现断路	首先用验电器检测 SB3 上接线桩是否有电，若无电，则为 5 号导线断路；若有电，则断开电源，按下 SB3，用万用表的电阻挡，一表笔固定在 SB3 的下接线端，另一表笔测量 14、15、16、0 号导线各点，电阻较大的就是故障点

🔍 任务总结与评价

参见表 1-1-8。

三相绕线转子异步电动机控制电路的安装与检修

1

单元四中采用的各种减压起动，由于起动转矩大为降低，必须要在空载或轻载下起动。在生产实际中，对于要求起动转矩较大且能平滑调速的场合，常常采用三相绕线转子异步电动机。绕线转子异步电动机的优点是可以通过集电环在转子绕组中串接电阻来改善电动机的机械特性，从而达到减小起动电流、增大起动转矩以及平滑调速的目的。

学习指南

通过学习本单元，能正确识读三相绕线转子异步电动机控制电路的原理图，能绘制布置图和接线图，会按照工艺要求正确安装三相绕线转子异步电动机控制电路，并能根据故障现象检修三相绕线转子异步电动机控制电路。

主要知识点：三相绕线转子异步电动机控制电路的工作原理。

主要能力点：三相绕线转子异步电动机控制电路的故障检测方法及步骤。

学习重点：三相绕线转子异步电动机控制电路的安装步骤及工艺要求。

学习难点：三相绕线转子异步电动机控制电路常见故障的检修。

能力体系/ (知识体系) /内容结构

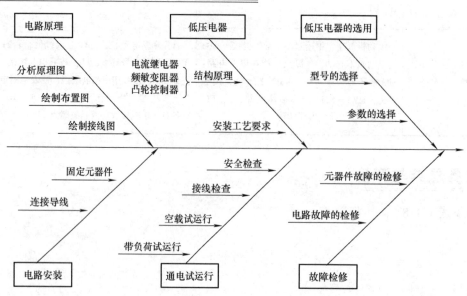

任务一	电流继电器自动控制转子回路串电阻起动控制电路的安装与检修

学习目标

技能目标：

(1) 能安装与调试转子回路串电阻起动控制电路。

(2) 会检修转子回路串电阻起动控制电路的故障。

知识目标：

(1) 正确识别、选用、安装、使用电流继电器，熟记其图形符号和文字符号。

(2) 正确理解转子回路串电阻起动控制电路的工作原理。

素养目标：

(1) 加强操作配合，提升职业意识。

(2) 注重操作规范，培养职业行为习惯。

任务描述

绕线转子异步电动机转子回路串入电阻时，在一定范围内，起动转矩会随转子电阻增大而增大，当转子回路串入的电阻增大到使临界转差率等于 1 时，此时起动转矩等于电动机最大转矩。因此，在许多大型设备需要大转矩起动时，就采用绕线转子三相异步电动机转子回路串入电阻这种方法。

任务分析

转子串接三相电阻起动原理：起动时，在转子回路串入作 Y 联结、分级切换的三相起动电阻器，以减小起动电流、增加起动转矩。随着电动机转速的升高，逐级减小可变电阻。起动完毕后，切除可变电阻器，转子绕组被直接短接，电动机便在额定状态下运行。

电动机转子绕组中串接的外加电阻在每段切除前和切除后，三相电阻始终是对称的，称为三相对称电阻器，如图 1-7-1a 所示。起动过程依次切除 R_1、R_2、R_3，最后全部电阻被切除。

若起动时串入的全部三相电阻是不对称的，且每段切除后三相电阻仍不对称，则称为三相不

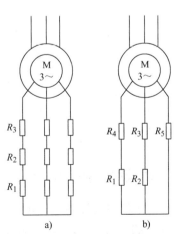

图 1-7-1 转子串接三相电阻

a) 转子串接三相对称电阻器

b) 转子串接三相不对称电阻器

对称电阻器，如图 1-7-1b 所示。起动过程依次切除 R_1、R_2、R_3、R_4，最后全部电阻被切除。

本次任务就是要安装与检修电流继电器自动控制转子回路串电阻起动控制电路。

✍️ 必备知识

一、按钮操作控制电路

用按钮操作的转子绕组串接电阻起动控制电路如图 1-7-2 所示。电路的工作原理较简单，读者可自行分析。该电路的缺点是操作不便，工作的安全性和可靠性较差，所以在生产实际中常采用时间继电器自动控制电路。

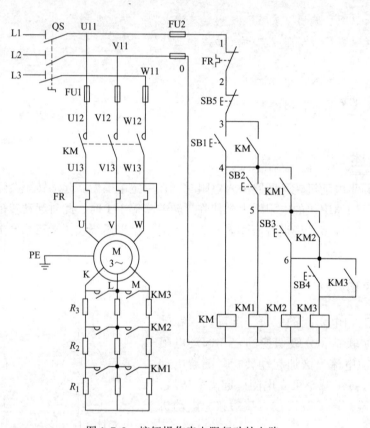

图 1-7-2　按钮操作串电阻起动的电路

二、时间继电器自动控制电路

时间继电器自动控制短接起动电阻的控制电路如图 1-7-3 所示。该电路利用 3 个时间继电器 KT1、KT2、KT3 和 3 个接触器 KM1、KM2、KM3 的相互配合来依次自动切除转子绕组中的三级电阻。

电路的工作原理如下：

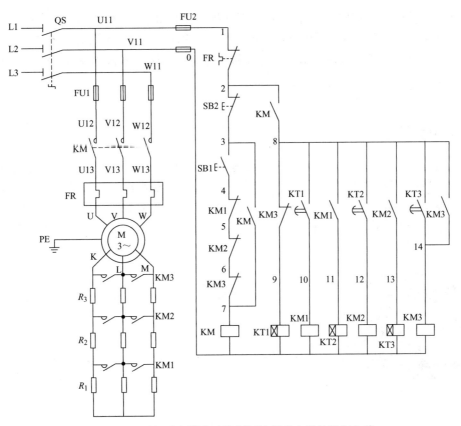

图 1-7-3 时间继电器自动控制短接起动电阻的控制电路

合上电源开关QS → 按下SB1 → KM线圈得电 ┬ KM自锁触头闭合自锁 ┐ 电动机M串接
　　　　　　　　　　　　　　　　　　├ KM主触头闭合 ┘ 全部电阻起动
　　　　　　　　　　　　　　　　　　└ KM辅助常开触头闭合 → KT1线圈得电 ┐

经KT1整定时间 → KT1常开触头闭合 → KM1线圈得电 ┬ KM1主触头闭合，切除第1组电阻R_1，电动机串接第2组电阻R_2继续起动
　　　　　　　　　　　　　　　　　　　　├ KM1辅助常开触头闭合 → KT2线圈得电 ┐
　　　　　　　　　　　　　　　　　　　　└ KM1辅助常闭触头分断

经KT2整定时间 → KT2常开触头闭合 → KM2线圈得电 ┬ KM2主触头闭合，切除第2组电阻R_2，电动机串接第3组电阻R_3继续起动
　　　　　　　　　　　　　　　　　　　　├ KM2辅助常开触头闭合 ┐
　　　　　　　　　　　　　　　　　　　　└ KM2辅助常闭触头分断

→ KT3线圈得电 经KT3整定时间 → KT3常开触头闭合 → KM3线圈得电 ┐

├ KM3自锁触头闭合自锁
├ KM3主触头闭合，切除第3组电阻R_3，电动机M起动结束，正常运转
├ KM3辅助常闭触头(8—9)分断 → KT1、KM1、KT2、KM2、KT3依次断电释放，触头复位
└ KM3辅助常闭触头(6—7)分断

为保证电动机只有在转子绕组串入全部外加电阻的条件下才能起动，将接触器 KM1、KM2、KM3 的辅助常闭触头与起动按钮 SB1 串接，这样，如果接触器 KM1、KM2、KM3 中的任何一个因触头熔焊或机械故障而不能正常释放时，即使按下起动按钮 SB1，控制电路也不会得电，电动机就不会接通电源起动运转。

要停止时，按下 SB2 即可。

三、电流继电器

输入量为电流并当其达到规定的电流值时做出相应动作的继电器叫作电流继电器。图 1-7-4a、b 所示为常见的 JT4 系列继电器和 JL14 系列电流继电器。使用时，电流继电器的线圈串联在被测电路中，当通过线圈的电流达到预定值时，其触头动作。为了降低串入的电流继电器线圈后对原电路工作状态的影响，电流继电器线圈的匝数少，导线粗，阻抗小。

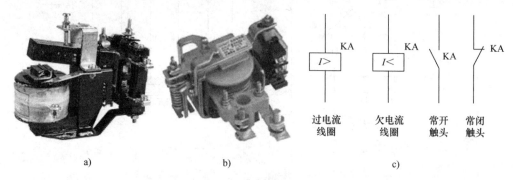

图 1-7-4　电流继电器
a）JT4 系列继电器　b）JL14 系列电流继电器　c）符号

电流继电器分为过电流继电器和欠电流继电器两种。电流继电器在电路图中的符号如图 1-7-4c 所示。

（1）过电流继电器　当通过继电器的电流超过预定值时就动作的继电器称为过电流继电器。过电流继电器的吸合电流为 1.1~4 倍的线圈额定电流，也就是说，在电路正常工作时，过电流继电器线圈通过额定电流时是不吸合的；当电路中发生短路或过载故障，通过线圈的电流达到或超过预定值时，铁心和衔铁才吸合，带动触头动作。

常用的过电流继电器有 JT4、JL5、JL12 及 JL14 等系列，广泛用于直流电动机或绕线转子电动机的控制电路中，用于频繁及重载起动的场合，作为电动机和主电路的过载或短路保护。

（2）欠电流继电器　当通过继电器的电流减小到低于其整定值时就动作的继电器称为欠电流继电器。欠电流继电器的吸引电流一般为线圈额定电流的 30%~65%，释放电流为线圈额定电流的 10%~20%。因此，在电路正常工作时，欠电流继电器的衔铁与铁心始终是吸合的。只有当电流降至低于整定值时，欠电流继电器释放，发出信号，从而改变电路的状态。

常用的欠电流继电器有 JL14 -□□ZQ 等系列产品，常用于直流电动机和电磁吸盘电路中作为弱磁保护。

（3）型号含义　常用 JT4 系列交流通用继电器和 JL14 系列交直流通用电流继电器的型号及其含义如下：

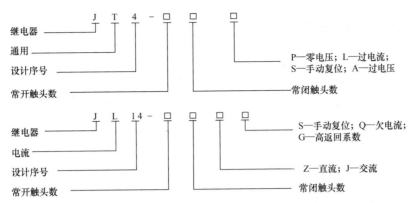

JT4 系列为交流通用继电器，在其电磁系统上装设不同的线圈，便可制成过电流、欠电流、过电压、欠电压等继电器。

（4）选用

1）电流继电器的额定电流一般可按电动机长期工作的额定电流来选择。对于频繁起动的电动机，额定电流可选大一个等级。

2）电流继电器的触头种类、数量、额定电流及复位方式应满足控制电路的要求。

3）过电流继电器的整定电流一般取电动机额定电流的 1.7 ~ 2 倍，频繁起动的场合可取电动机额定电流的 2.25 ~ 2.5 倍。欠电流继电器的整定电流一般取所需控制电路额定电流的 10% ~ 20% 。

（5）安装与使用

1）安装前应检查继电器的额定电流和整定电流值是否符合实际使用要求，继电器的动作部分是否动作灵活、可靠，外罩及壳体是否有损坏或缺件等情况。

2）安装后应在触头不通电的情况下，使吸引线圈通电操作几次，看继电器动作是否可靠。

3）定期检查继电器各零部件是否有松动及损坏现象，并保持触头的清洁。

四、电流继电器自动控制电路

绕线转子异步电动机刚起动时转子电流较大，随着电动机转速的增大，转子电流逐渐减小，根据这一特性，可以利用电流继电器自动控制接触器来逐级切除转子回路的电阻。

电流继电器自动控制电路如图 1-7-5 所示。3 个过电流继电器 KA1、KA2 和 KA3 的线圈串接在转子回路中，它们的吸合电流都一样，但释放电流不同，KA1 最大，KA2 次之，KA3 最小，从而能根据转子电流的变化，控制接触器 KM1、KM2、KM3 依次动作，逐级切除起动电阻。

电路的工作原理如下：

合上电源开关QS→按下SB1→KM线圈得电
┬→KM主触头闭合→电动机M串接全部电阻起动
├→KM自锁触头闭合
└→KM辅助常开触头闭合→KA线圈得电
└→KA常开触头闭合，为KM1、KM2、KM3得电做准备

由于电动机 M 起动时转子电流较大，3 个过电流继电器 KA1、KA2 和 KA3 均吸合，它们接在控制电路中的常闭触头均断开，使接触器 KM1、KM2、KM3 的线圈都不能得电，接在转子电路中的常开触头都处于断开状态，起动电阻被全部串接在转子绕组中。随着电动机

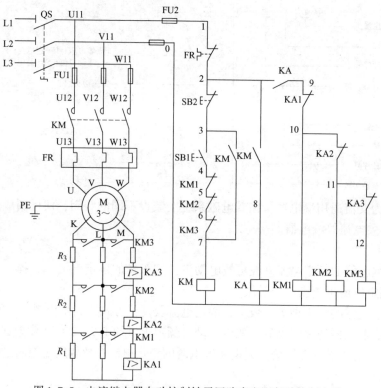

图1-7-5　电流继电器自动控制转子回路串电阻起动控制电路

转速的升高，转子电流逐渐减小，当减小至 KA1 的释放电流时，KA1 首先释放，KA1 的常闭触头恢复闭合，接触器 KM1 得电，主触头闭合，切除第 1 组电阻 R_1。当 R_1 被切除后，转子电流再次增大，但是，随着电动机转速的继续升高，转子电流又会减小，待减小至 KA2 的释放电流时，KA2 释放，接触器 KM2 动作，切除第 2 组电阻 R_2。如此继续下去，直至全部电阻被切除，电动机起动完毕，进入正常运转状态。

中间继电器 KA 的作用是保证电动机在转子电路中接入全部电阻的情况下开始起动。因为电动机开始起动时，转子电流从零增大到最大值需要一定的时间，这样有可能出现电流继电器 KA1、KA2 和 KA3 还未动作，接触器 KM1、KM2、KM3 就已经吸合而把电阻 R_1、R_2、R_3 短接，造成电动机直接起动。接入 KA 后，起动时由 KA 的常开触头断开 KM1、KM2、KM3 线圈的通电回路，保证了起动时转子回路串入全部电阻。

✔ 任务实施

安装图1-7-5所示的电流继电器自动控制转子回路串电阻起动控制电路。

一、电路安装

安装步骤与前面任务基本相同。

二、检测

（1）主电路的检测

1）将万用表两表笔跨接在 QS 下端子 U11 和端子排 U1 处，应测得断路，按下 KM 触头架，万用表显示通路。重复 V11—V1 和 W11—W1 间的检测。

2）将万用表两表笔跨接在 QS 下端子 U11 和端子排 V11 处，应测得断路，按下 KM 触头架，万用表显示通路；将万用表两表笔跨接在转子换向器的任意两相上，再逐一按下 KA1、KA2 和 KA3 触头架，万用表显示的阻值在逐渐减少。重复另外两相间的检测。

（2）控制电路的检测

1）将万用表两表笔跨接在 U11 和 V11 之间，应测得断路；按下 SB1 不放，应测得 KM 线圈的电阻值。

2）将万用表两表笔跨接在 U11 和 V11 之间，应测得断路；按下 SB2 不放，同时按下 KM 触头架，应测得 KA 线圈的电阻值。

3）将万用表两表笔跨接在 U11 和 V11 之间，应测得断路；按下 KA 触头架，应测 KM1、KM2 和 KM3 线圈的电阻并联值。依次再按下 KA1 触头架，应测得断路；按下 KA2 触头架，应测得 KM1 线圈的电阻值；按下 KA3 触头架，应测得 KM1 和 KM2 线圈的电阻并联值。

三、通电试运行

（1）空操作实验　拆下电动机连线，合上 QS，按下 SB1，由于没有接主电路，KA1、KA2 和 KA3 中没有电流，所以有 KM、KA、KM1、KM2 和 KM3 一起吸合，用绝缘棒依次按下 KA3、KA2 和 KA1 触头架，分别出现 KM3 失电，KM3 和 KM2 一起失电，KM1、KM2、KM3 一起失电的现象。按下 SB2，控制电路失电，所有器件都复位。

（2）带负荷试运行　断开 QS，连接好电动机接线，合上 QS，做好随时切断电源的准备。按下 SB1，用钳形电流表观察电动机的起动电流变化情况，同时观察电流继电器 KA1、KA2 和 KA3 的工作情况，以及 KM1、KM2 和 KM3 逐步吸合的工作情况，直至电动机正常运行。

四、故障排除（见表 1-7-1）

表 1-7-1　电路故障的现象、原因分析及检查方法

故障现象	原因分析	检查方法
电动机不能起动	除电源、电源开关因素外，还有以下 4 种因素： 1. 辅助电路的故障 可能的故障点： （1）熔断器 FU2 熔断 （2）热继电器常闭触头跳开或接触不良 （3）停止按钮 SB2、起动按钮 SB1 触头接触不良 （4）接触器 KM1、KM2、KM3 的常闭触头中某一触头接触不良 （5）KM 损坏或 1～7 号线中有线断路，见图 1 图1	1. 按下 SB1 后，接触器 KM 没有吸合，一般判断为辅助电路的故障，可用电阻测量法、电压测量法、校验灯法检查故障点

（续）

故障现象	原因分析	检查方法
电动机不能起动	2. 控制定子绕组主电路的故障 可能的故障点： （1）熔断器有一相熔断 （2）接触器 KM 的主触头有一相接触不良 （3）热继电器的感温元件烧断或主电路连接导线断路，见图 2 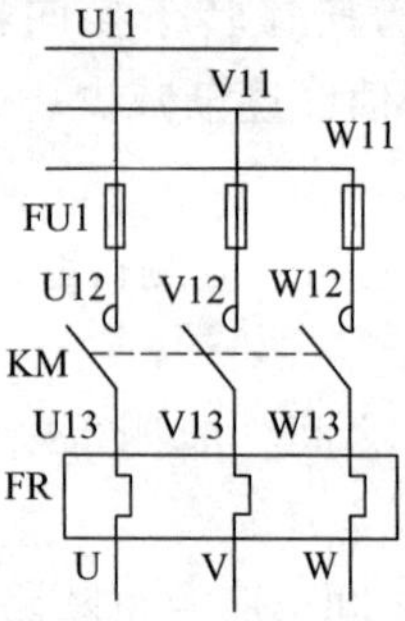 （图2：U11 V11 W11，FU1，U12 V12 W12，KM，U13 V13 W13，FR，U V W　图2） 3. 转子电路的故障 可能的故障点： （1）某一相中电阻断裂，连接导线接触不良等 （2）接触器 KM1 的某一主触头接触不良或电路断路 （3）某一集电环与电刷接触不良或转子绕组断路 4. 负载过大	2. 接触器 KM 吸合后，测量定子电流，如电流不平衡，可判为定子电路故障。检查方法参见前面 3. 测量转子绕组电流，如三相不平衡或某相没有电流，可判断为转子电路故障 4. 当测量转子、定子电流平衡且比正常值大时，说明过载
起动电阻过热	1. 全部电阻过热，说明起动过程中电阻不能被切除 可能的故障点： （1）KA 故障或 KM 的常开触头接触不良 （2）KA1 故障或 KA1 的常闭触头故障 （3）KM3 的常开触头接触不良 （4）电流继电器 KA1、KA2 或 KA3 故障 2. 电阻 R_1 或 R_2 过热 （1）KA1 或 KA2 的整定值不对，造成 KM1 或 KM2 不动作，R_1 或 R_2 不能被切掉 （2）KM1 或 KM2 的主触头故障 （3）电阻与接线或电阻片间松动，接触电阻过大而发热	1. 全部电阻过热的检查方法 （1）按下 SB1 后，观察 KA 是否动作，若 KA 没有动作，则 KA 线圈故障或 KM 常开触头故障。若 KA 有动作，则用验电器检查 KA 常开触头的下端头是否有电，有电正常，无电则 KA 的常开触头故障 （2）KA1 动作后，用验电器检查 KA1 常开触头的下端头是否有电，有电正常，无电则 KA1 的常开触头故障 （3）断开电源，按下 KM3 触头架，用电阻测量法检查 KM3 的常开触头接触是否良好 （4）起动过程中观察电流继电器 KA1、KA2 或 KA3 是否动作 2. 电阻 R_1 或 R_2 过热的检查方法 （1）检查 KA1 或 KA2 的整定值 （2）检查 KM1 或 KM2 的主触头 （3）检查 R_1 或 R_2 与接线或电阻片间的连接情况
电动机起动时只有瞬间转动就停机	可能的故障点： 1. 接触器 KM 的自锁触头接触不良 2. 热继电器电流整定得过小，经受不了起动电流的冲击而将其本身的常闭触头跳开 3. 起动时电压波动过大，使接触器欠电压而释放。这种现象多出现在电源线很长或桥式起重机上。由于起动时起动电流较大，本来已使电路压降较大，加之外电网电压波动或太低，很容易出现这种故障	1. 用验电器或电压表检查 KM 自锁触头的接触是否良好 2. 检查热继电器电流整定值是否符合要求 3. 用电压表检查起动时的电压波动情况

注：其他故障参见前面电路故障的处理方法。

任务总结与评价

参见表 1-1-8。

任务二　转子回路串频敏变阻器控制电路的安装与检修

学习目标

> **技能目标:**
> (1) 能安装与调试转子回路串频敏变阻器起动控制电路。
> (2) 能对转子回路串频敏变阻器起动控制电路的故障进行检修。
> **知识目标:**
> (1) 能识别、选用、安装、使用频敏变阻器,熟记其图形符号和文字符号。
> (2) 能理解转子回路串频敏变阻器起动控制电路的工作原理。
> **素养目标:**
> (1) 学习过程中,可以不断强化职业信念。
> (2) 练习过程中,可以提升职业技能。

任务描述

在生产实际中对于不频繁起动的设备,常常在转子绕组中用频敏变阻器代替起动电阻,来控制绕线转子异步电动机的起动。

任务分析

采用转子绕组串电阻的方法起动,要想获得良好的起动特性,一般需要将起动电阻分为多级,这样所用的电器较多,控制线路复杂,设备投资大,维修不便,并且在逐级切除电阻的过程中,会产生一定的机械冲击。在生产实际中对于不频繁起动的设备,采用在转子绕组中用频敏变阻器代替起动电阻,来控制绕线转子异步电动机的起动,如图 1-7-6 所示。频敏变阻器的等效阻抗会随着转子转动而变化,起动时最大,达到额定转速时最小,且是一个无级过程,没有机械冲击。

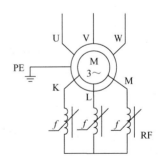

图 1-7-6　转子绕组接
频敏变阻器

本次任务就是安装与检修转子绕组串接频敏变阻器自动起动电路。

✍ 必备知识

一、频敏变阻器

1. 频敏变阻器的结构与工作原理

（1）结构　频敏变阻器是一种阻抗值随频率明显变化（敏感于频率）、静止的无触头电磁元件。频敏变阻器实质上是一个铁损非常大的三相电抗器，它的铁心由几块 30~50mm 厚的铸铁片或钢板叠成，外面套上绕组，有意识地做成铁损非常大。其结构类似于没有二次绕组的三相变压器。频敏变阻器是一种有独特结构的新型无触头元件。其外部结构与三相电抗器相似，即由 3 个铁心柱和 3 个绕组组成，3 个绕组接成星形，并通过集电环和电刷与绕线转子电动机的三相转子绕组相接。

常用的频敏变阻器有 BP1、BP2、BP3、BP4 和 BP6 等系列。图 1-7-7a、b 所示是 BP1 系列的外形和结构。频敏变阻器在电路图中的符号如图 1-7-7c 所示。

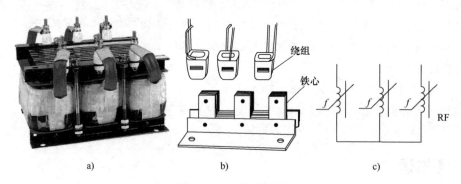

图 1-7-7　频敏变阻器

a）BP1 系列的外形　b）BP1 系列的结构　c）符号

频敏变阻器主要由铁心和绕组两部分组成。它的上、下铁心用 4 根拉紧螺栓固定，拧开螺栓上的螺母，可以在上下铁心之间增减非磁性垫片，以调整空气隙长度。出厂时上下铁心间的空气隙为零。

频敏变阻器的绕组备有 4 个抽头，1 个抽头在绕组背面，标号为 N；另外 3 个抽头在绕组的正面，标号分别为 1、2、3。抽头 1—N 之间为 100% 匝数，2—N 之间为 85% 匝数，3—N 之间为 71% 匝数。出厂时 3 组绕组均接在 85% 匝数抽头处，并接成星形。

（2）工作原理　在电动机起动过程中，三相绕组通入电流后，由于铁心是用厚钢板制成的，交变磁通在铁心中产生很大的涡流，从而产生很大的铁损。在电动机刚起动的瞬间，转子电流的频率最高（等于电源的频率），频敏变阻器的等效阻抗最大，限制了电动机的起动电流。随着转子电流频率的改变，涡流趋肤效应大小也在改变：频率升高时，涡流截面缩小，电阻增大；频率降低时，涡流截面自动加大，电阻减小。随着电动机转速的升高，转子电流的频率逐渐下降，频敏变阻器的等效电阻也逐渐减小。理论分析和实验证明，频敏变阻器铁心的等效电阻和电抗均近似地与转差率的二次方成正比。由电磁感应产生的等效电抗和由铁损构成的等效电阻较大，限制了电动机的起动电流，增大起动转矩。随着电动机转速的升高，转子电流的频率降低，等效电抗和等效电阻自动减小，从而达到自动变阻的目的，实现平滑无级起动，从而使电动机转速平稳地上升到额定转速。

2. 频敏变阻器的选用

（1）根据电动机所拖动生产机械的起动负载特性和操作频繁程度来选择其系列　频敏变阻器基本适用场合见表1-7-2。

表1-7-2　频敏变阻器基本适用场合

负载特性	频繁程度	适用频敏变阻器系列
轻载	偶尔	BP1、BP2、BP4
	频繁	BP1、BP2、BP3
重载	偶尔	BP4、BP6
	频繁	BP8Y

（2）按电动机功率选择频敏变阻器的规格　在确定频敏变阻器的系列后，根据电动机的功率查有关技术手册，即可确定配用的频敏变阻器规格。

频敏变阻器的优点是起动性能好，无电流和机械冲击，结构简单，价格低廉，使用维护方便；缺点是功率因数较低，起动转矩较小，不宜用于重载起动的场合。

二、转子绕组串接频敏变阻器起动控制电路的工作原理

转子绕组串接频敏变阻器起动控制电路如图1-7-8所示。

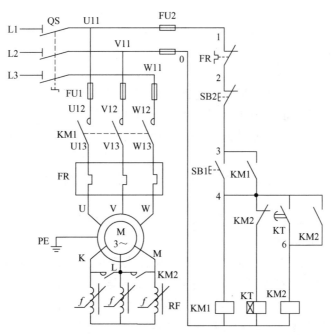

图1-7-8　转子绕组串接频敏变阻器自动起动控制电路

电路的工作原理如下：

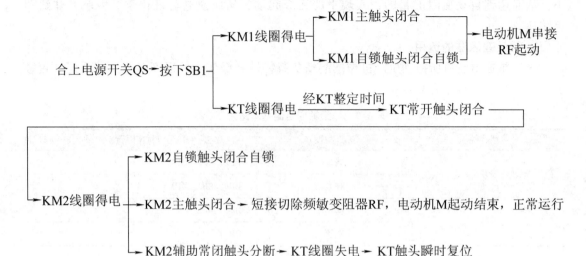

要停止时，按下 SB2 即可。

✔ 任务实施

一、接线安装

安装步骤与前面任务基本相同。

二、通电试运行

（1）空操作实验　拆下电动机连线，合上 QS，按下 SB1，KM1 得电吸合动作，几秒后，KT 延时闭合触头闭合，KM2 吸合；按下 SB2，控制电路失电。

（2）带负荷试运行　断开 QS，连接好电动机和频敏变阻器接线，合上 QS，做好随时切断电源的准备。按下 SB1，用钳形电流表观察电动机的起动电流变化情况，同时注意观察时间继电器 KT 和接触器 KM2 的工作情况，直至电动机正常运行。

试运行时，若发现起动转矩或起动电流过大或过小，应按下述方法调整频敏变阻器的匝数和气隙。

1）起动电流过大、起动过快时，应换接抽头，使匝数增加。增加匝数可使起动电流和起动转矩减小。

2）起动电流和起动转矩过小、起动太慢时，应换接抽头，使匝数减少。匝数减少将使起动电流和起动转矩同时增大。

3）如果刚起动时，起动转矩偏大，有机械冲击现象，而起动完毕后，稳定转速又偏低，这时可在上下铁心间增加气隙。可拧开频敏变阻器两面上的 4 个拉紧螺栓的螺母，在上、下铁心之间增加非磁性垫片。增加气隙将使起动电流略微增加，起动转矩稍有减小，但起动完毕时的转矩稍有增大，使稳定转速得以提高。

三、故障排除（见表 1-7-3）

表 1-7-3　电路故障的现象、原因分析及检查方法

故障现象	原因分析	检查方法
电动机不能起动	1. 按下 SB1 后 KM1 没有动作 可能的故障点： （1）电路中没有电或 FU2 熔断 （2）FR 常闭触头接触不良，SB1、SB2 接触不良，KM1 线圈断路或 1、2、3、4 号线断路 2. 按下 SB1 后 KM1 有动作 可能的故障点： （1）主电路断相 （2）频敏变阻器线圈断路	1. 按下 SB1 后 KM1 没有动作的检查方法 可用电压测量法或验电器法检查 2. 按下 SB1 后 KM1 有动作的检查方法 （1）可用电压测量法或验电器法检查主电路是否断相 （2）断开电源后，用电阻测量法检查频敏变阻器线圈是否断路
频敏变阻器温度过高	1. 电动机起动后，频敏变阻器没有被切掉或时间继电器延时时间太长 2. 频敏变阻器线圈绝缘损坏或受机械损伤，匝间绝缘电阻和对地绝缘电阻变小	1. 检查时间继电器的延时时间和是否动作；若动作，则检查 KM2 是否动作；若 KM2 动作，则检查 KM2 常开触头的接触是否良好 2. 用绝缘电阻表检查频敏变阻器线圈对地绝缘电阻和匝间绝缘电阻，其值应不小于 1MΩ

注：其他故障参见前面电路故障的处理方法。

任务总结与评价

参见表 1-1-8。

　任务三　凸轮控制器控制三相绕线转子异步电动机转子回路串电阻起动电路的安装与检修

学习目标

技能目标：
（1）能安装与调试绕线转子异步电动机凸轮控制器控制电路。
（2）能对绕线转子异步电动机凸轮控制器控制电路的故障进行检修。
知识目标：
（1）能正确识别、选用、安装、使用凸轮控制器，熟记其图形符号和文字符号。
（2）能理解凸轮控制器控制三相绕线转子异步电动机转子回路串电阻起动电路的工作原理。

素养目标：
（1）通过提高实训环境要求，培养职业行为习惯。
（2）反复练习，提升职业技能。

任务描述

桥式起重机上大车、小车及副钩的动力电动机，一般都采用中、小功率绕线转子异步电动机，若采用单元七中任务一或任务二的方法，控制复杂，成本高，一般都采用凸轮控制器控制电路。

任务分析

凸轮控制器是利用凸轮来操作动触头动作的控制器，主要用于控制功率不大于 30kW 的中小型绕线转子异步电动机的起动、调速和换向。本次任务就是安装与检修 KTJ1 – 50/1 型凸轮控制器控制绕线转子异步电动机的电路。

必备知识

一、凸轮控制器

1. 凸轮控制器的功能

常用的凸轮控制器有 KTJ1、KTJ15、KT10、KT14 及 KT15 等系列。图 1-7-9 所示为 KT10、KT14 及 KT15 系列凸轮控制器的外形。

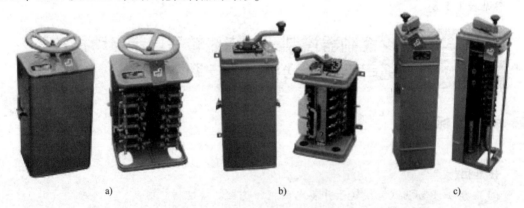

图 1-7-9　凸轮控制器的外形
a）KT10 系列　b）KT14 系列　c）KT15 系列

2. 凸轮控制器的结构原理及型号含义

KTJ1 系列凸轮控制器的结构如图 1-7-10 所示。它主要由手轮（或手柄）、触头系统、转轴、凸轮和外壳等部分组成。其触头系统共有 12 对触头，9 对为常开触头，3 对为常闭触头。其中的 4 对常开触头接在主电路中，用于控制电动机的正反转，配有石棉水泥制成的灭弧罩；其余 8 对触头接在控制电路中，不带灭弧罩。

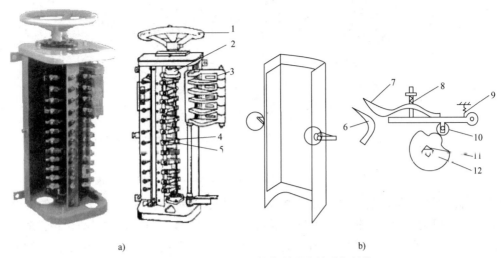

图 1-7-10　KTJ1 系列凸轮控制器的外形与结构

a）外形　b）结构

1—手轮　2、11—转轴　3—灭弧罩　4、7—动触头　5、6—静触头　8—触头弹簧　9—弹簧　10—滚轮　12—凸轮

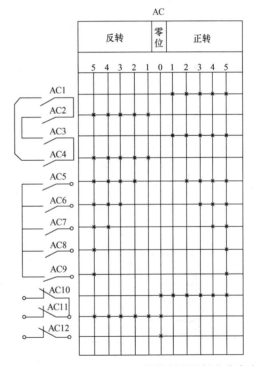

图 1-7-11　KTJ1－50/1 型凸轮控制器的触头分合表

凸轮控制器的动触头 7 与凸轮 12 固定在转轴 11 上，每个凸轮控制一个触头。当转动手轮 1 时，凸轮 12 随转轴 11 转动，当凸轮的凸起部分顶住滚轮 10 时，动触头 7、静触头 6 分开；当凸轮的凹处与滚轮相碰时，动触头受到触头弹簧 8 的作用压在静触头上，动、静触头闭合。在转轴上叠装形状不同的凸轮片，可使各个触头按预定的顺序闭合或断开，从而实现不同的控制目的。

凸轮控制器的触头分合情况，通常用触头分合表来表示。KTJ1－50/1 型凸轮控制器的触头分合表如图 1-7-11 所示。图中的上面两行表示手轮的 11 个位置，左侧表示凸轮控制器的 12 对触头。各触头在手轮处于某一位置时的接通状态用符号 "×" 标记，无此符号表示触头是分断的。

凸轮控制器的型号及其含义如下：

3. 凸轮控制器的选用

凸轮控制器主要根据所控制电动机的功率、额定电压、额定电流、工作制和控制位置数目等来选择。

二、绕线转子异步电动机凸轮控制器控制电路的分析

绕线转子异步电动机凸轮控制器控制电路如图 1-7-12a 所示。图中，组合开关 QS 作为电源引入开关；熔断器 FU1、FU2 分别作为主电路和控制电路的短路保护；接触器 KM 控制

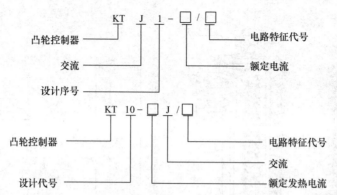

电动机电源的通断，同时起欠电压和失电压保护作用；行程开关 SQ1、SQ2 分别作为电动机正反转时工作机构的限位保护；过电流继电器 KA1、KA2 作为电动机的过载保护；R 是电阻器；凸轮控制器 AC 有 12 对触头，其分合状态如图 1-7-12b 所示。其中，最上面 4 对配有灭弧罩的常开触头 AC1～AC4 接在主电路中用于控制电动机正反转；中间 5 对常开触头 AC5～AC9 与转子电阻 R 相接，用来逐级切换电阻，以控制电动机的起动和调速；最下面的 3 对常闭触头 AC10～AC12 用作零位保护。

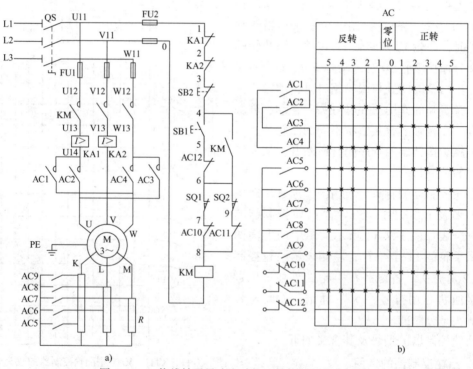

图 1-7-12 绕线转子异步电动机凸轮控制器控制电路

a）电路 b）触头分合表

电路的工作原理如下：将凸轮控制器 AC 的手轮置于"0"位后，合上电源开关 QS，这时 AC 最下面的 3 对触头 AC10～AC12 闭合，为控制电路的接通做准备。按下 SB1，接触器 KM 得电自锁，为电动机的起动做准备。

正转控制：将凸轮控制器 AC 的手轮从"0"位置转到正转"1"位置，这时触头 AC10 仍闭合，保持控制电路接通；触头 AC1、AC3 闭合，电动机 M 接通三相电源正转起动，此时由于 AC 的触头 AC5～AC9 均断开，转子绕组串接全部电阻 R 起动，所以起动电流较小，起动转矩也较小。如果电动机此时负载较重，则不能起动，但可起到消除传动齿轮间隙和拉紧钢丝绳的作用。

当 AC 手轮从正转"1"位置转到"2"位置时，触头 AC10、AC1、AC3 仍闭合，AC5 闭合，把电阻器 R 上的一级电阻短接切除，电动机转矩增加，正转加速。同理，当 AC 手轮依次转到正转"3"和"4"位置时，触头 AC10、AC1、AC3、AC5 仍闭合，AC6、AC7 先后闭合，把电阻器 R 上的两级电阻相继短接，电动机 M 继续加速正转。当手轮转到"5"位置时，AC5～AC9 5 对触头全部闭合，转了回路电阻被全部切除，电动机起动完毕进入正常运转。

要停止时，将 AC 手轮扳回"0"位置即可。

反转控制：当将 AC 手轮扳到反转"1"～"5"位置时，触头 AC2、AC4 闭合，接入电动机的三相电源相序改变，电动机将反转。反转的控制过程与正转相似，读者可自行分析。

凸轮控制器最下面的 3 对触头 AC10～AC12 只有当手轮置于"0"位置时才全部闭合，而手轮在其余各挡位置时都只有一对触头闭合（AC10 或 AC11），其余两对断开。只有手轮置于"0"位置时，按下起动按钮 SB1 才能使接触器 KM 线圈得电动作，然后通过凸轮控制器 AC 使电动机进行逐级起动，从而避免了电动机在转子回路不串起动电阻的情况下直接起动，同时也防止了由于误按 SB1 而使电动机突然快速运转产生的意外事故。

✔ 任务实施

一、安装接线

安装步骤与前面任务基本相同，本任务操作过程中需要重点说明的是：

1）凸轮控制器在安装前应检查外壳及零件有无损坏，并清除内部灰尘。

2）安装前应操作控制器手轮不少于 5 次，检查有无卡轧现象。检查触头的分合顺序是否符合规定的分合表要求，每一对触头是否动作可靠。

3）凸轮控制器必须牢固可靠地用安装螺钉固定在墙壁或支架上，其金属外壳上的接地螺钉必须与接地线可靠连接。

二、通电试运行

1. 操作顺序

1）将凸轮控制器 AC 手轮置于"0"位置。

2）合上电源开关 QS。

3）按下起动按钮 SB1。

4）将凸轮控制器手轮依次转到"1"～"5"挡的位置，并分别测量电动机的转速。

5）将手轮从正转"5"挡位置逐渐恢复到"0"位置后，再依次转到反转"1"～"5"挡的位置，并分别测量电动机的转速。

6）将手轮从反转"5"挡位置逐渐恢复到"0"位置后，按下停止按钮 SB2，切断电源开关 QS。

2. 通电试运行操作注意事项

1）凸轮控制器安装结束后，应进行空载实验。起动时，若手轮转到"2"位置后电动机仍未转动，则应停止起动并检查电路。

2）起动操作时，手轮不能转动太快，应逐级起动，防止电动机的起动电流过大。停止使用时，应将手轮准确地停在"0"位置。

三、故障排除

1. 凸轮控制器的常见故障及其处理方法（见表 1-7-4）

表 1-7-4　凸轮控制器的常见故障及其处理方法

故障现象	可能的原因	处理方法
主电路中常开主触头间短路	1. 灭弧罩破裂 2. 触头间绝缘损坏 3. 手轮转动过快	1. 调换灭弧罩 2. 调换凸轮控制器 3. 降低手轮转动速度
触头过热使触头支持件烧焦	1. 触头接触不良 2. 触头压力变小 3. 触头上连接螺栓松动 4. 触头容量过小	1. 修整触头 2. 调整或更换触头弹簧 3. 旋紧螺栓 4. 调换控制器
触头熔焊	1. 触头弹簧脱落或断裂 2. 触头脱落或磨光	1. 调换触头弹簧 2. 调换触头
操作时有卡轧现象及噪声	1. 滚动轴承损坏 2. 异物嵌入凸轮鼓或触头	1. 调换轴承 2. 清除异物

2. 控制电路常见故障的检修（见表 1-7-5）

表 1-7-5　电路故障的现象、原因分析及检查方法

故障现象	原因分析	检查方法
电动机不能起动	1. 按下 SB1 后 KM 没有动作 （1）电路中没有电 （2）凸轮控制器的手轮没有在"0"位置 （3）凸轮控制器的动静片接触不良 （4）FU2 熔断，KA1、KA2 的常闭触头接触不良，SB1、SB2 接触不良，KM 线圈损坏 2. 按下 SB1 后 KM 有动作，电动机不能起动 （1）主电路断相 （2）电刷与滑线接触不良或断线 （3）转子开路	1. 按下 SB1 后 KM 没有动作的检查方法 （1）用验电器检查电源端头是否有电 （2）检查凸轮控制器手轮的位置 （3）断开电源，用万用表的电阻挡检查凸轮控制器动静触头的接触情况 （4）可用电压测量法、电阻测量法、校验灯法检查 2. 按下 SB1 后 KM 有动作的检查方法 （1）可用验电法或电压测量法检查是否断相 （2）断开电源，调整电刷与滑线的接触 （3）断开电源，用电阻测量法检查转子是否有断线或电刷是否接触不良

注：其他故障参见前面电路故障的处理方法。

💡 任务总结与评价

参见表 1-1-8。

模块二

常用生产机械的电气控制电路及其安装、调试与维修

单元一

CA6140型车床电气控制电路的故障维修

2

学习指南

通过学习本单元，能正确识读 CA6140 型车床电气控制电路的电路图和布置图，会按照不同周期要求，对 CA6140 型车床电气控制电路进行保养，初步掌握 CA6140 型车床电气控制电路的简单检修，并能根据故障现象，运用故障检修流程图，判别故障位置。

主要知识点：CA6140 型车床电气控制电路的维修方法。

主要能力点：

（1）掌握运用流程图判断故障的方法。

（2）识读电路图和布置图的能力。

学习重点：运用故障检修流程图，判别故障位置。

学习难点：CA6140 型车床电气控制电路的维修。

能力体系／（知识体系）／内容结构

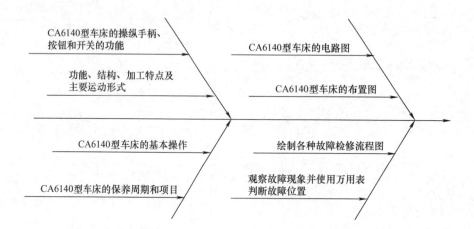

任务一 CA6140 型车床的基本操作与电气控制电路的维护保养

学习目标

技能目标：

（1）能对 CA6140 型车床进行基本操作及调试。

（2）能对 CA6140 型车床电气设备进行例保。

知识目标：

（1）熟悉 CA6140 型车床的操纵手柄、按钮和开关的功能。

（2）了解车床的功能、结构、加工特点及主要运动形式。

（3）掌握车床的电气保养和大修的周期、内容、质量要求及完好标准。

素养目标：

（1）通过提高实训环境工厂化要求，培养职业行为习惯。

（2）加大真实车床练习，提升职业技能。

任务描述

CA6140 型车床是卧式车床的一种，它的加工范围较广，但自动化程度低，适于小批量生产及修配车间使用，主要用于加工轴、盘、套和其他具有回转表面的工件，是机械制造和修配工厂中使用最广的一类机床。

任务分析

CA6140 型车床主要由机械和电气控制两大部分组成。通过了解车床结构，掌握操作过程，可以知道车床的哪些动作是由机械控制操作的，哪些动作是由电气控制操作的，对于理解其电气控制原理有很大的帮助。本次任务就是要完成 CA6140 型车床的基本操作，并对电气控制电路进行例保。

必备知识

一、车床的结构、功能及型号含义

卧式车床主要由主轴箱、进给箱、溜板箱、卡盘、方刀架、尾座、挂轮架、光杠、丝杠、大溜板、中溜板、小溜板、床身、左床座和右床座等部件组成。图 2-1-1 所示为 CA6140 型卧式车床的外形和结构示意图。

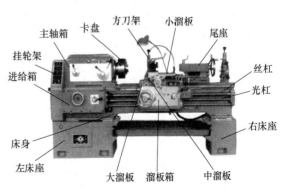

图 2-1-1 CA6140 型卧式车床的外形和结构示意图

其主要结构与功能见表 2-1-1。

表 2-1-1 CA6140 型卧式车床的主要结构与功能

结构名称	主要功能
主轴箱	由多个直径不同的齿轮组成，实现主轴变速
进给箱	实现刀具的纵向和横向进给，并可改变进给速度
溜板箱	实现大溜板和中溜板手动或自动进给，并可控制进给量
卡盘	夹持工件，带动工件旋转
挂轮架	将主轴电动机的动力传递给进给箱
方刀架	安装刀具
大溜板	带动刀架纵向进给
中溜板	带动刀架横向进给
小溜板	通过摇动手轮使刀具纵向进给
尾座	安装顶尖、钻头和铰刀等
光杠	带动溜板箱运动，主要实现内外圆、端面、镗孔等切削加工
丝杠	带动溜板箱运动，主要实现螺纹加工
床身	主要起支撑作用
左床座	内装主轴电动机和冷却泵电动机、电气控制电路
右床座	内装切削液

CA6140 型车床的型号及含义如下：

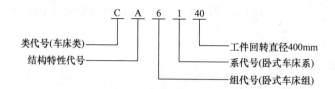

二、CA6140 型车床的主要运动形式及控制要求

CA6140 型车床的主要运动形式及控制要求如表 2-1-2 和图 2-1-2 所示。

表 2-1-2 CA6140 型车床的主要运动形式及控制要求

运动种类	运动形式	控制要求
主运动	主轴通过卡盘带动工件的旋转运动	1. 主轴电动机选用三相笼型异步电动机，主轴不进行电气调速，采用齿轮进行机械有级调速 2. 车削螺纹时要求主轴能正反转，一般通过机械方法实现，主轴电动机只做单向旋转 3. 主轴电动机功率不大，一般可采用直接起动
进给运动	方刀架带动刀具的直线进给运动	由主轴电动机拖动，其动力通过挂轮架传递给进给箱，从而实现刀具的纵向和横向进给。加工螺纹时，要求刀具的移动和主轴的转动有固定的比例关系

（续）

运动种类	运动形式	控制要求
辅助运动	刀架的快速移动	由刀架快速移动电动机拖动，此电动机采用直接起动，不需要正反转和调速
	尾座的纵向移动	由手动操作控制
	工件及刀具的夹紧与放松	由手动操作控制
	工件加工过程的切削液输出	主轴电动机起动后冷却泵电动机才能起动，冷却泵电动机也不需要正反转和调速

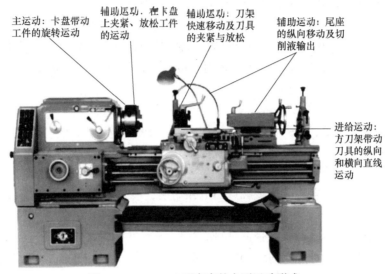

图 2-1-2　CA6140 型车床的主要运动形式

三、CA6140 型车床的操纵系统

在使用、保养和维修车床前，必须了解车床各个操纵手柄的位置和用途，以免因操作不当而损坏机床。CA6140 型车床的操纵系统图如图 2-1-3 所示。

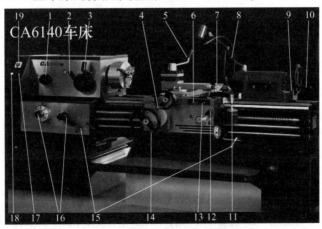

图 2-1-3　CA6140 型车床的操纵系统图

1—加大螺距及螺纹变换手柄　2、3—主轴变速手柄　4—下刀架横向移动进给手轮　5—方刀架转位及固定手柄
6—急停按钮　7—上刀架横向手轮　8—尾座顶尖快速固定手柄　9—尾座快速紧固手柄　10—尾座顶尖套筒移动手柄
11—刀架纵、横向自动进给手柄及快速移动按钮　12—开合螺母操纵按钮　13—主电动机控制按钮　14—床鞍纵向移动手柄
15—主轴正反转操作手柄　16—螺距及进给器调整手柄　17—冷却泵总开关　18—照明灯开关　19—电源总开关

四、电气设备的日常维护保养要求

电气设备维修包括日常维护保养和故障检修两方面。加强对电气设备的日常检查、维护和保养，及时发现设备在运行时由过载、振动、电弧、自然磨损、周围环境和温度影响、元器件的使用寿命等因素引起的一些非正常因素，并及时修理或更换，有效地减少设备故障的发生率，缩小故障带来的损失，增加设备连续运转周期。

日常维护保养包括电动机和控制设备的日常维护保养。

（1）电动机的日常维护保养　对电动机的日常维护保养要做到：经常检查电动机运转是否正常，有无异响；电动机外壳是否清洁，温度是否正常；检查电动机轴承间隙，加注润滑油；对磨损严重、间隙过大的轴承，必须予以更换；检查电动机绝缘状况，有绝缘下降的，必须对定子绕组做浸漆处理。

（2）控制设备的日常维护保养

1）保持电气控制箱、操纵台上各种操作开关、按钮等清洁完好。

2）检查各连接点是否牢靠，有无松脱现象。

3）检查各类指示信号装置和照明装置是否正常。

4）清理接触器、继电器等上接触点的电弧灼痕，看是否吸合良好，有没有卡住、噪声或迟滞现象。

5）检查接触器、继电器线圈是否过热。

6）检查电气柜及各种导线通道的散热情况，并防止水、汽及腐蚀性液体进入。

7）检查电气设备是否可靠接地。

五、车床的电气保养和大修的周期、内容、质量要求及完好标准（见图2-1-3）

表2-1-3　车床的电气保养和大修的周期、内容、质量要求及完好标准

项　　目	内　　容
检修周期	1. 例保：一星期一次 2. 一保：一月一次 3. 二保：封闭式电动机三年一次，开启式电动机两年一次 4. 大修：与机械大修同时进行
车床电气设备的例保	1. 检查电气设备各部分是否运行正常 2. 检查电气设备有没有不安全的因素，如开关箱内及电动机是否有水或油污进入 3. 检查导线及管线是否有破裂现象 4. 检查导线及控制变压器、电阻等是否有过热现象 5. 向操作者了解设备运行情况
车床线路的一保	1. 检查线路有无过热现象，电线的绝缘是否有老化现象及机械损伤，蛇皮管是否脱落或损伤，并修复 2. 检查电线紧固情况，拧紧触头连接处，要求接触良好 3. 必要时更换个别损伤元器件的线路（线段） 4. 电气箱等的吹灰清扫工作

（续）

项　目	内　容
车床其他电器的一保	1. 检查电源线工作状况，并清除灰尘和油污，要求动作灵敏可靠 2. 检查控制变压器和补偿磁放大器等的线圈是否过热 3. 检查信号过电流装置是否完好，要求熔体、过电流保护符合要求 4. 检查铜鼻子是否有过热和熔化现象 5. 必要时更换不能用的电气部件 6. 检查接地线接触是否良好 7. 测量电路及各电器的绝缘电阻
车床开关箱的一保	1. 检查配电箱的外壳及其密封性是否完好，是否有油污透入 2. 门锁及开门的联锁机构是否能用并进行修理
车床电气设备的二保	1. 进行一保的全部项目 2. 消除和更换损坏的配件，如电线管、金属软管及塑料管等 3. 重新整定热保护、过电流保护及仪表装置，要求动作灵敏可靠 4. 空载试运行电路要求各开关动作灵敏可靠 5. 核对图样，提出对大修的要求
车床电气设备的大修	1. 进行二保、一保的全部项目 2. 全部拆开配电箱（配电板），重装所有的配线 3. 解体旧的各电器开关，清扫各元器件（包括熔体、刀开关、接线端子等）的灰尘和油污，除去锈迹，并进行防腐工作，必要时更新 4. 重新排线安装电器，消除缺陷 5. 进行试运行，要求各联锁装置、信号装置、仪表装置动作灵敏可靠，电动机无异常声响、过热现象、三相电流平衡 6. 油漆开关箱和其他附件 7. 核对图样，要求图样编号符合要求
车床电气完好标准	1. 各电器开关、线路清洁、整齐并有编号，无损伤，接触点接触良好 2. 电气开关箱门密封性能良好 3. 电器、线路及电动机绝缘电阻符合要求 4. 具有电子及晶闸管电路的信号电压波形及参数应符合要求 5. 热保护、过电流保护、熔体、信号装置符合要求 6. 各电气设备动作齐全、灵敏可靠，电动机无异常声响，各部温升正常，三相电流平衡 7. 具有直流电动机的设备调整满足要求，电刷火花正常 8. 零部件齐全符合要求 9. 图样资料齐全

✔ 任务实施

一、车床的操作实训

在教师的监督指导下，按照以下的操作方法，完成对 CA6140 型车床的操作实训。

1. 准备步骤

1）电源总开关钥匙 SB 旋转到接通位置"ON"，打开照明灯开关 SA。

2）装夹工件前，把卡盘罩打开。

3）根据工件的不同，采取相应的装夹方法，将工件夹紧在卡盘上。

4）根据加工工件材料的不同，选择不同材料和参数的刀具。

5）开机前关闭卡盘防护罩和刀架防护罩。

6）扳动主轴变速手柄，根据转速标识牌，选择合适的主轴转速。

7）扳动螺距及进给器调整手柄，选择合适的进给量。

8）用刀架纵、横向自动进给手柄和快速移动按钮，将刀架移动到靠近工件的位置。

2. 手动进给

1）按下主轴电动机起动按钮 SB2，把主轴正反转操纵手柄扳到正转，主轴起动。

2）刀架纵、横向自动进给手柄扳到十字开口槽中间，用手动控制床鞍纵向移动手轮和下刀架横向移动进给手柄，正、反手轮和手柄，即可实现手动正、反进给。

3）手动控制上刀架横向手轮，根据上刀架扳动的角度不同，转动手轮即可进行纵、横向和斜向进给。

3. 自动进给

1）按下主轴电动机起动按钮 SB2，把主轴正反转操纵手柄扳到正转，主轴起动。

2）手动控制床鞍纵向移动手轮和下刀架横向移动进给手柄，进行校正刀具和工件间距离。

3）扳动刀架纵、横向自动进给手柄，即可进行横向的正、反自动进给，将手柄扳到十字开口槽中间，进给停止。

4）操作过程中，需要刀架快速移动时可按手柄顶部按钮 SB3，松开按钮快速移动停止。

4. 停机操作

1）用刀架纵、横向自动进给手柄将刀架移动到靠近车床尾端，再横向移动到靠近手柄端。

2）将主轴正反转操纵手柄扳到中间位置。

3）按下电动机停止按钮 SB1，使电动机停止转动。

4）如使用冷却功能，将冷却泵总开关扳到关的位置"0"。

5）将照明灯开关 SA 关闭。

6）将电源总开关转到断开位置"OFF"。

二、车床电气设备的例保

1）检查观察电气设备各部分是否运行正常。

① 电源总开关钥匙 SB 旋转到接通位置"ON"，检查信号灯是否亮，打开照明灯开关 SA，检查照明灯是否亮。

② 卡盘上不夹工件，关闭卡盘防护罩和刀架防护罩，将刀架移动到最远端，开启主轴电动机起动按钮 SB2，观察主轴电动机是否正常转动。

③ 开启冷却泵开关并扳到关的位置"1"，观察是否有切削液流出。

④ 按下 SB3，观察刀架是否快速移动。

⑤ 按下停止按钮 SB1，电动机是否正常停止转动。

2）检查电气设备有没有不安全的因素。将电源总开关转到断开位置"OFF"，打开开关箱门，观察箱内及电动机是否有水或油污进入，如有，应及时清除。

　　3）检查导线及管线有破裂现象。

　　4）检查导线及控制变压器、电阻等是否有过热现象。

　　5）向操作者了解设备运行情况。

任务总结与评价

　　车床操作与保养实训评价表见表2-1-4。

表2-1-4　车床操作与保养实训评价表

项目内容	配分	评分标准		得　　分
操作	50分	1. 准备步骤是否正确	20分	
		2. 手动进给操作是否正确	10分	
		3. 自动进给操作是否正确	10分	
		4. 停机操作是否正确	10分	
车床电气设备的例保	50分	1. 检查电气设备外观各部分是否正常	10分	
		2. 检查主轴电动机是否正常运行	10分	
		3. 检查冷却泵是否正常运行	10分	
		4. 检查停止按钮的好坏	10分	
		5. 检查配电箱中是否有安全隐患	10分	
安全文明生产	违反安全文明生产规程		扣10~70分	
定额时间：30min	不允许超时检查，每超时5min扣5分，累加计算			
备注	除定额时间外，各项内容的最高扣分不得超过配分数		成绩	
开始时间		结束时间	实际时间	

任务二　CA6140 型车床主轴电动机电路的故障维修

学习目标

技能目标：

（1）能根据故障现象，使用万用表检测出故障位置并加以维修。

（2）熟悉 CA6140 型车床的元器件的位置及电路的大致走向。

知识目标：

（1）熟悉 CA6140 型车床电气电路的组成及工作原理。

（2）能识读 CA6140 型车床控制电路的电路图和布置图。

素养目标：

（1）通过加强实训场地管理，培养职业行为习惯。

（2）加强技能训练，提升职业技能。

🌾 任务描述

　　CA6140 型车床在使用一段时间后，由于线路老化、机械磨损、电气磨损或操作不当等原因，不可避免地会导致车床电气设备发生故障，从而影响车床的正常使用。根据故障现象和出现的部位，这些故障大致可分为主轴电动机故障、冷却泵电动机故障、快速进给电动机故障和其他电气故障。

👉 任务分析

　　本次任务主要是熟悉 CA6140 型车床电气控制电路的组成及工作原理，根据布置图掌握车床元器件的位置及电路的大致走向，根据故障现象，使用万用表检测出主轴电动机故障的位置并加以维修。

✍ 必备知识

一、CA6140 型车床电路的工作原理

23. CA6140 型车床
电气控制电路分析

　　图 2-1-4 和 2-1-5 分别是 CA6140 型车床的电路图和布置图。

　　一般机床电气控制电路所包含的元器件和电气设备较多，为了便于分析，机床电路图中多了一些标识：

　　1）电路图按电路功能分为若干个单元，例如 CA6140 型车床的电路图分为电源保护、电源开关、主轴电动机、短路保护等 13 个单元，并将这些功能标注在电路图最上面的功能栏内。

　　2）为了便于查找元器件，将电路图中一条回路或一条支路划分为一个图区，并用阿拉伯数字依次标注在电路图最下面的图区栏内。

　　3）图中，$\begin{array}{c}\text{KM}\\ \begin{array}{c|c} 2 & 8 \\ 2 & 10 \\ 2 & \end{array} \begin{array}{c} \times \\ \times \end{array}\end{array}$ 表示 KM 的 3 对主触头均在图区 2，一对辅助常开触头在图区 8，另一对辅助常开触头在图区 10，两对辅助常闭触头未使用。

　　4）图中，$\begin{array}{c}\text{KA2}\\ \begin{array}{c} 4 \\ 4 \\ 4 \end{array}\end{array}$ 表示中间继电器 KA2 的 3 对常开触头均在图区 4，常闭触头未使用。

1. 电源电路及保护电路分析

　　CA6140 型车床的电源开关是带有开关锁的断路器 QF，由钥匙开关 SB 控制。将 SB 向右旋转，再扳动断路器 QF，将三相电源引入。钥匙开关 SB 在正常工作时是断开的，QF 线圈不能得电；SB 左旋转，QF 线圈得电，断路器 QF 不能合闸。熔断器 FU 作为短路保护。

　　控制电路通过变压器 TC 输出的 110V 交流电压供电，由熔断器 FU2 作为短路保护。机床床头传动带罩处设有安全开关 SQ1，在正常工作时，行程开关 SQ1 的常开触头闭合，接通电

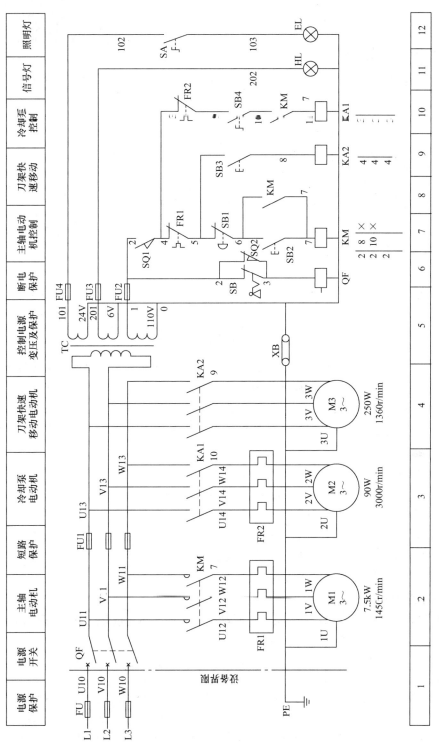

图 2-1-4 CA6140型车床的电路图

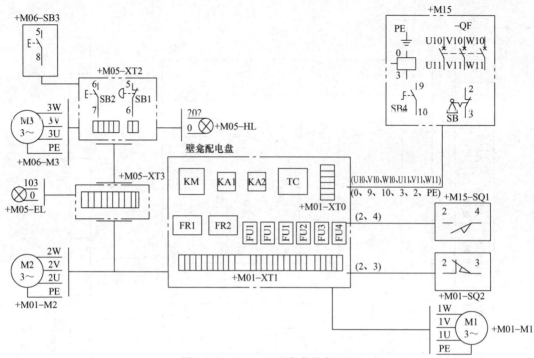

图 2-1-5　CA6140 型车床的布置图

源。当打开床头传动带罩时，SQ1 的常开触头断开，切断电源，以保护维修及工作人员的安全。在配电盘壁龛门上装有安全行程开关 SQ2，SQ2 在车床正常工作时也是断开的，当打开配电盘壁龛门时，SQ2 闭合，QF 线圈得电，断路器 QF 自动断开。当需要打开配电盘壁龛门进行带电检修时，应将行程开关 SQ2 的传动杆拉出，使断路器 QF 能够合闸，关上壁龛门后恢复。

2. 主电路分析

　　电气控制电路中有 3 台电动机：M1 为主轴及进给电动机，由交流接触器 KM 控制，拖动主轴和工件旋转，并通过进给机构实现车床的进给运动，由热继电器 FR1 作为过载保护，低压断路器 QF 作为短路保护；M2 为冷却泵电动机，由中间继电器 KA1 控制，拖动切削泵输出切削液，由热继电器 FR2 作为过载保护，熔断器 FU1 作为短路保护；M3 为刀架快速移动电动机，由中间继电器 KA2 控制，拖动溜板带动刀架实现快速移动，因是短时工作，没有设过载保护，由熔断器 FU1 作为短路保护。

3. 控制电路分析

　　(1) 主轴及进给电动机 M1 的控制　由起动按钮 SB2、停止按钮 SB1 和接触器 KM 构成电动机单向连续运转起动/停止电路，见表 2-1-5。

表 2-1-5　主轴及进给电动机 M1 的控制

控制要求	控制作用	控制过程
起动控制	起动主轴电动机 M1	选择好主轴的转速和方向，按下起动按钮 SB2，接触器 KM 线圈得电，自锁触头吸合并自锁，KM 主触头闭合，M1 起动运转。同时，KM 常开辅助触头（10—11）闭合，为 KA1 得电做准备，实现联锁
停止控制	停机时使主轴停转	按下停止按钮 SB1，接触器 KM 线圈断电，KM 的主触头分断，电动机 M1 断电停转

（2）冷却泵电动机 M2 的控制　主轴电动机 M1 和冷却泵电动机 M2 在控制电路中实现顺序控制。当主轴电动机 M1 起动后，KM 常开辅助触头闭合，此时合上旋钮开关 SB4，KA1 吸合，冷却泵电动机 M2 起动；主轴电动机 M1 停止运行或断开 SB4 时，M2 停止运行。

（3）刀架快速移动电动机 M3 的控制　由按钮 SB3 来控制中间继电器 KA2，进而实现 M3 的点动。操作时，先将刀架纵向、横向进给控制手柄扳到所需移动方向，即可接通相关的传动机构，再按下 SB3，KA2 得电吸合，电动机 M3 起动运转，即可实现该方向的快速移动。

（4）照明与信号电路分析　控制变压器 TC 的二次侧输出 24V 和 6V 电压，为车床照明灯和信号灯提供电源。由开关 SA 控制车床的低压照明灯 EL，FU4 为其提供短路保护；HL 为电源信号灯，FU3 作为短路保护。

二、主轴电动机故障分析

图 2-1-6 所示是主轴电动机 M1 的控制电路。总电源开关钥匙 SB 旋转到 ON 接通位置，打开照明灯开关 SA，开启主电动机起动按钮 SB2，把主轴正反转手柄扳到正，主轴起动。

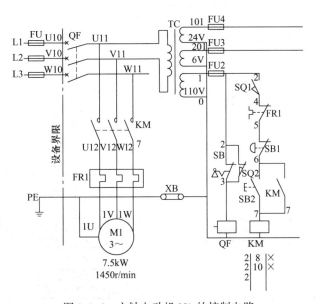

图 2-1-6　主轴电动机 M1 的控制电路

（1）主轴电动机不能起动　按下起动按钮，主轴电动机不能起动。若接触器 KM 吸合，主轴电动机仍不能起动，则故障必然是发生在主电路。主电路故障应先立即切断电源，最好不要通电测量，以免扩大故障范围。可以采用电阻测量法测量。如 KM 不吸合，则先检查控制电路。其检修流程如图 2-1-7 所示。

（2）主轴电动机 M1 起动后不能自锁　其检修流程如图 2-1-8 所示。

（3）主轴电动机 M1 起动后不能停止　可按图 2-1-9 所示流程检查。

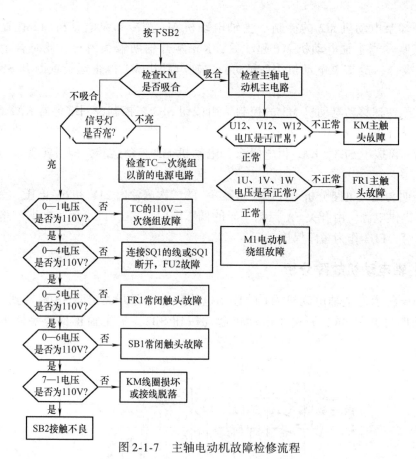

图 2-1-7　主轴电动机故障检修流程

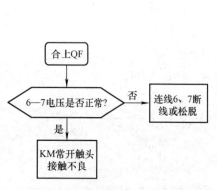

图 2-1-8　主轴电动机 M1 起动后
不能自锁故障检修流程

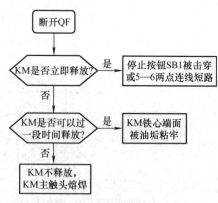

图 2-1-9　主轴电动机 M1 起动后
不能停止故障检修流程

（4）主轴电动机运行中停机　一般是过载保护 FR1 动作，原因可能是：电源电压不平衡或过低；整定值小，负载过重；连接导线复位不良等。

✔ 任务实施

实习指导教师在每个机床上设置主轴电动机控制电路故障一处，学

24. CA6140 型
车床常见电气
故障的分析与检修

生分组（按照每两人一个机床）进行排故练习。

1. 操作要求

1）在允许情况下先试运行，记录故障现象，根据电路图分析产生故障的原因，进而确定故障范围。

2）检修前先向教师说明分析过程及要修复的元器件。

3）修复操作要断电进行。

4）定额时间为30min。

2. 检测情况记录表（见表2-1-6）

表2-1-6　主电路故障检测情况记录表

元器件名称	元器件状况 (外观、断电电阻)	工作电压	工作电流	触头通断情况	
				操作前	操作后

3. 操作注意事项

1）操作时不要损坏元器件。

2）各控制开关操作后要复位。

3）检修过程中不要损伤导线或使导线连接脱落。

💡 任务总结与评价

故障检修实训评价表见表2-1-7。

表2-1-7　故障检修实训评价表

项目内容	配分	评分标准		得分
故障分析	30分	1. 故障分析、排除故障思路不正确	扣5～10分	
		2. 不能标出最小故障范围	扣15分	
排除故障	70分	1. 断电不验电	扣5分	
		2. 工具及仪表使用不当，每次	扣5分	
		3. 排除故障顺序不合理	扣5～10分	
		4. 检查故障的方法不正确	扣20分	
		5. 排除故障的方法不正确	扣20分	
		6. 不能查出故障，每个	扣35分	
		7. 查出故障但不能排除，每个故障	扣25分	
		8. 产生新的故障或扩大故障范围，每个	扣35分	
		9. 损坏元器件，每只	扣5～20分	

（续）

项目内容	配分	评分标准		得分
安全文明生产	违反安全文明生产规程	扣 10 ~ 70 分		
定额时间：30min	不允许超时检查，每超时 5min 扣 5 分，累加计算			
备注	除定额时间外，各项内容的最高扣分不得超过配分数		成绩	
开始时间		结束时间	实际时间	

任务三　CA6140 型车床冷却泵、快速进给电动机等的故障维修

📖 学习目标

> **技能目标：**
> （1）能根据故障现象，使用万用表检测出故障位置并维修。
> （2）能熟练运用故障检修流程图，对故障位置进行判断。
> **知识目标：**
> 熟悉 CA6140 型车床冷却泵、快速进给电动机电气控制电路的组成及工作原理。
> **素养目标：**
> （1）通过本任务的学习，理解协同合作的作用，提升职业信念。
> （2）通过实训学习，提升职业技能。

🌱 任务描述

　　在任务二中分析了 CA6140 型车床主轴电动机故障的解决方案，但车床的整个电路系统中，还有冷却泵电动机、快速进给电动机以及电源电路、照明电路等，这些电路也会在使用过程中发生故障。

👉 任务分析

　　本次任务是，根据故障现象，运用故障检修流程图，使用万用表检测出冷却泵电动机、快速进给电动机以及电源电路、照明电路等的故障，并给出维修方案。

✍ 必备知识

一、冷却泵电动机故障分析

1. 冷却泵电动机控制电路分析

冷却泵电动机 M2 的控制电路如图 2-1-10 所示。主轴电动机 M1 和冷却泵电动机 M2 在

控制电路中实现顺序控制。

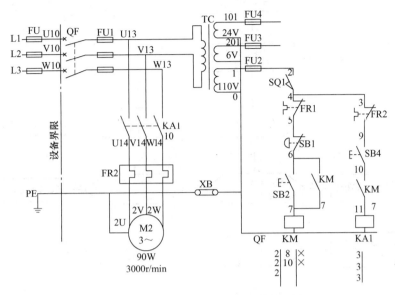

图 2-1-10　冷却泵电动机 M2 的控制电路

（1）冷却泵电动机的起动控制

（2）冷却泵电动机的停止控制

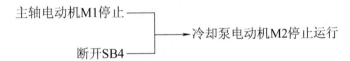

主轴电动机 M1 停止运行或断开 SB4 时，M2 停止运行。

2. 冷却泵电动机不能起动

其检修流程如图 2-1-11 所示。

二、快速进给电动机故障分析

1. 快速进给电动机控制电路分析

由按钮 SB3 来控制中间继电器 KA2，进而实现 M3 的点动，其控制电路如图 2-1-12 所示。

电路原理分析如下：

（1）快速进给电动机的起动控制

按下 SB3 → KA2 得电吸合 → M3 起动运转

（2）快速进给电动机的停止

松开 SB3 → KA2 失电，主触头复位 → M3 停止运转

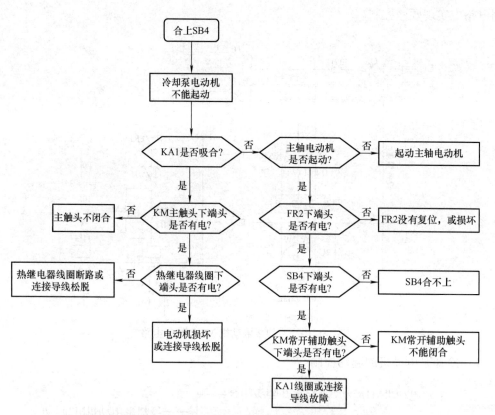

图 2-1-11　冷却泵电动机故障检修流程

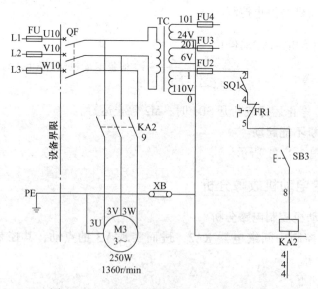

图 2-1-12　快速进给电动机 M3 的控制电路

2. 快速进给电动机不能起动

其检修流程如图 2-1-13 所示。

三、信息灯回路故障的检修

1. 信息灯回路分析

信号灯回路如图 2-1-14 所示。

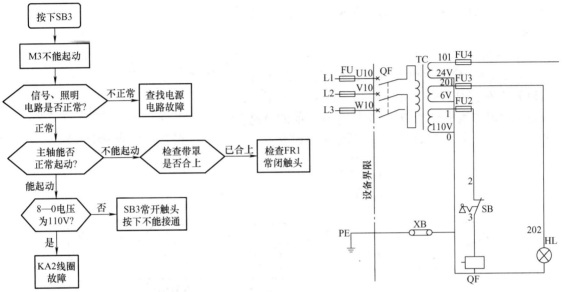

图 2-1-13　快速移动电动机故障检修流程　　　　图 2-1-14　信息灯回路

合上配电箱壁龛门，总电源开关钥匙 SB 旋转至接通位置，合上 QF，电源信号灯 HL 亮。

2. 信息灯回路故障检修流程（见图 2-1-15）

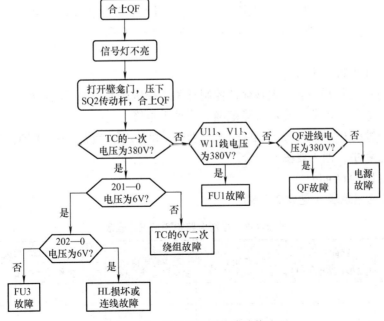

图 2-1-15　信息灯回路故障检修流程

四、照明灯回路故障的检修

1. 照明灯回路分析

照明灯回路如图 2-1-16 所示。

合上配电箱壁龛门，总电源开关钥匙 SB 旋转至接通位置，合上 QF，拧动旋钮 SA 至接通位置，EL 亮。

2. 照明灯回路故障检修流程

合上 QF，拧动旋钮 SA 至接通位置，EL 不亮。可以先查看信号灯是否正常，如果信号灯也不亮，先按上面讲的流程检查 TC 一次绕组及以前的电路；如果信号灯正常，则按图 2-1-17 所示流程检查。

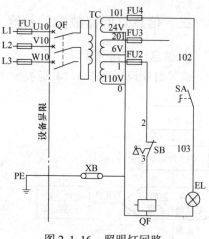

图 2-1-16　照明灯回路

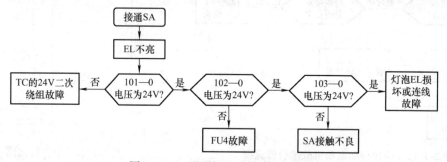

图 2-1-17　照明灯回路故障检修流程

✔ 任务实施

实习指导教师在每个机床上设置快速进给电动机不能起动和冷却泵电动机不能起动的故障各一处，学生分组（按照每两人一个机床）进行排故练习。

1. 操作要求

1）此项操作可带电进行。

2）操作每一控制开关前，先观察该控制开关所控机床部位的运动情况。

3）认真观察故障现象，确定故障范围后再动手检修。

4）在检修过程中，测量并记录相关元器件及电动机的工作情况（触头通断、电压、电流）。

5）检修过程中，两人要搞好配合。

6）定额时间为 60min。

2. 检测情况记录表（见表 2-1-8）

表 2-1-8　控制电路检测情况记录表

设备名称	设备状况 （外观、断电电阻）	工作电压	工作电流	触头通断情况（选填）	
				操作前	操作后

（续）

设备名称	设备状况 （外观、断电电阻）	工作电压	工作电流	触头通断情况（选填）	
				操作前	操作后

3. 操作注意事项

1) 操作时不要损坏元器件。

2) 各控制开关的检测、测通断电阻时，必须断电。

3) 检修过程中不要损伤导线或使导线连接脱落。

任务总结与评价

参见表 2-1-7。

M7130型平面磨床电气控制电路的故障维修

2

✏️ 学习指南

通过学习本单元，能正确识读 M7130 型平面磨床电气控制电路的电路图和布置图，会按照不同周期要求，对 M7130 型平面磨床电气控制电路进行保养，初步掌握 M7130 型平面磨床电气控制电路的简单检修，并能根据故障现象，运用故障检修流程图，判别故障位置。

主要知识点：M7130 型平面磨床电气控制电路的维修方法。

主要能力点：

（1）运用流程图判别故障的方法。

（2）识读电路图和布置图的能力。

学习重点：运用故障检修流程图，判别故障位置。

学习难点：M7130 型平面磨床电气控制电路的维修。

👆 能力体系/（知识体系）/内容结构

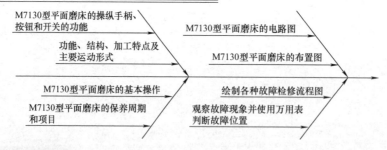

| 任务一 | **M7130 型平面磨床的基本操作与电气控制电路的维护保养** |

📖 学习目标

技能目标：

（1）能对 M7130 型平面磨床进行基本操作及调试。

（2）能做 M7130 型平面磨床电气设备的例保。

知识目标：

（1）熟悉构成 M7130 型平面磨床的操纵手柄、按钮和开关的功能。

（2）了解 M7130 型平面磨床的功能、结构、加工特点及主要运动形式。

（3）掌握 M7130 型平面磨床电气保养和大修的周期、内容、质量要求及完好标准。

素养目标：

（1）通过提高实训环境工厂化要求，培养职业行为习惯。

（2）加大真实车床练习，提升职业技能。

任务描述

磨床是使用砂轮的周边或端面对工件表面进行磨削加工的精密机床。磨床的种类很多，根据用途不同可以分为平面磨床、外圆磨床、内圆磨床、螺纹磨床、球面磨床、齿轮磨床和导轨磨床等。M7130 型平面磨床结构简单、操作方便、磨削精度和光洁度都比较高，是使用最为普遍的一种磨床。

任务分析

作为一个维护保养人员，了解 M7130 型磨床的结构和动作过程，对理解 M7130 型磨床的电气控制原理是有很大帮助的；掌握其基本操作过程，可以在维修试运行过程中敏锐地发现故障现象，有利于分析故障原因。本次任务就是了解 M7130 型磨床的结构和动作过程，掌握 M7130 型磨床的基本操作，对 M7130 型磨床进行例保。

必备知识

一、M7130 型平面磨床的结构与型号含义

通过对 M7130 型平面磨床及其加工过程的观察，了解一下 M7130 型磨床的主要结构。M7130 型平面磨床是卧轴矩台式，主要由床身、工作台、电磁吸盘、砂轮箱、滑座和立柱等组成，其外形及结构如图 2-2-1 所示。

M7130 型平面磨床的型号含义如下：

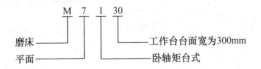

二、M7130 型平面磨床的运动形式

（1）主运动　M7130 型平面磨床的主运动是砂轮的高速旋转运动。为保证磨削加工质量，要求砂轮有较高的转速，砂轮电动机通常采用两极笼型异步电动机。为提高主轴的刚度，简化机械结构，一般采用装入式电动机，将砂轮直接装到电动机轴上。砂轮电动机只要

求单向旋转，可采用直接起动，无调速和制动要求。

（2）进给运动

1）工作台的纵向进给运动，又称为工作台往复运动，是指工作台沿床身的纵向运动。M7130型平面磨床采用液压泵电动机 M3 拖动，工作台在液压作用下做纵向往返运动，实现无级调速且换向平稳。

2）砂轮架的横向进给运动，又称为砂轮架在滑座上的前后进给。砂轮架的横向进给运动可由液压传动，也可由手轮来操作。在磨削的过程中，工作台每换向一次，砂轮架就横向进给一次。

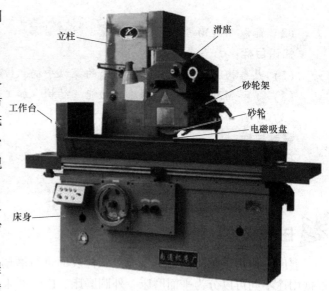

图 2-2-1　M7130 型平面磨床的外形及结构

3）砂轮架的垂直进给运动，又称为砂轮架的垂直进给，是指滑座在立柱上的上下运动。滑座沿立柱导轨垂直升降运动，从而调整砂轮架的上下位置，或改变砂轮磨削工件时的磨削量，以达到最好的加工状态。垂直进给运动是通过操作手轮由机械传动装置实现的。

（3）辅助运动

1）工件的夹紧与放松：工件可以用螺钉和压板直接固定在工作台上；工作台上也可以装电磁吸盘，将工件吸附在电磁吸盘上加工。

2）工作台的快速移动：由液压传动机构带动工作台在纵向、横向和垂直 3 个方向做快速移动。

3）切削液的供给：由冷却泵电动机 M2 拖动冷却泵旋转供给切削液。

三、M7130 型平面磨床主要电气元器件的位置及用途

1. M7130 型平面磨床主要电气元器件的位置（见图 2-2-2）

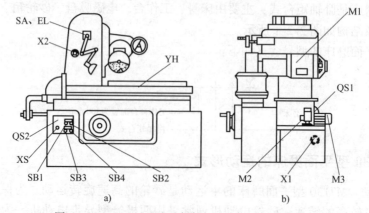

图 2-2-2　M7130 型平面磨床主要电气元器件的位置
a）正视图　b）左视图

2. M7130 型平面磨床主要电气元器件的名称及用途（见表 2-2-1）

表 2-2-1　M7130 型平面磨床主要电气元器件的名称及用途

代号	元器件名称	型号	规格	数量	用途
M1	砂轮电动机	W451－4	4.5kW，220/380V，1440r/min	1	驱动砂轮
M2	冷却泵电动机	JCB－22	125W，220/380V，2790r/min	1	驱动冷却泵
M3	液压泵电动机	JO42－4	2.8kW，220/380V，1450r/min	1	驱动液压泵
QS1	电源开关	HZ1－25/3	25A，380V	1	引入电源
QS2	转换开关	HZ1－10P/3	10A，110V	1	控制电磁吸盘
SA	照明灯开关		2A，24V	1	控制照明灯
YH	电磁吸盘		1.5A，110V	1	吸持工件
SB1	按钮	LA2	绿色	1	起动 M1
SB2	按钮	LA2	红色	1	停止 M1
SB3	按钮	LA2	绿色	1	起动 M3
SB4	按钮	LA2	红色	1	停止 M3
EL	照明灯	JD3	24V，40W	1	工作照明
X1	插接器	CY0－36		1	M2 用
X2	插接器	CY0－36		1	电磁吸盘用
XS	插座		250V，5A	1	退磁器用
附件	退磁器	TC1TH/H		1	工件退磁用

四、磨床电气保养和大修的周期、内容、质量要求及完好标准（见表 2-2-2）

表 2-2-2　磨床电气保养和大修的周期、内容、质量要求及完好标准

项　目	内　容
检修周期	1. 例保：一星期一次 2. 一保：一月一次 3. 二保：三年一次（使用频繁者电动机轴承油每两年检查一次，利用率全年少于1/2时间者还可延长，但电动机轴承每两年检查一次） 4. 大修：与机械大修同时进行
磨床电气设备的例保	1. 检查电气设备各部分，并向操作者了解设备运行情况 2. 检查开关箱、电动机是否有水和油污进入等不安全的因素，各部件有无异常声响及温升是否正常 3. 检查导线及管线有无破裂现象
磨床电气设备的一保	1. 清扫干净导线和电器上的油污和灰尘 2. 必要时更换损伤的电器和线段 3. 检查信号装置的热保护、过电流保护装置是否完好 4. 检查电磁吸盘线圈的出线端绝缘和接触情况，并检查吸盘的吸力情况 5. 拧紧电气装置上的所有螺钉，要求接触良好 6. 检查退磁机构是否完好 7. 测量电动机、电器及线路的绝缘电阻 8. 检查开关箱及门，要求联锁机构完好

（续）

项　目	内　容
磨床电气设备的二保（二保后达到完好标准）	1. 进行一保的全部项目 2. 更换损伤的电器和触头及损伤的线段 3. 重新整定热继电器、过电流继电器、仪表等保护装置 4. 对电磁吸盘出线段进行清扫、重包扎等，并调整工作台吸力 5. 核对图样，提出对大修的要求
磨床电气设备的大修（大修后达到完好标准）	1. 进行二保的全部项目 2. 拆下配电箱、配电板上的元器件 3. 解体旧的各电器开关，清扫各元器件的灰尘和油污，除去锈迹，并进行防腐工作 4. 更换损伤的元器件和线段，重新排线 5. 组装后的电器要求工作灵敏可靠，触头接触良好 6. 油漆开关箱及附件
磨床电气完好标准（技术验收标准）	1. 开关、管线整齐清洁、无损伤 2. 配电箱的门及开门的联锁机构完好 3. 电气线路和电动机的绝缘电阻符合要求 4. 电磁吸盘吸力正常，退磁机构良好 5. 熔体、热继电器、过电流继电器的整定值符合要求 6. 电磁开关、按钮、限位开关、计数器等灵敏可靠 7. 直流电动机调速的，调速范围满足要求，电刷下面的火花正常 8. 具有电子和晶闸管电路的设备各信号电压及波形等数应符合要求 9. 零部件应齐全好用 10. 图样资料齐全

✔ 任务实施

一、M7130 型平面磨床的操作实训

1. 操作注意事项

1）操作时不要损坏元器件。

2）各控制开关操作后要复位。

3）观察各元器件连线情况时，不要损伤导线或使导线连接脱落。

2. 操作实训

在教师的监督指导下，完成对 M7130 型平面磨床的操作、调试。

M7130 型平面磨床的操作、调试方法和步骤：

1）合上电源开关 QS1，接通电源。

2）将转换开关 QS2 扳到"退磁"位置，按下起动按钮 SB1，使砂轮电动机 M1 转动一下，立即按下停止按钮 SB2，观察砂轮旋转方向是否符合要求。

3）按下起动按钮 SB3，观察液压泵电动机 M3 带动工作台运行情况，正常后，按下停止按钮 SB4。

4）根据电动机的功率分别调整热继电器 FR1、FR2 的整定电流值。

5）欠电流继电器 KA 吸合电流的调整。将万用表调到直流"5A"挡，并串入 KA 线圈回路中，合上电源开关 QS1，再将转换开关 QS2 扳到"吸合"位置，调节电流继电器的调节螺母，使其吸合电流值约为 1.5A 即可。

6）合上电源开关 QS1，再将转换开关 QS2 扳到"吸合"位置，检查电磁吸盘对工件的夹持是否牢固可靠。

7）将转换开关 QS2 扳到"退磁"位置，调节限流电阻 R_2，使退磁电压值为 10V 左右。

3. 观察记录

根据以上的操作，观察并记录时操作各控制开关机床各部位的运动情况。

（1）操作要求

1）此项操作带电进行。

2）操作每一控制开关前，先观察该控制开关所控机床部位的运动情况。

3）观察并记录砂轮的工作情况。

4）观察并记录液压泵的工作情况。

5）观察并记录冷却泵的工作情况。

6）观察并记录电磁吸盘的工作情况。

7）观察并记录各元器件工作时电压与电流情况。

（2）工作情况记录表（见表 2-2-3）

表 2-2-3　M7130 型磨床设备工作情况记录表

控制开关名称及状态	被控设备名称	被控设备工作情况
SB1 接通		
SB1 断开		
SB2 接通		
SB2 断开		
SB3 接通		
SB3 断开		
SB4 接通		
SB4 断开		
QS1 接通		
QS2 吸合		
QS2 放松		
QS2 退磁		
SA 接通		
SA 断开		
X1 接通		
X1 断开		
X2 接通		
X2 断开		
XS 接通		
XS 断开		

二、M7130 型平面磨床电气设备的例保

1）检查电气设备各部分，并向操作者了解设备运行情况。

2）检查开关箱、电动机是否有水和油污进入等不安全的因素，各部件有无异常声响及温升是否正常。

3）检查导线及管线有无破裂现象。

任务总结与评价

参见表 2-1-4。

任务二 **M7130 型平面磨床砂轮、冷却泵、液压泵电动机控制电路的故障维修**

学习目标

技能目标：

（1）能根据故障现象，使用万用表检测出故障位置并维修。

（2）熟悉 M7130 型平面磨床的元器件的位置及电路的大致走向。

知识目标：

（1）熟悉 M7130 型平面磨床电气电路的组成及工作原理。

（2）能识读 M7130 型平面磨床控制电路的电路图和布置图。

素养目标：

（1）加强团队合作，培养职业意识。

（2）加强综合训练，培养职业行为。

任务描述

在 M7130 型平面磨床的长期使用过程中，由于各种原因，会发生一些电气电路故障，根据故障现象和出现的部位，这些故障大致可分为电磁吸盘故障和砂轮、冷却泵、液压泵电动机控制电路故障。

任务分析

本次任务主要是熟悉 M7130 型平面磨床电气电路的组成及工作原理，根据布置图掌握车床的元器件的位置及电路的大致走向，根据故障现象，绘制故障检修流程图，并依据流程图，使用万用表检测出砂轮、冷却泵、液压泵电动机控制电路的故障位置，并能对故障进行维修。

必备知识

一、M7130 型平面磨床的工作原理

图 2-2-3 和图 2-2-4 分别是 M7130 型平面磨床的电路图和布置图。

25. M7130 型平面磨床电气控制电路分析

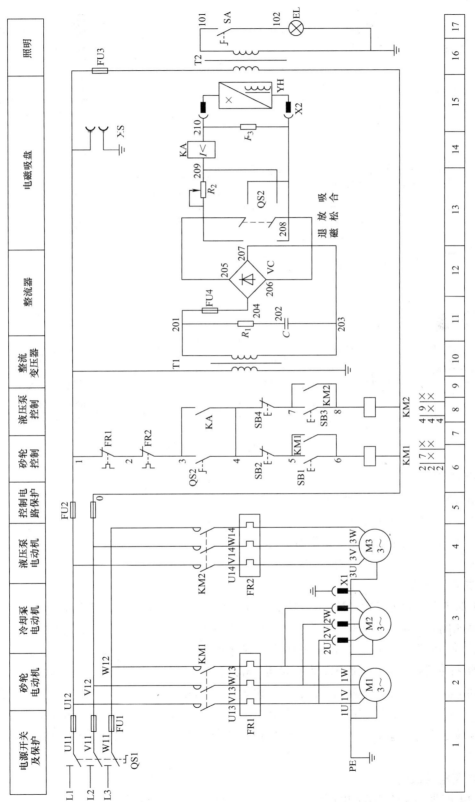

图 2-2-3　M7130型平面磨床的电路图

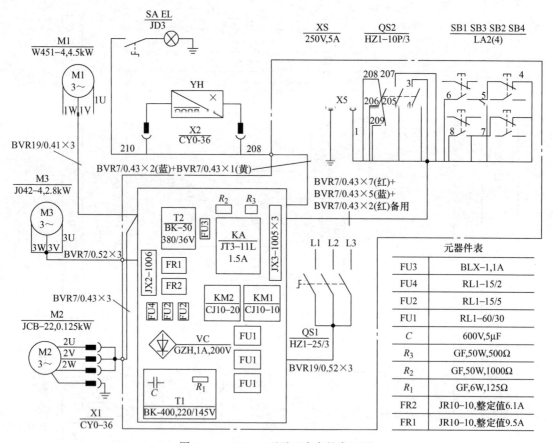

图 2-2-4　M7130 型平面磨床的布置图

1. 电源电路识读

三相交流电由电源开关 QS1 引入，为主电路的 3 台电动机供电，同时为控制电路的交流接触器 KM1、KM2 线圈提供 380V 电压。变压器 T1 将 220V 电压转变为 145V，作为电磁吸盘 YH 的桥式整流输入电源。变压器 T2 将 380V 交流电转变成 24V 安全电压，为照明灯泡提供电源。

2. 主电路识读

主电路中有 3 台电动机。M1 为砂轮电动机，由接触器 KM1 控制，当 KM1 线圈得电时，KM1 主触头闭合，电动机 M1 得电运转，拖动砂轮高速旋转，实现对工件的磨削加工，熔断器 FU1 作为短路保护，热继电器 FR1 作为过载保护。M2 为冷却泵电动机，由接触器 KM1 和插接器 X1 控制，M1 起动后 M2 才能起动，M2 带动冷却泵在磨削加工过程中供应切削液，从而达到降低工件和砂轮温度的目的，同样也是由 FU1 和 FR1 分别作为 M2 的短路和过载保护。M3 为液压泵电动机，由交流接触器 KM2 控制，为液压系统提供动力，带动工作台往返运动以及砂轮架进给运动，M3 的短路保护由熔断器 FU1 实现，过载保护由热继电器 FR2 实现。

3. 控制电路识读

控制电路采用交流 380V 电压供电，由熔断器 FU2 作为短路保护。

（1）砂轮电动机 M1 的控制 砂轮电动机 M1 的控制电路如图 2-2-3 的 6 区、7 区所示。当转换开关 QS2 的常开触头（6 区）闭合，或电磁吸盘得电工作，欠电流继电器 KA 线圈得电吸合，其常开触头（8 区）闭合时，按下起动按钮 SB1，接触器 KM1 线圈得电并自锁，KM1 主触头闭合，砂轮电动机 M1 得电起动连续运转。按下停止按钮 SB2，KM1 线圈失电，KM1 各触头立即恢复初始状态，M1 失电停止运转。

（2）冷却泵电动机 M2 的控制 按下起动按钮 SB1，砂轮电动机 M1 起动后，插上插接器 X1 后，冷却泵电动机 M2 随即起动运行。

（3）液压泵电动机 M3 的控制 液压泵电动机 M3 的控制电路如图 2-2-3 的 8 区、9 区所示。按下起动按钮 SB3，接触器 KM2 线圈得电并自锁，KM2 主触头闭合，液压泵电动机 M3 得电起动连续运转，通过液压机构带动工作台纵向进给和砂轮架横向进给以及垂直进给。按下停止按钮 SB4，KM2 线圈失电，KM2 各触头立即恢复初始状态，M3 失电停止运转。

（4）电磁吸盘的控制 将在下个任务里讨论。

4. 照明电路识读

照明灯由变压器 T2 供电，合上总电源开关 QS1，再闭合转换开关 SA，照明灯 EL 点亮；断开转换开关 SA，照明灯 EL 熄灭。

二、M7130 型平面磨床照明电路常见故障的分析

M7130 型平面磨床的照明系统主要由照明变压器 T2、熔断器 FU3、开关 SA 和照明灯 EL 组成。其电路如图 2-2-5 所示。

照明电路的故障检修流程如图 2-2-6 所示。

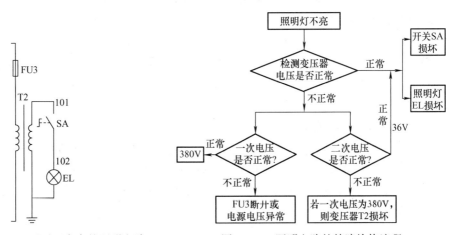

图 2-2-5 M7130 型平面磨床的照明电路　　　图 2-2-6 照明电路的故障检修流程

三、M7130 型平面磨床砂轮、冷却泵电动机控制电路常见故障的分析

砂轮、冷却泵、液压泵电动机主电路如图 2-2-7 所示。砂轮、冷却泵、液压泵电动机控制电路如图 2-2-8 所示。

（1）故障现象 砂轮电动机不转（不能起动），即按下起动按钮 SB1，电动机 M1 不起动。

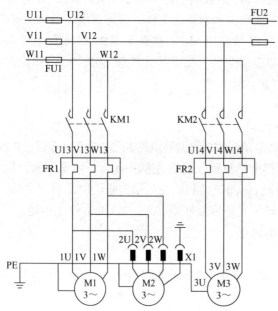

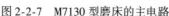

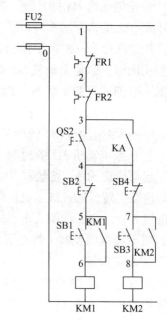

图 2-2-7　M7130 型磨床的主电路　　　　图 2-2-8　M7130 型磨床的控制电路

（2）故障分析　此故障要从控制电路和主电路两块分别检查。首先检查控制电路：若按下按钮 SB1，接触器 KM1 无任何反应，首先检查熔断器 FU2 是否断开，如正常，再检查 FR1 和 FR2 位于 6 区的常闭触头是否接通，如接通，再检查 QS2 位于 6 区的常开触头或 KA 位于 8 区的常开触头是否闭合，若此两触头均未闭合，则要检查 QS2 触头是否有故障，KA 线圈是否能得电，KA 触头是否有问题；若以上触头没问题，则检查按下 SB1 是否能接通，SB2 常闭触头是否接通，最后检查接触器 KM1 线圈是否有问题。若按下按钮 SB1，接触器 KM1 吸合，则要从主电路进行检查：首先检查 KM1 主触头是否卡阻或接触不良，若 KM1 主触头出线端电压正常，则检查热继电器 FR1 出线电压是否正常，如热继电器出线电压正常，则检查电动机 M1 的接线是否脱落、绕组是否烧坏。

（3）砂轮电动机故障检修流程　（见图 2-2-9）

（4）冷却泵电动机不工作的故障分析　冷却泵电动机通过插接器 X1 和电动机 M1 的进线并联，同砂轮电动机 M1 实现主电路顺序控制。如砂轮电动机工作正常，冷却泵不工作，则首先检查插接器 X1 是否接触良好，如插接器没问题，则检查冷却泵电动机 M2 的接线是否脱落、绕组是否烧坏。

四、液压泵电动机控制电路常见故障的分析

（1）故障现象　液压泵电动机不转（不能起动），即按下起动按钮 SB3，电动机 M3 不起动。

（2）故障分析　此故障的排除同砂轮电动机排故步骤相似，也要从控制电路和主电路两块入手。首先检查控制电路：若按下按钮 SB3，接触器 KM2 无任何反应，首先检查 FU2、FR1、FR2 是否断开，如正常，再检查 QS2 位于 6 区的常开触头或 KA 位于 8 区的常开触头是否闭合，若此两触头均未闭合，则要检查 QS2 触头是否有故障，KA 线圈是否能得电，KA 触

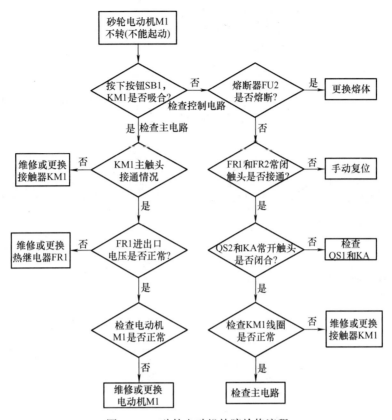

图 2-2-9　砂轮电动机故障检修流程

头是否有问题。若按下按钮 SB3，接触器 KM2 吸合，则要从主电路进行检查：首先检查 KM2 主触头是否卡阻或接触不良，若 KM2 主触头出线端电压正常，则检查热继电器 FR2 出线电压是否正常，如热继电器出线电压正常，则检查电动机 M3 的接线是否脱落、绕组是否烧坏。

（3）液压泵电动机故障检修流程图（见图 2-2-10）

提示：在实际故障排除时，并不需要把所有的元器件都检测一遍，先检查容易出问题的元器件，再逐步深入。如本机床控制元器件中按钮、接触器线圈等属于低故障率元器件，熔断器、热继电器等保护电器属高故障率元器件，应先检查。

26. M7130 型
平面磨床常见
电气故障的
分析与检修

✔ **任务实施**

一、分析绘制 M7130 型平面磨床的电气原理图

1）通过分析 M7130 型磨床的结构功能，画出机床的电气原理图。

2）对照 M7130 型磨床的电气原理图，分析各机构的动作过程。

二、故障排除

教师在每个模拟机床上设置照明电路故障、砂轮电动机故障、冷却泵电动机主电路故障

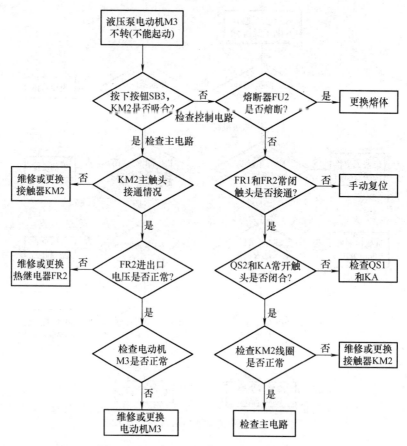

图 2-2-10　液压泵电动机故障检修流程图

各一处，控制电路故障一处，学生分组（按照每两人一个机床）进行排故练习。

1. 操作要求

1）此项操作可带电进行。

2）操作每一控制开关前，先观察该控制开关所控机床部位的运动情况。

3）认真观察故障现象，确定故障范围后再动手检修。

4）在检修过程中，测量并记录相关元器件及电动机的工作情况（触头通断、电压、电流）。

5）检修过程中，两人要搞好配合。

2. 检测情况记录表（见表2-2-4）

表 2-2-4　M7130 型磨床电路检测情况记录表

元器件名称	元器件状况 （外观、断电电阻）	工作电压	工作电流	触头通断情况	
				操作前	操作后

3. 操作注意事项

1）操作时不要损坏元器件。

2）各控制开关操作后要复位。

3）检修过程中不要损伤导线或使导线连接脱落。

任务总结与评价

参见表 2-1-7。

任务三　M7130 型平面磨床电磁吸盘的故障维修

学习目标

技能目标：

（1）能运用故障检修流程图，对电磁吸盘故障位置进行判断。

（2）能根据故障现象，使用万用表检测出故障位置并维修。

知识目标：

熟悉 M7130 型磨床电磁吸盘电气电路的组成及工作原理。

素养目标：

（1）通过练习场地管理，培养职业行为习惯。

（2）加强技能训练，提升职业技能。

任务描述

在磨床上，用来固定工件的夹具有很多种，电磁吸盘是 M7130 型平面磨床用来固定工件的夹具。因为电磁吸盘具有夹紧迅速，操作快速且方便，不损伤工件，在加工过程中工件发热可以自由伸缩且不产生变形等优点，得到广泛应用。

任务分析

在任务二中，没有涉及电磁吸盘部分，本次任务主要是熟悉 M7130 型平面磨床电气控制电路中电磁吸盘的工作原理，根据故障现象，绘制出故障检测流程图，使用万用表等仪表，检测出故障位置，并能对故障进行维修。

必备知识

一、电磁吸盘电路分析

电磁吸盘是通过电磁吸引力将铁磁材料吸引固定来进行磨削加工的装置。其结构如图 2-2-11 所示。电磁吸盘的外壳由钢制的箱体和盖板组成，在箱体内部有多个凸起的心体，每个心体上绕有电磁线圈，当线圈通入直流电后，使心体被磁化形成磁极，当工件放上后会被同时磁化与电磁吸盘相吸引，工件被牢牢吸住。

图 2-2-11　电磁吸盘的结构

电磁吸盘电路如图 2-2-12 所示，由整流电路、控制电路和保护电路 3 部分组成。

T1 为整流变压器，它将 220V 的交流电压降为 145V 后，送至桥式整流器 VC，整流输出 110V 的直流电压供给电磁吸盘的线圈。电阻 R_1 和电容器 C 用来吸收交流电网的瞬时过电压和整流回路通断时在整流变压器 T1 二次侧产生的过电压，起到对整流装置的保护。FU4 为整流回路的短路保护；KA 为欠电流继电器，其作用是一旦电磁吸盘线圈失电或电压降低，KA 的线圈因电压变化而释放其位于 8 区的常开触头 3 和 4，从而

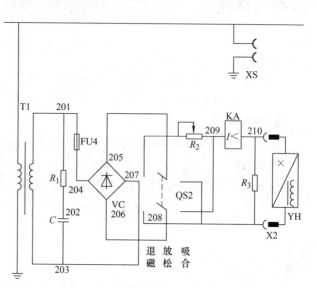

图 2-2-12　M7130 型磨床电磁吸盘的电路

使正在工作的电动机 M1、M2、M3 停止工作，防止工件脱出发生事故；可变电阻器 R_2 的作用是在电磁吸盘"退磁"时，用来限制反向去磁电流的大小，防止反向去磁电流过大而造成电磁吸盘反向充磁。YH 为电磁吸盘线圈，它通过插接件 X2 与控制电路相连接；与其并联的电阻 R_3 为电磁吸盘的放电电阻，因为电磁吸盘线圈的电感很大，当电磁吸盘由接通变为断开时，线圈两端会产生很高的自感电动势，很容易使线圈或其他元器件损坏，故电阻 R_3 在电磁吸盘断电瞬间给线圈提供放电回路。QS2 为电磁吸盘线圈的控制开关，它有"退磁""放松"和"吸合" 3 个位置。

电磁吸盘的控制过程如下：

将转换开关 QS2 扳至"吸合"位置时，触头 205 与 208 闭合，触头 206 与 209 闭合，110V 直流电压通过 205 与 208 的闭合触头，经过插接器 X2 进入线圈后，经欠电流继电器 KA 的线圈，再通过 206 与 209 的闭合触头形成回路，从而使电磁吸盘产生磁场吸住工件。欠电流继电器 KA 因得到额定电压工作，其常开触头（8 区）闭合，为砂轮电动机和液压泵

电动机的起动做好准备。

当工件加工完毕，砂轮和液压泵停止工作后，将 QS2 扳至"放松"位置，此时 QS2 的所有触头都断开，电磁吸盘线圈断电。因为工件具有剩磁而不能取下，故需进行退磁。将 QS2 扳至"退磁"位置时，触头 205 与 207 闭合，触头 206 与 208 闭合，110V 直流电压通过 205 与 207 的闭合触头，经过限流电阻 R_2 后经欠电流继电器 KA 线圈和插接器 X2 反向进入电磁吸盘线圈，再通过 206 与 208 的闭合触头形成回路，使电磁吸盘线圈通入反方向电流而"退磁"。退磁结束后，将 QS2 扳至"放松"位置，即可取下工件。对于不宜退磁的工件，可将交流去磁器的插头插在床身的插座 XS 上，将工件放在去磁器上去磁即可。

如工件用夹具固定在工作台上，不需要电磁吸盘时，应将电磁吸盘 YH 的插头 X2 从插座上拔掉，同时将转换开关 QS2 扳至"退磁"位置，此时 QS2 位于 6 区的触头 3 和 4 闭合，接通电动机 M1、M2、M3 的控制电路。

二、M7130 型磨床电磁吸盘整流电路常见故障的分析

M7130 型平面磨床电磁吸盘的整流电路主要由整流器 VC、整流变压器 T1、熔断器 FU4、电阻 R_1 和电容器 C_1 组成。其电路如图 2-2-13 所示。

电磁吸盘整流电路的常见故障为整流器输出的直流电压偏低或没有。整流电路故障会导致电磁吸盘无吸力或吸力不足。

因熔断器 FU4 熔断而造成电磁吸盘断电无吸引力，主要原因是整流器 VC 短路，使整流变压器二次电流太大，造成 FU4 熔断。整流器 VC 输出电压低，主要原因是个别整流二极管发生断路或短路，如整流桥臂有一侧不工作，会造成输出电压降低 1/2。整流器件损坏主要因为器件过电压或过热。电磁吸盘线圈的电感量很大，当放电电阻 R_3 损坏或断路时，线圈断开时产生的瞬时高压会击穿整流二极管；整流二极管本身热容量很小，当整流器过载时，因电流过大造成器件急剧升温，也会造成整流二极管烧坏。

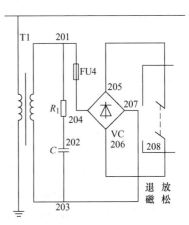

图 2-2-13　电磁吸盘的整流电路

电磁吸盘整流电路故障检修流程如图 2-2-14 所示。

三、M7130 型平面磨床电磁吸盘控制电路常见故障的分析

M7130 型平面磨床电磁吸盘控制电路主要由转换开关 QS2、吸盘线圈、欠电流继电器 KA、退磁电阻 R_2、放电电阻 R_3 和插接器 X2 组成（整流部分前面已述）。其电路如图 2-2-15 所示。

M7130 型平面磨床电磁吸盘控制电路的常见故障是电磁吸盘无吸力或吸力不足；电磁吸盘退磁效果差，退磁后工件难以取下。

造成吸盘无吸力的原因主要有两个：一是整流电路故障导致无直流电压输出，造成吸盘线圈不工作；二是吸盘线圈本身断路或损坏。造成吸盘吸力不足的原因主要有：一是电源或整流器故障导致供给吸盘线圈的直流电压变低；二是吸盘线圈本身局部短路，使电感量降低

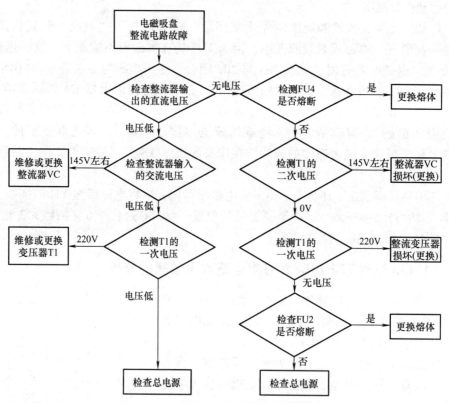

图 2-2-14 电磁吸盘整流电路故障检修流程

从而造成吸引力降低。造成电磁吸盘退磁不好的原因主要有：一是退磁电压过高；二是退磁时间太长或太短；三是退磁电路断开，工件没有退磁。

电磁吸盘控制电路故障检修流程如图 2-2-16 所示。

提示：在实际故障排除时，并不需要把所有的元器件都检测一遍，先检查容易出问题的元器件，再逐步深入。如电磁吸盘控制电路中整流变压器、吸盘线圈等属于低故障率元件，熔断器、整流器等属于高故障率器件，应先检查。

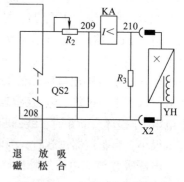

图 2-2-15 电磁吸盘控制电路

✔ 任务实施

一、分析绘制 M7130 型平面磨床电磁吸盘控制部分的电气原理图

1）通过分析 M7130 型磨床的动作情况，画出机床电磁吸盘控制部分的电气原理图。

2）对照 M7130 型磨床电磁吸盘控制部分的电气原理图，分析各机构的动作过程。

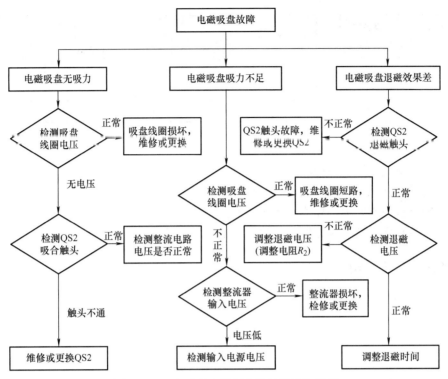

图 2-2-16　电磁吸盘控制电路故障检修流程

二、电磁吸盘电路故障排除

实习指导教师在每个机床上设置电磁吸盘电路故障两处，学生分组（按照每两人一个机床）进行排故练习。

1. 操作要求

1）此项操作可带电进行。

2）操作每一控制开关前，先观察该控制开关所控机床部位的运动情况。

3）认真观察故障现象，确定故障范围后再动手检修。

4）在检修过程中，测量并记录相关元器件及电动机的工作情况（触头通断、电压、电流）。

5）检修过程中，两人要搞好配合。

2. 检测情况记录表（见表 2-2-5）

表 2-2-5　电磁吸盘电路故障检测情况记录表

设备名称	设备状况（外观、断电电阻）	工作电压	工作电流	触头通断情况（选填）	
				操作前	操作后

（续）

设备名称	设备状况 (外观、断电电阻)	工作电压	工作电流	触头通断情况（选填）	
				操作前	操作后

3. 操作注意事项

1）操作时不要损坏元器件。

2）检测各控制开关的通断电阻时，必须断电。

3）检修过程中不要损伤导线或使导线连接脱落。

4）电磁吸盘更换后，应先做吸力测试、工频耐压试验等。

任务总结与评价

参见表 2-1-7。

Z3040型摇臂钻床电气控制电路的故障维修

2

📝 学习指南

通过学习本单元，能正确识读 Z3040 型摇臂钻床电气控制电路的电路图和接线图，会按照不同周期要求，对 Z3040 型摇臂钻床电气控制电路进行保养，初步掌握 Z3040 型摇臂钻床电气控制电路的简单检修，并能根据故障现象，运用故障检流程图，判别故障位置。

主要知识点：Z3040 型摇臂钻床电气控制电路的维修方法。

主要能力点：

（1）运用流程图判断故障的方法。

（2）识读电路图和接线图的能力。

学习重点：运用故障检修流程图，判别故障位置。

学习难点：Z3040 型摇臂钻床电气控制电路的维修。

👆 能力体系/（知识体系）/内容结构

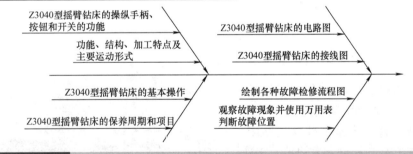

任务一	**Z3040 型摇臂钻床的基本操作与电气控制电路的维护保养**

🎯 学习目标

技能目标：

（1）能对 Z3040 型摇臂钻床进行基本操作及调试。

（2）能对 Z3040 型摇臂钻床电气设备进行例行保养。

知识目标：

（1）熟悉构成 Z3040 型摇臂钻床的操纵手柄、按钮和开关的功能。

（2）了解 Z3040 型摇臂钻床的功能、结构、加工特点及主要运动形式。

（3）掌握 Z3040 型摇臂钻床电气保养和大修的周期、内容、质量要求及完好标准。

素养目标：

（1）通过提高实训环境工厂化要求，培养职业行为习惯。

（2）逐步减少模拟机床的练习，提升职业技能。

任务描述

钻床是一种孔加工机床，可以用来进行钻孔、扩孔、铰孔、攻螺纹及修刮端面等多种形式的加工。钻床种类很多，有台式钻床、立式钻床、卧式钻床和数控钻床等。摇臂钻床是一种立式钻床，它适用于单件或批量生产中带有多孔的大型零件的孔加工，是一般机械加工车间常用的机床。

任务分析

作为一个钻床维护保养人员，了解 Z3040 型摇臂钻床的结构和动作过程，对理解 Z3040 型摇臂钻床的电气控制原理是有很大帮助的；掌握其基本操作过程，可以在维修试运行过程中敏锐地发现故障现象，有利于分析故障原因。本次任务就是了解 Z3040 型摇臂钻床的结构和动作过程，掌握 Z3040 型摇臂钻床的基本操作，并对 Z3040 型摇臂钻床进行例保。

27. Z3040 型摇臂钻床的结构和运动形式

必备知识

一、Z3040 型钻床的结构及与型号含义

通过对 Z3040 型钻床及其加工过程的观察，了解一下 Z3040 型钻床的主要结构。Z3040 型摇臂钻床是一种立式钻床，主要由床身、立柱、摇臂、主轴箱及工作台等组成，其外形及结构如图 2-3-1 所示。

内立柱固定在底座上，它外面套着空心的外立柱，外立柱可带动摇臂一起绕着不动的内立柱回转。摇臂一端的套筒部分与外立柱滑动配合，在摇臂升降丝杠带动下，摇臂可沿外立柱上下移动，但不能与外立柱相对回转，只能通过外立柱相对内立柱回转。主轴箱安装于摇臂的水平导轨

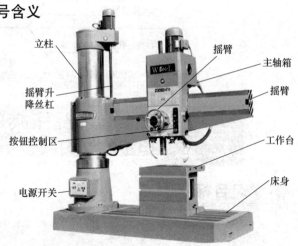

图 2-3-1　Z3040 型钻床的外形及结构

上，可由手轮操纵其沿摇臂做径向移动。

当需要钻削加工时，先将主轴箱固定在摇臂导轨上，摇臂固定在外立柱上，外立柱紧固在内立柱上。工件夹紧在工作台上加工，通过调整摇臂高度、回转角度及主轴箱位置，来完成钻头对工件的校准，起动主轴电动机并转动手轮操控钻头进行钻削加工。

Z3040 型摇臂钻床的型号含义如下：

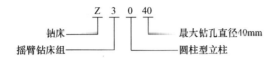

二、Z3040 型摇臂钻床的运动形式及控制要求

Z3040 型摇臂钻床的运动形式可以分为 3 种，即主运动、进给运动和辅助运动。Z3040 型摇臂钻床的主运动是主轴带动钻头的旋转运动；进给运动是主轴的上下进给运动；辅助运动是主轴箱沿摇臂水平移动、摇臂沿外立柱上下移动、摇臂连同外立柱一起相对于内立柱的回转运动以及主轴箱和摇臂的夹紧与放松。

28. Z3040 型摇臂钻床的拖动方式与控制要求

（1）主轴带刀具的旋转与进给运动　主轴的旋转与进给运动由一台三相交流异步电动机（3kW）驱动，主轴的旋转方向由机械及液压装置控制。

（2）各运动部分的移位运动　主轴在三维空间的移位运动有主轴箱沿摇臂方向的水平移动（平动），摇臂沿外立柱的升降运动（摇臂的升降运动由一台 1.1kW 笼型三相异步电动机拖动），外立柱带动摇臂沿内立柱的回转运动（手动）等 3 种，各运动部件的移位运动用于实现主轴的对刀移位。

（3）移位运动部件的夹紧与放松　摇臂钻床的 3 种对刀移位装置对应 3 套夹紧与放松装置，对刀移动时需要将装置放松，机加工过程中需要将装置夹紧。3 套夹紧装置分别为摇臂夹紧（摇臂与外立柱之间）、主轴箱夹紧（主轴箱与摇臂导轨之间）和立柱夹紧（外立柱和内立柱之间）。通常，主轴箱和立柱的夹紧与放松同时进行，摇臂的夹紧与放松则要与摇臂升降运动结合进行。

Z3040 型摇臂钻床的主要运动形式及控制要求见表 2-3-1。

表 2-3-1　Z3040 型摇臂钻床的主要运动形式及控制要求

运动种类	运动形式	控制要求
主运动	主轴带动钻头的旋转运动	1. 主轴电动机 M1 承担钻削和进给任务，只要求单向旋转 2. 主轴的正反转是通过正反转摩擦离合器来实现的 3. 主轴的转速和进给量是通过变速机构来调节的
进给运动	主轴的上下进给运动	主轴进给运动由主轴电动机拖动，其动力通过主轴传给主轴进给变速传动机构，经蜗杆轴和水平轴传给主轴套，使主轴获得进给运动
辅助运动	主轴箱沿摇臂水平移动	无电动机拖动，是通过手轮操作使主轴箱沿着摇臂上的水平导轨水平移动
	摇臂沿外立柱上下移动	由电动机 M2 拖动，通过升降丝杠带动摇臂沿外立柱上下运动，需要正反转控制，有限位保护

（续）

运动种类	运动形式	控制要求
辅助运动	摇臂的回转运动	依靠人力推动，使摇臂连同外立柱绕内立柱做回旋运动
	工件加工过程的冷却	由电动机 M4 拖动冷却泵输送切削液
	摇臂及主轴箱的夹紧与放松	由电动机 M3 配合液压装置来实现，要求电动机 M4 能实现正反转

三、操作、调试 Z3040 型摇臂钻床的方法和步骤

（1）操作前的准备　首先检查各操作开关、手柄是否在停止或原位，钻头的位置是否安全，然后合上电源开关 QS，接通电源。

（2）主轴正反转操作　首先将主轴正反转控制手柄扳至"正转"位置，然后按下起动按钮 SB2，观察主轴工作信号灯 HL3 是否亮；再按下停止按钮 SB1，观察主轴旋转方向是否符合要求。

（3）摇臂上升与下降操作

1）摇臂上升：按下按钮 SB3，摇臂先松开然后才会向上运动，当摇臂上升到需要位置时，立即松开 SB3，摇臂随即停止上升，然后检查摇臂是否夹紧。

2）摇臂下降：按下按钮 SB4，摇臂先松开然后才会向下运动，当摇臂下降到需要位置时，立即松开 SB4，摇臂随即停止下降，然后检查摇臂是否夹紧。

（4）立柱和主轴箱的松开与夹紧操作　按下按钮 SB5（或 SB6），使主轴箱和立柱松开（或夹紧），如不能松开（或夹紧），查看液压泵电动机 M3 的旋转方向是否符合要求，同时观察放松信号灯 HL1（或夹紧信号灯 HL2）是否正常点亮，如不亮，调整位置开关 SQ4 与弹簧片之间的距离。

（5）冷却泵操作　扳动组合开关 SA1 至闭合状态，观察切削液是否正常输出。

（6）照明灯操作　闭合组合开关 SA2，观察照明灯 EL 是否工作正常。

四、Z3040 型摇臂钻床电气保养和大修的周期、内容、质量要求及完好标准
（见表 2-3-2）

表 2-3-2　钻床电气保养和大修的周期、内容、质量要求及完好标准

项　目	内　容
检修周期	1. 例保：一星期一次 2. 一保：一月一次 3. 二保：三年一次 4. 大修：与机械大修同时进行
钻床电气设备的例保	1. 查看表面有没有不安全的因素 2. 查看电器各方面运行情况，并向操作者了解设备运行状况 3. 查看开关箱内及电动机是否有水或油污进入 4. 查看导管线有无破裂现象

（续）

项 目	内 容
钻床电气设备的一保	1. 检查电线、管线有无过热现象和损伤之处 2. 清扫电器及导线上的油污和灰尘 3. 拧紧连接处的螺栓，要求接触良好 4. 必要时更换损伤的电器及线段
钻床其他电器的一保	1. 检查电源线、限位开关、按钮等电器的工作状况，并清扫油污，打光触头，要求动作灵敏可靠 2. 检查熔体、热继电器、安全灯、变压器等是否完好，并进行清扫 3. 测量各电气设备和线路的绝缘电阻，检查接地线，要求接触良好 4. 检查开关箱门是否完好，必要时要进行检修
钻床电气设备的二保（二保后达到完好标准）	1. 进行一保的全部项目 2. 检查夹紧放松机构的电器，要求接触良好、动作灵敏 3. 检查总电源接触的集电环是否接触良好，并清扫 4. 重新整定过电流保护装置，要求发热、声音正常，三相电流平衡 5. 更换个别损伤的元器件和老化损伤的线段 6. 核对图样，提出对大修的要求
钻床电气设备的大修（大修后达到完好标准）	1. 进行一、二保的全部项目 2. 拆开配电板进行清扫，更换不能用的元器件及线段 3. 重装全部管线及元器件，并进行灵敏可靠 4. 重新整定过电流保护元器件 5. 试运行：要求开关动作灵敏可靠，电动机发热、声音正常，三相电流平衡 6. 核对图样，油漆开关箱内外及附件
钻床电气完好标准（技术验收标准）	1. 电器、线路整齐清洁，无损伤，电气元器件完好 2. 各接触点、触头接触良好 3. 各电器、线路绝缘良好，床身接地良好 4. 各保护装置齐全，动作符合要求 5. 各开关动作灵敏可靠，电动机无异常声响，三相电流平衡，无过热现象 6. 零部件完整无损并符合要求 7. 图样资料齐全

✔ **任务实施**

一、Z3040 型摇臂钻床的操作实训

在教师的指导下，给钻床通电，操作各控制开关，观察并记录机床各部位的运动情况。

1. 操作要求

1）此项操作带电进行。

2）操作每一控制开关前，先观察该控制开关所控机床部位的运动情况。

3）观察并记录主轴电动机的工作情况。

4）观察并记录摇臂升降电动机的工作情况。

5）观察并记录立柱升降电动机的工作情况。

6）观察并记录冷却泵电动机的工作情况。

2. 工作情况记录表（见表2-3-3）

表 2-3-3　设备工作情况记录表

控制开关名称及状态	被控设备名称	被控设备工作情况
SB1 接通		
SB1 断开		
SB2 接通		
SB2 断开		
SB3 接通		
SB3 断开		
SB4 接通		
SB4 断开		
SB5 接通		
SB5 断开		
SQ1 接通		
SQ1 断开		
SA1 接通		
SA1 断开		
SA2 接通		
SA2 断开		
SQ2 接通		
SQ2 断开		
SQ3 接通		
SQ3 断开		
SQ4 接通		
SQ4 断开		

二、Z3040 型摇臂钻床电气设备的例保

1）查看表面有没有不安全的因素。

2）查看电器各方面运行情况，并向操作者了解设备运行状况。

3）查看开关箱及电动机内部是否有水或油污进入。

4）查看导线、管线有无破裂现象。

任务总结与评价

参见表 2-1-4。

任务二　Z3040 型摇臂钻床照明指示电路、主轴电动机控制电路等的故障维修

学习目标

技能目标：

(1) 能根据故障现象，使用万用表检测出故障位置并维修。

(2) 熟悉 Z3040 型摇臂钻床的元器件的位置及电路的大致走向。

知识目标：

(1) 熟悉 Z3040 型摇臂钻床电气控制电路的组成及工作原理。

(2) 能识读 Z3040 型摇臂钻床电气控制电路的电路图和接线图。

素养目标：

(1) 加强团队合作，培养职业意识。

(2) 加强综合训练，培养职业行为。

任务描述

在 Z3040 型摇臂钻床的长期使用过程中，由于各种原因，会发生一些电气控制电路故障，从这些故障出现的部位上来看，对应的电路分别为主轴电动机、冷却泵电动机、照明指示、摇臂升降和立柱夹紧。

任务分析

本次任务主要是熟悉 Z3040 型摇臂钻床电气电路的组成及工作原理，根据接线图掌握钻床的元器件的位置及电路的大致走向，根据故障现象，绘制故障检修流程图，并依据流程图，使用力用表检测出照明指示电路及主轴电动机、冷却泵电动机控制电路的故障位置，并能对故障进行维修。

必备知识

一、Z3040 型摇臂钻床电气控制电路原理分析

Z3040 型摇臂钻床的电路由主电路、控制电路路和照明指示电路 3 部分组成，电路图如图 2-3-2 所示，接线图如图 2-3-3 所示。

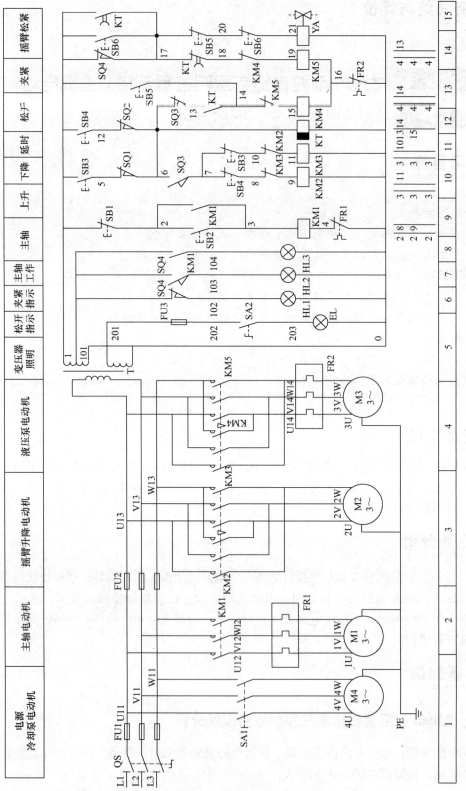

图 2-3-2　Z3040 型摇臂钻床的电路图

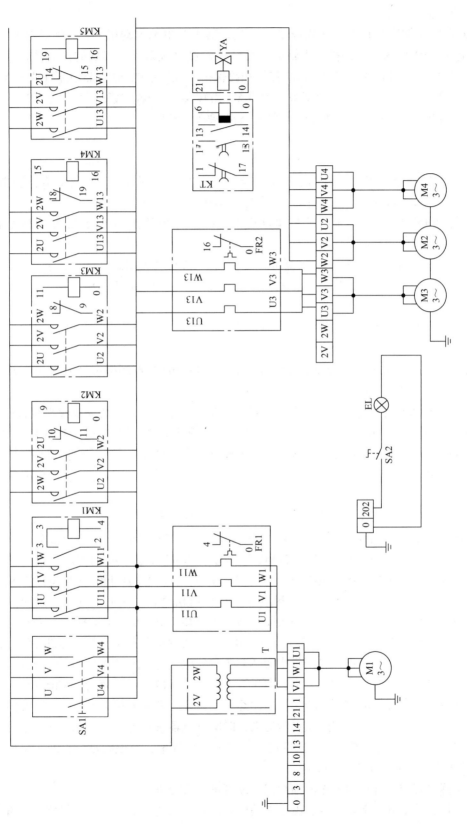

图 2-3-3 Z3040型摇臂钻床的接线图

1. 主电路分析

Z3040 型摇臂钻床共有 4 台三相异步电动机。其中，主轴电动机 M1 由接触器 KM1 控制，热继电器 FR1 作为过载保护，主轴的正反转是通过机械系统来实现的；摇臂升降电动机 M2 由接触器 KM2 和 KM3 控制，FU2 作为短路保护；液压泵电动机 M3 由接触器 KM4 和 KM5 控制，FU2 作为短路保护；冷却泵电动机 M4 由转换开关 SA1 控制。摇臂上的电气设备电源通过转换开关 QS 引入，本机床的电源是三相 380V，50Hz。

2. 控制电路分析

考虑安全可靠性和满足照明指示灯的要求，采用控制变压器 TC 降压供电，其一次侧为交流 380V，二次侧为 127V（110V）、36V（24V）、6.3V，其中 127V 电压供给控制电路，36V 电压作为局部照明电源，6.3V 作为信号指示电源。

（1）主轴电动机 M1 的控制　主轴电动机 M1 的起/停由按钮 SB1、SB2 和接触器 KM1 线圈及自锁触头来控制。

按下起动按钮 SB2（2—3），接触器 KM1 线圈通电吸合并使 KM1 常开触头（2—3）实现自锁，其主触头 KM1（2 区）接通主轴电动机的电源，主轴电动机 M1 旋转。需要使主轴电动机停止工作时，按下停止按钮 SB1（1—2），接触器 KM1 断电释放，主轴电动机 M1 被切断电源而停止工作。主轴电动机采用热继电器 FR1（4—0）作为过载保护，采用熔断器 FU1 作为短路保护。

主轴电动机的工作指示由 KM1 辅助常开触头（101—104）控制指示灯 HL3 来实现，当主轴电动机在工作时，指示灯 HL3 亮。

（2）摇臂升降电动机的控制　摇臂的放松、升降及夹紧的工作工程是通过控制按钮 SB3（或 SB4），接触器 KM2 和 KM3，位置开关 SQ1、SQ2 和 SQ3 控制电动机 M2 和 M3 来实现的。摇臂升降运动必须在摇臂完全放松的条件下进行，升降过程结束后应将摇臂夹紧固定。

摇臂升降运动的动作过程为：摇臂放松—摇臂升/降—摇臂夹紧（注意：夹紧必须在摇臂停止时进行）。

当工件与钻头相对位置不合适时，可将摇臂升高或者降低。要使摇臂上升，按下上升控制按钮 SB3（1—5），断电延时继电器 KT 线圈（6—0）通电，同时 KT 动合触头（1—17）使电磁铁 YA 线圈通电，接触器 KM4 线圈通电，电动机 M3 正转，高压油进入摇臂松开油腔，推动活塞和菱形块实现摇臂的松开。同时活塞杆通过弹簧片压下位置开关，使 SQ3 常闭触头（6—13）断开，接触器 KM4 线圈断电（摇臂放松过程结束），SQ3 常开触头（6—7）闭合，接触器 KM2 线圈得电，主触头闭合接通升降电动机 M2，带动摇臂上升。由于此时摇臂已松开，SQ4（101—102）被复位，灯 HL1 亮，实现松开指示。松开按钮 SB3，KM2 线圈断电，摇臂上升运动停止，时间继电器 KT 线圈断电（电磁铁 YA 线圈仍通电），当延时结束，即升降电机完全停止时，KT 延时闭合动断触头（17—18）闭合，KM5 线圈得电，液压泵电动机反相序接通电源而反转，液压油经另一条油路进入摇臂夹紧油腔，反方向推动活塞和菱形块，使摇臂夹紧。摇臂做夹紧运动，时间继电器整定时间到后 KT 延时断开动合触头（1—17）断开，接触器 KM5 线圈和电磁铁 YA 线圈断电，电磁阀复位，液压泵电动机 M3 断电停止工作，摇臂上升运动结束。

摇臂下降过程与上升过程工作原理相似，读者可自行分析。

为了使摇臂的上升或下降不致超出允许的极限位置，在摇臂上升和下降的控制电路中分别串入位置开关 SQ1 和 SQ2 作为限位保护。

（3）立柱的夹紧与放松　Z3040 型摇臂钻床夹紧与放松机构的液压原理如图 2-3-4所示。

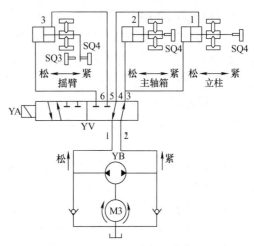

图 2-3-4　Z3040 型摇臂钻床夹紧与放松机构的液压原理

图 2-3-4 中液压泵采用双向定量泵。液压泵电动机在正反转时，驱动液压缸中的活塞左右移动，实现夹紧装置的夹紧与放松。电磁换向阀 YV 的电磁铁 YA 用于选择夹紧与放松的对象：电磁铁 YA 线圈不通电时电磁换向阀工作在左工位，接触器 KM4、KM5 控制液压泵电动机的正反转，实现主轴箱和立柱（同时）的夹紧与放松；电磁铁 YA 线圈通电时，电磁换向阀工作在右工位，接触器 KM4、KM5 控制液压泵电动机的正反转，实现摇臂的夹紧与放松。

根据液压回路的工作原理可知，电磁铁 YA 线圈不通电时，液压泵电动机 M3 的正转或反转使主轴箱和立柱同时放松或夹紧。具体操作过程如下：

按下按钮 SB5（1—14），接触器 KM4 线圈（15—16）通电，液压泵电动机 M3 正转（YA 不通电），主轴箱和立柱的夹紧装置放松，完全放松后位置开关 SQ4 不受压，指示灯 HL1 作主轴箱和立柱的放松指示，松开按钮 SB5，KM4 线圈断电，液压泵电动机 M3 停转，放松过程结束。在 HL1 的放松指示状态下，可手动操作外立柱带动摇臂沿内立柱回转动作以及主轴箱摇臂在长度方向水平移动。

按下按钮 SB6（1—17），接触器 KM5 线圈（19—16）通电，主轴箱和立柱的夹紧装置夹紧，夹紧后压下位置开关 SQ4（101—103），指示灯 HL2 作夹紧指示，松开按钮 SB6，接触器 KM5 线圈断电，主轴箱和立柱的夹紧状态保持。在 HL2 的夹紧指示状态下，可以进行孔加工（此时不能手动移动）。

3. 照明指示电路分析

照明电路电源由变压器 T 将 380V 的交流电压降为 36V 的安全电压来提供。照明灯 EL 由开关 SA2 控制，FU3 为照明电路提供短路保护。指示电路电源由变压器 T 将 380V 的交流电压降为 6.3V 的安全电压来提供。共有 3 个指示灯，分别为松开指示灯 HL1、夹紧指示灯 HL2 和主轴工作指示灯 HL3，当对应的电动机动作时该指示灯亮。

二、Z3040 型摇臂钻床照明指示电路常见故障的分析

1. Z3040 型钻床照明指示电路分析

Z3040 型摇臂钻床的照明系统主要由照明变压器 T、熔断器 FU3、开关 SA2 和照明灯组成。指示电路中，松开、夹紧指示灯由位置开关 SQ4 控制，主轴工作指示灯由接触器 KM1 的常开触头控制。其电路如图 2-3-5 所示。

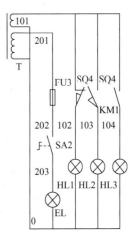

图 2-3-5　照明指示电路

照明电路的常见故障为照明灯不亮。

2. 故障原因分析

（1）变压器36V绕组断线　检修方式及技巧：用万用表交流电压挡测量变压器T二次侧有无36V交流电压，若无电压，应检查是否引出线松脱或烧断，引出线断线要重新把线头拉出，并接紧压好连接线。

（2）熔断器FU3熔体熔断或接触不良　检修方式及技巧：检查熔断器FU3是否熔断，熔断时要更换同规格的熔体；检查一下低压照明电路有无短路现象，若电线短路，要重新分开连接好再通电工作。

（3）开关SA2闭合不好　检修方式及技巧：用万用表电阻挡在断开钻床熔断器FU3后测量开关SA2，看其能否可靠闭合、断开，若不能应更换开关SA2。

（4）低压灯座线头脱落或有断线处　检修方式及技巧：检查低压灯座连接线有无松脱烧断，电源连接线有无断线处，若有要重新接好。

（5）灯座与灯泡接触不好　检修方式及技巧：把灯泡取下，用验电器笔尖把灯座舌头向外钩出些，使灯座与灯泡接触良好。

（6）36V低压灯泡烧坏　检修方式及技巧：灯泡断丝要更换，若一时看不出可用万用表电阻挡单独测量低压灯泡电阻，若断路要更换灯泡。

3. 故障检修流程图（见图2-3-6）

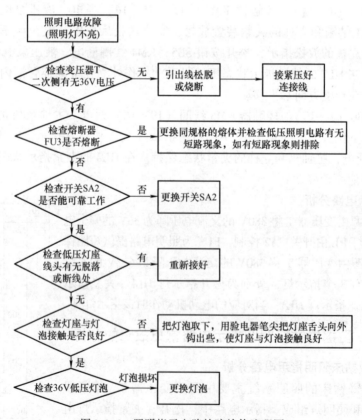

图2-3-6　照明指示电路故障检修流程图

三、Z3040 型摇臂钻床主轴电动机、冷却泵电动机电路的常见故障

1. 主轴电动机控制电路分析

Z3040 型摇臂钻床主轴电动机控制电路如图 2-3-7。

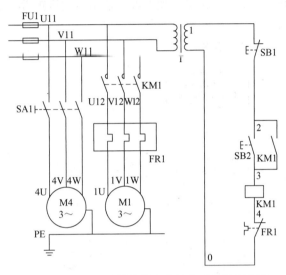

图 2-3-7　Z3040 型摇臂钻床主轴电动机控制电路

（1）主轴电动机 M1 的起动　工作原理

KM1 线圈得电回路：T（1）→ 2 → 3 → KM1 线圈→ 4 → T（0）。

（2）主轴电动机 M1 的停止　工作原理

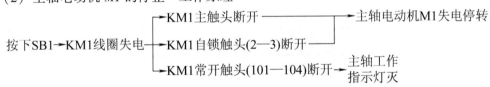

2. 冷却泵电动机控制电路分析

（1）冷却泵电动机 M4 的起动

合上 SA1 →三相电源引入冷却泵电动机→ M4 起动运转

（2）冷却泵电动机 M4 的停止

断开 SA1 →三相电源断开冷却泵电动机→ M4 停止运转

3. 故障检修

（1）故障现象　主轴电动机不转（不能起动），即按下起动按钮 SB2，电动机 M1 不起动。

（2）故障分析　此故障要从控制电路和主电路两块分别检查。首先检查控制电路：若按下按钮 SB2，接触器 KM1 无任何反应，说明故障在控制电路。首先检查主轴停止按钮 SB1

常闭触头是否接通，如接通，再检查主轴起动按钮 SB2 是否能正常闭合，如正常，再确认接触器线圈是否完好，正常线圈电阻为几十欧到几百欧。如接触器线圈正常，最后检查 FR1位于 9 区的常闭触头是否闭合。若按下主轴起动按钮 SB2，接触器 KM1 吸合，则要从主电路进行检查：首先检查 KM1 主触头是否卡阻或接触不良，若 KM1 主触头出线端电压正常，则检查热继电器 FR1 出线电压是否正常，如热继电器出线电压正常，则检查电动机 M1 接线是否脱落、绕组是否烧坏。

（3）故障检修流程（见图 2-3-8）

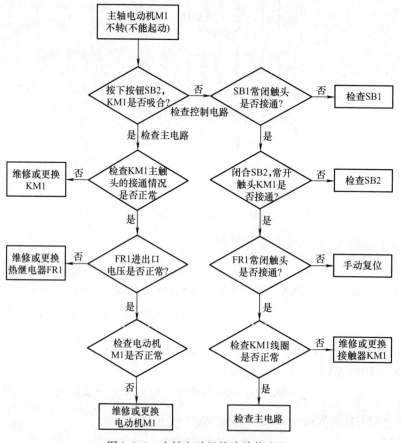

图 2-3-8　主轴电动机故障检修流程

✔ **任务实施**

一、分析绘制 Z3040 型摇臂钻床的电气原理图

1）通过分析 Z3040 型摇臂钻床的结构功能，画出机床的电气原理图。

2）对照 Z3040 型摇臂钻床的电气原理图，分析各机构的动作过程。

二、主轴电动机、照明指示电路故障排除

在 Z3040 型钻床上人为设置故障点，首先由教师示范检修，边分析边检查，直至故障排

除。在示范检修时，把各个检修步骤及要求贯穿到实际操作中，边操作边讲解。

1. 操作要求

1）检修前要认真阅读分析电路图，熟悉各个控制环节的原理及作用，并认真观摩教师的示范检修。

2）实习指导教师在每个机床上设置照明电路故障一处，学生分组（按照每两人一个机床）进行排故练习。

3）此项操作可带电进行。

4）在检修过程中，一个学生负责测量并记录相关元器件的工作情况（触头通断、电压、电流），另一个学生注意安全保护。

5）定额时间为30min。

2. 检测情况记录表（见表2-3-4）

表 2-3-4　检测情况记录表

元器件名称	元器件状况 （外观、断电电阻）	工作电压	工作电流	触头通断情况	
				操作前	操作后

3. 操作注意事项

1）检修前要认真阅读 Z3040 型钻床的电路图，弄清相关元器件的位置、作用，并认真观察教师的示范检修方法及思路。

2）工具、仪表要正确使用，检修时要认真核对线号，以免出现误判断。

3）排除故障时，必须修复故障点，但不得采用元器件代换法。

4）尽量要求学生用电阻测量法排除故障，以确保安全。

5）检修过程中不要损伤导线或使导线连接脱落。

任务总结与评价

参见表2-1-7。

任务三	**Z3040 型摇臂钻床摇臂升降和主轴箱夹紧松开控制电路的故障维修**

学习目标

技能目标：

（1）能运用故障检修流程图，对摇臂升降、主轴箱夹紧松开的故障位置进行判断。

（2）能根据故障现象，使用万用表检测出故障位置并维修。

> **知识目标：**
> 熟悉 Z3040 型摇臂钻床摇臂升降和主轴箱夹紧松开控制电路的组成及工作原理。
> **素养目标：**
> （1）加强实训场地纪律管理，培养职业行为习惯。
> （2）加强操作技能训练，提升职业技能水平。

任务描述

摇臂钻床的升降运动由 M2 控制，要求 M2 能进行正、反转点动控制。有 3 套夹紧装置，摇臂夹紧（摇臂与外立柱之间）、主轴箱夹紧（主轴箱与摇臂导轨之间）和立柱夹紧（外立柱和内立柱之间）由 M3 控制的液压泵送出液压油的电气液压装置来实现。通常主轴箱和立柱的夹紧与放松同时进行，摇臂的夹紧与放松则要与摇臂升降运动结合进行。

任务分析

本次任务主要是熟悉 Z3040 型摇臂钻床摇臂升降和摇臂夹紧电路的原理，根据故障现象，绘制故障检修流程图，并依据流程图，使用万用表等仪表，检测出摇臂升降、摇臂夹紧控制电路的故障位置，并能对电气故障进行维修。

必备知识

一、摇臂钻床摇臂升降和立柱夹紧控制电路分析

Z3040 型摇臂钻床摇臂升降和立柱夹紧控制电路如图 2-3-9 所示。

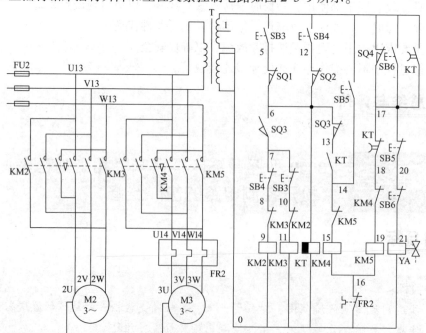

图 2-3-9　Z3040 型摇臂钻床摇臂升降和立柱夹紧控制电路

1. 摇臂的升降控制

摇臂的升降由立柱顶部电动机拖动，由丝杠螺母传动实现摇臂升降。其中，升降螺母上装有保险螺母，以保障摇臂不能突然下落。摇臂夹紧是由液压泵驱动菱形块实现夹紧，夹紧后，菱形块自锁。摇臂上升或下降动作结束后，摇臂自动夹紧，由装在液压缸座上的电气开关控制。

（1）摇臂的上升控制　当工件与钻头相对位置不合适时，要使摇臂上升，其工作过程如下.

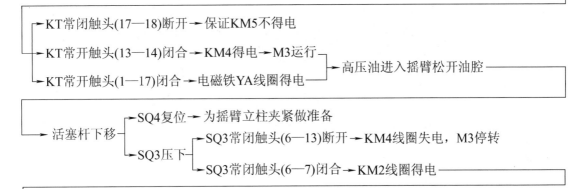

按下上升按钮SB3(1—5)→KT断电延时线圈(6—0)得电 ——
- →KT常闭触头(17—18)断开→保证KM5不得电
- →KT常开触头(13—14)闭合→KM4得电→M3运行 →高压油进入摇臂松开油腔 ——
- →KT常开触头(1—17)闭合→电磁铁YA线圈得电

→活塞杆下移
- →SQ4复位→为摇臂立柱夹紧做准备
- →SQ3压下
  - →SQ3常闭触头(6—13)断开→KM4线圈失电，M3停转
  - →SQ3常闭触头(6—7)闭合→KM2线圈得电 ——

→M2起动，摇臂上升→摇臂上升到位，松开SB3
- →KM2线圈失电，M2停转
- →KT线圈失电→KT(17—18)延时闭合 ——

→KM5线圈得电→M3反转→摇臂与立柱夹紧油腔进油 ——

→活塞杆上移
- →SQ3复位→为摇臂的再次动作做准备
- →SQ4压下，常开触头断开 →KM5、YA线圈失电，M3停转，完成自动夹紧

（2）摇臂的下降控制　按下摇臂下降按钮 SB4，摇臂下降，其动作过程与摇臂上升类似，读者可自行分析。

2. 立柱与主轴箱的夹紧与放松控制

（1）放松控制

按下 SB5 → KM4 线圈得电→液压泵 M3 正转→立柱和主轴箱的松开油腔入油→立柱和主轴箱夹紧装置松开

（2）夹紧控制

按下 SB6 → KM5 线圈得电→液压泵 M3 反转→立柱和主轴箱的夹紧油腔入油→立柱和主轴箱夹紧装置夹紧

立柱与主轴箱的夹紧与放松状态，可由按钮上带的指示灯 HL1、HL2 指示，也可通过推动摇臂或转动主轴箱上的手轮得知，能推动摇臂或转动手轮，表明立柱和主轴箱处于松开状态。

二、摇臂钻床摇臂升降和立柱夹紧控制电路检修流程

1. 摇臂升降控制电路故障检修流程（见图 2-3-10）

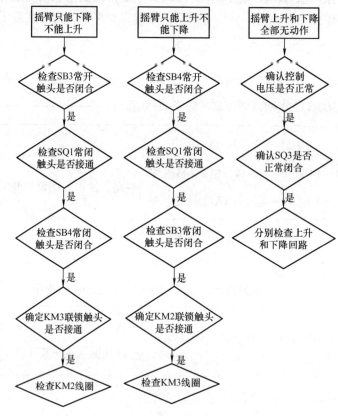

图 2-3-10　摇臂升降控制电路故障检修流程

2. 立柱与主轴箱夹紧松开控制电路故障检修流程（见图 2-3-11）

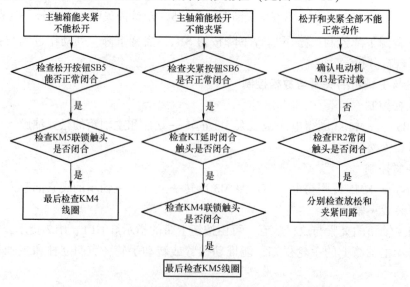

图 2-3-11　立柱与主轴箱夹紧松开控制电路故障检修流程

三、摇臂升降及立柱与主轴箱夹紧放松常见故障的现象、可能的原因及处理方法（见表2-3-5）

表 **2-3-5** 摇臂升降及立柱与主轴箱夹紧放松常见故障的现象、可能的原因及处理方法

故障现象	可能的原因	处理方法
摇臂不能上升（或下降）	行程开关 SQ3 不动作，SQ3 的动作触头（6—7）个闭合，SQ3 安装位置移动或损坏	检查行程开关 SQ3 触头、安装位置或损坏情况，并予以修复
	接触器 KM2 线圈不吸合，摇臂升降电动机 M2 不转动	检查接触器 KM2 或摇臂升降电动机 M2，并予以修复
	系统发生故障（液压泵卡死、不转、油路堵塞等），使摇臂不能完全松开，压不上 SQ3	检查系统故障原因，并予以修复
	安装或大修后相序接反，按下 SB3 上升按钮，液压泵电动机反转，使摇臂夹紧，压不上 SQ3，摇臂也就不能上升或下降	检查相序，予以修复
摇臂上升（下降）到预定位置后，摇臂不能夹紧	限位开关 SQ4 安装位置不准确或紧固螺钉松动，使限位开关 SQ4 动作过早	调整 SQ4 动作行程，紧固好固定螺钉
	活塞杆通过弹簧片压不上 SQ4，其触头（1—17）未断开，使 KM5、YA 不断电释放	调整弹簧片、活塞杆位置
	接触器 KM5、电磁铁 YA 不动作，电动机 M3 不反转	检查 KM5、电磁铁 YA 电路是否正常及电动机 M3 是否完好
立柱主轴箱不能夹紧或松开	按钮线脱落、接触器 KM4 或 KM3 接触不良	检查按钮 SB5、SB6 和接触器 KM4、KM5 是否良好，并予以修复
	油路堵塞，使接触器 KM4、KM5 不能吸合	检查油路堵塞情况，并予以修复

✔ 任务实施

一、操作注意事项

1）检修前要认真阅读 Z3040 型钻床的电路图，弄清相关元器件的位置、作用，并认真观察教师的示范检修方法及思路。

2）工具、仪表要正确使用，检修时要认真核对线号，以免出现误判断。

3）排除故障时，必须修复故障点，但不得采用元器件代换法。

4）尽量要求学生用电阻测量法排除故障，以确保安全。

5）检修过程中不要损伤导线或使导线连接脱落。

二、摇臂升降电路故障排除

在 Z3040 型钻床上人为设置故障点，首先由教师示范检修，边分析边检查，直至故障排除。在示范检修时，把各个检修步骤及要求贯穿到实际操作中，边操作边讲解。

1. 操作要求

1）检修前要认真阅读分析电路图，熟悉各个控制环节的原理及作用，并认真观摩教师的示范检修。

2）实习指导教师在每个机床上设置照明电路故障一处，学生分组（按照每人一个机床）进行排故练习。

3）此项操作可带电进行。

4）在检修过程中，测量并记录相关元器件的工作情况（触头通断、电压、电流）。

5）定额时间为30min。

2. 检测情况记录表 （见表2-3-6）

表2-3-6　检测情况记录表

元器件名称	元器件状况 (外观、断电电阻)	工作电压	工作电流	触头通断情况	
				操作前	操作后

三、主轴箱夹紧松开电路故障排除

实习指导教师在每个机床上设置主轴箱夹紧松开电路故障两处，学生分组（按照每两人一个机床）进行排故练习。

1. 操作要求

1）此项操作可带电进行。

2）操作每一控制开关前，先观察该控制开关所控机床部位的运动情况。

3）认真观察故障现象，确定故障范围后再动手检修。

4）在检修过程中，测量并记录相关元器件及电动机的工作情况（触头通断、电压、电流）。

5）检修过程中，两人要搞好配合。

2. 检测情况记录表（见表2-3-7）

表 2-3-7　检测情况记录表

设备名称	设备状况 （外观、断电电阻）	工作电压	工作电流	触头通断情况（选填）	
				操作前	操作后

任务总结与评价

参见表2-1-7。

X62W型万能铣床电气控制电路的故障维修

2

学习指南

通过学习本单元，能正确识读 X62W 型万能铣床电气控制电路的电路图和接线图，会按照不同周期要求，对 X62W 型万能铣床电气控制电路进行保养，初步掌握 X62W 型万能铣床电气控制电路的简单检修，并能根据故障现象，运用故障检修流程图，判别故障位置。

主要知识点：X62W 型万能铣床电气控制电路的维修方法。

主要能力点：

(1) 学会运用流程图判断故障的方法。

(2) 识读电路图和接线图的能力。

学习重点：运用故障检修流程图，判别故障位置。

学习难点：X62W 型万能铣床电气控制电路的维修。

能力体系/（知识体系）/内容结构

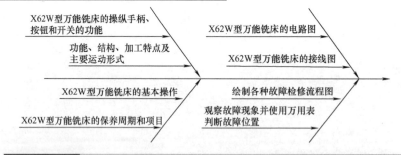

| 任务一 | **X62W 型万能铣床的基本操作与电气控制电路的维护保养** |

学习目标

技能目标：

(1) 能对 X62W 型万能铣床进行基本操作及调试。

（2）能对 X62W 型万能铣床电气设备进行例行保养。

知识目标：

（1）熟悉构成 X62W 型万能铣床的操纵手柄、按钮和开关的功能。

（2）了解 X62W 型万能铣床的功能、结构、加工特点及主要运动形式。

（3）掌握 X62W 型万能铣床电气保养和大修的周期、内容、质量要求及完好标准。

素养目标：

（1）通过提高实训环境工厂化要求，培养职业行为习惯。

（2）逐步减少模拟机床练习，提升职业技能。

任务描述

X62W 型万能铣床功能多、用途广，是工业生产加工过程中不可缺少的一种金属铣削机床。它可以用圆柱形铣刀、圆角铣刀、角度铣刀、成形铣刀及面铣刀等刀具对各种零件进行平面、斜面、沟槽及成形表面的加工，装上分度盘后可以铣削齿轮和螺旋面，装上圆工作台后可以铣削凸轮和弧形槽等。

任务分析

作为一个机床维护保养人员，了解 X62W 型万能铣床的结构和动作过程，对理解 X62W 型万能铣床电气控制原理是有很大帮助的，掌握其基本操作过程，可以在维修试运行过程中敏锐地发现故障现象，有利于分析故障原因。本次任务就是了解 X62W 型万能铣床的结构和动作过程，掌握 X62W 型万能铣床的基本操作，并对 X62W 型万能铣床进行例行保养。

必备知识

一、X62W 型万能铣床的结构及型号含义

铣床的种类很多，按照结构形式和加工性能的不同，可分为卧式铣床、立式铣床、仿形铣床、龙门铣床、专用铣床和万能铣床等。X62W 型万能铣床是一种多用途卧式铣床，其外形如图 2-4-1 所示。

X62W 型万能铣床的主要结构如图 2-4-2 所示。它主要由床身、主轴、悬梁、刀杆挂脚、工作台、回转盘、横溜板、纵溜板、升降台和底座等部分组成。

X62W 型万能铣床的型号及含义如下：

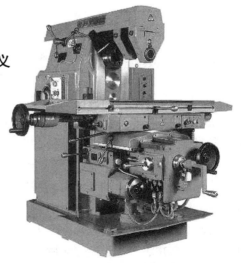

图 2-4-1　X62W 型万能铣床的外形

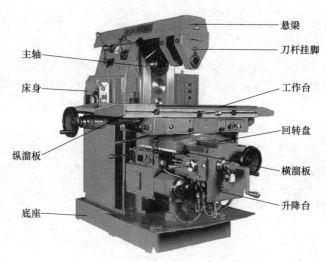

图 2-4-2　X62W 型万能铣床的主要结构

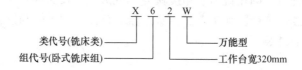

二、X62W 型万能铣床主要运动形式及控制要求

（1）主运动　X62W 型万能铣床的主运动是主轴带动铣刀的旋转运动。

铣削加工有顺铣和逆铣两种方式，所以要求主轴电动机能实现正反转，但考虑到一批工件一般只用一个方向铣削，在加工过程中不需要经常变换主轴旋转的方向，因此，X62W 型万能铣床用组合开关来改变主轴电动机的电源相序以实现正反转。

铣削加工是一种不连续的切削加工方式，为减小振动，主轴上装有惯性轮，但这样就会造成主轴停机困难，为此，X62W 型万能铣床主轴电动机采用电磁离合器制动以实现准确停机。

X62W 型万能铣床的主轴调速是通过改变主轴箱中的齿轮传动比来实现的，为了保证齿轮良好啮合，故主轴变速时要求主轴电动机有一瞬间变速冲动过程。

（2）进给运动　X62W 型万能铣床的进给运动是指工件随工作台在前后（横向）、左右（纵向）和上下（垂直）6 个方向上的运动以及随圆工作台的旋转运动。

X62W 型万能铣床的工作台要求有前后、左右和上下 6 个方向上的进给运动和快速移动，所以要求进给电动机能正反转。为扩大加工能力，在工作台上可加装圆工作台，圆工作台的回转运动是由进给电动机经传动机构驱动的。

为保证机床和刀具的安全，在铣削加工时，任何时刻工件都只能有一个方向的进给运动，因此采用了机械操作手柄和行程开关相配合的方式实现 6 个运动方向的联锁。

为防止刀具和机床的损坏，要求只有主轴起动后才允许有进给运动；同时为了减小加工件的表面粗糙度，要求进给停止后主轴才能停止或同时停止。

进给变速采用机械方式实现，变速时为了使齿轮良好啮合，也需要进给电动机有一瞬间变速冲动过程。

（3）辅助运动 X62W 型万能铣床的辅助运动是指工作台的快速运动及主轴和进给的变速冲动。

三、认识 X62W 型万能铣床的主要结构和操纵部件

对照图 2-4-2 和图 2-4-3，在 X62W 型万能铣床上认识其主要结构和操纵部件。

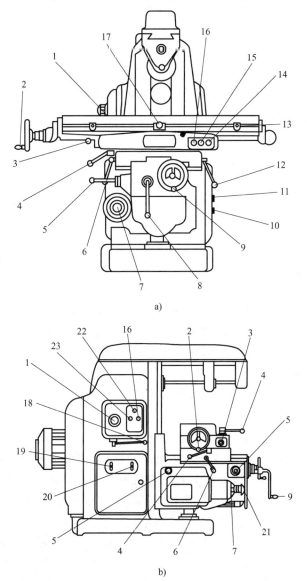

a)

b)

图 2-4-3　X62W 型万能铣床操纵部件的位置

a）正面　b）左侧面

1—主轴变速孔盘　2—工作台手动纵向移动手柄　3—手动液压泵手柄　4—工作台纵向进给操纵手柄

5—工作台横向及升降进给十字操纵手柄　6—工作台底座夹紧手柄　7—工作台进给变速盘

8—工作台升降移动手柄　9—工作台手动横向移动手柄　10—冷却泵转换开关　11—圆工作台转换开关

12—工作台底座夹紧手柄　13—挡块　14—主轴电动机停止按钮　15—主轴电动机起动按钮

16—工作台快速移动手柄　17—工作台纵向进给操纵手柄　18—主轴变速操纵手柄　19—电源总开关

20—主轴换向开关　21—蘑菇形进给变速操纵手柄　22—主轴制动上刀开关　23—主轴停止按钮

四、开动 X62W 型万能铣床的基本操作方法和步骤

1. 开机前的准备工作

1）将主轴制动开关 SA4 置于"放松"位置。

2）将主轴变速操纵手柄向右推进原位。

3）将工作台纵向进给操纵手柄置于"中间"位置。

4）将工作台横向及升降进给十字操纵手柄置于"中间"位置。

5）将冷却泵转换开关 SA3 置于"断开"位置。

6）将圆工作台转换开关 SA5 置于"断开"位置。

2. 开机操作调试的方法和步骤

1）合上铣床电源总开关 SA1。

2）将开关 SA6 打到闭合状态，机床工作照明灯 EL 亮，此时说明机床已处于带电状态，同时告诫操作者该机床电气部分不能随意用手触摸，防止人身触电事故。

3）将主轴换向开关 SA2 扳至所需要的旋转方向上（如果主轴需顺时针方向旋转时，将主轴换向开关置于"顺"，反之置于"倒"，中间为"停"）。

4）将主轴制动上刀开关 SA4（俗称松紧开关）置于"夹紧"位置，此时主轴电动机 M1 被制动锁紧，主轴无法转动，然后装上或更换铣刀后再将主轴制动上刀开关 SA4 置于"放松"位置。

5）调整主轴转速。将主轴变速操纵手柄向左拉开，使齿轮脱离；手动旋转变速盘使箭头对准变速盘上所需要的转速刻度，再将主轴变速操纵手柄向右推回原位，同时压动行程开关 SQ6，使主轴电动机出现短时转动，从而使改变传动比的齿轮重新啮合。

6）主轴起动操作。按下主轴电动机起动按钮 SB5，主轴电动机 M1 起动，主轴按预定方向、预选速度带动铣刀转动。

7）调整进给转速。将蘑菇形进给变速操纵手柄拉出，使齿轮间脱离，转动工作台进给变速盘至所需要的进给速度挡，然后再将蘑菇形进给变速操纵手柄迅速推回原位。蘑菇形进给变速操纵手柄在复位过程中压动瞬时点动行程开关 SQ5，此时进给电动机 M3 做短时转动，从而使齿轮系统产生一次抖动，使齿轮顺利啮合。在进给变速时，工作台纵向进给移动手柄和工作台横向及升降操纵十字手柄均应处于中间位置。

8）工件与主轴对刀操作。预先固定在工作台上的工件，根据需要将工作台纵向进给操纵手柄或横向及升降进给十字操纵手柄置于某一方向，则工作台将按选定方向正常移动；若按下快速移动按钮 SB3 或 SB4，使工作台在所选方向做快速移动，检查工件与主轴所需的相对位置是否到位（这一步也可在主轴不起动的情况下进行）。

9）将冷却泵转换开关 SA3 置于"通"位置，冷却泵电动机 M2 起动，输送切削液。

10）工作台进给运动。分别操作工作台纵向进给操纵手柄或横向及升降进给十字操纵手柄，可使固定在工作台上的工件随着工作台做 3 个坐标 6 个方向（左、右、前、后、上、下）上的进给运动；需要时，再按下 SB3 或 SB4，工作台快速进给

运动。

11）加装圆工作台时，应将工作台纵向进给操纵手柄和横向及升降进给十字操纵手柄置于"中间"位置，此时可以将圆工作台转换开关 SA5 置于"接通"，圆工作台转动。

12）加工完毕后，按下主轴停止按钮 SB1 或 SB2，主轴随即制动停止。

13）断开机床工作照明灯 EL 的开关，使铣床工作照明灯 EL 熄灭。

14）断开铣床电源总开关 SA1。

五、X62W 型万能铣床电气保养和大修的周期、内容、质量要求及完好标准

（见表 2-4-1）

表 2-4-1　铣床电气保养和大修的周期、内容、质量要求及完好标准

项　　目	内　　容
检修周期	1. 例保：一星期一次 2. 一保：一月一次 3. 二保：三年一次 4. 大修：与机械大修同时进行
铣床电气设备的例保	1. 向操作者了解设备运行情况 2. 查看电器运行情况，看有没有影响设备的不安全的因素 3. 听听开关及电动机有无异常声响 4. 查看电动机和线段有无过热现象
铣床电气线路的一保	1. 检查电器及线路是否有老化及绝缘损伤的地方 2. 清扫电器及线路的灰尘和油污 3. 拧紧各线段接触点的螺钉，要求接触良好
铣床其他电器的一保	1. 擦拭限位开关内的油污、灰尘及伤痕，要求接触良好 2. 拧紧螺钉，检查手柄动作，要求灵敏可靠 3. 检查制动装置中的速度继电器、整流器、变压器、电阻等是否完好并清扫，要求主轴电机制动准确，速度继电器动作灵敏可靠 4. 检查按钮、转换开关、冲动开关，工作应正常，接触应良好 5. 检查快速电磁铁，要求工作准确 6. 检查电器的动作保护装置是否灵敏可靠

（续）

项　目	内　容
铣床电气设备的一保（二保后达到完好标准）	1. 进行一保的全部项目 2. 更换老化和损伤的电器、线段及不能用的元器件 3. 重新整定热继电器的数据，校验仪表 4. 对制动二极管或电阻进行清扫和数据测量 5. 测量接地是否良好，测量绝缘电阻 6. 试运行过程中要求开关动作灵敏可靠 7. 核对图样，提出对大修的要求
铣床电气设备的大修（大修后达到完好标准）	1. 进行二保的全部项目 2. 拆下配电板各元器件和管线并进行清扫 3. 拆开旧的各电器开关，清扫各元器件的灰尘和油污 4. 更换损伤的电器和不能用的元器件 5. 更换老化和损伤的线段，重新排线 6. 除去电器锈迹，并进行防腐 7. 重新整定热继电器、过电流继电器等保护装置 8. 油漆开关箱，并对所有的附件进行防腐 9. 核对图样
铣床电气完好标准（技术验收标准）	1. 各电器、开关、线路整齐清洁，无损伤，各保护装置、信号装置完好 2. 各接触点接触良好，床身接地良好，电动机绝缘良好 3. 试验中各开关动作灵敏可靠，符合图样要求 4. 开关和电动机声音正常，无过热现象，交流电动机三相电流平衡，直流电动机要求调速范围符合要求 5. 零部件完整无损，符合要求 6. 图样资料齐全

任务二　X62W 型万能铣床主轴、冷却泵电动机控制电路的故障维修

🔍 学习目标

技能目标：

（1）能够熟练运用逻辑分析法分析排除冷却泵电动机的常见电气故障。

（2）能够熟练运用逻辑分析法分析排除 X62W 型万能铣床主轴电动机起动、冲动控制电路的常见电气故障。

（3）能够熟练运用逻辑分析法分析排除主轴电动机制动控制电路的常见电气故障。

知识目标：

（1）掌握排除冷却泵电动机控制电路常见电气故障的方法和步骤。

（2）掌握排除 X62W 型万能铣床主轴电动机起动、冲动控制和制动控制电路常见电气故障的方法和步骤。

素养目标：

（1）提高实训环境工厂化要求，培养职业行为习惯。

（2）尽量减少模拟机床练习，提升职业技能。

任务描述

X62W 型万能铣床的主运动是主轴带动铣刀的旋转运动。在加工过程中不需要经常变换主轴旋转的方向，因此，X62W 型万能铣床用组合开关来改变主轴电动机的电源相序以实现正反转。主轴上装有惯性轮，但这样就会造成主轴停机困难，为此，X62W 型万能铣床主轴电动机采用电磁离合器制动以实现准确停机。

任务分析

本次任务主要是熟悉 X62W 型万能铣床主轴、冷却泵电动机控制电路的组成及工作原理，根据接线图掌握镗床的元器件的位置及电路的大致走向，根据故障现象，绘制故障检修流程图，并依据流程图，使用万用表检测出主轴电动机点动控制、正反转控制以及制动控制电路的故障位置，并能对故障进行维修。

必备知识

一、X62W 型万能铣床电气控制电路分析

X62W 型万能铣床的电路图和接线图，如图 2-4-4 和图 2-4-5 所示。它分为电源电路、主电路、控制电路和照明电路 4 部分。

1. 电源电路分析

三相交流电的通断由电源总开关 SA1 控制，FU1、FU2 作为短路保护，变压器 TC1 将 380V 转变成 110V 作为控制电路的电源；变压器 TC2 将 380V 转变成 24V 作为电磁离合器的电源；变压器 TC3 将 380V 转变成 36V 为照明灯 EL 提供电源。

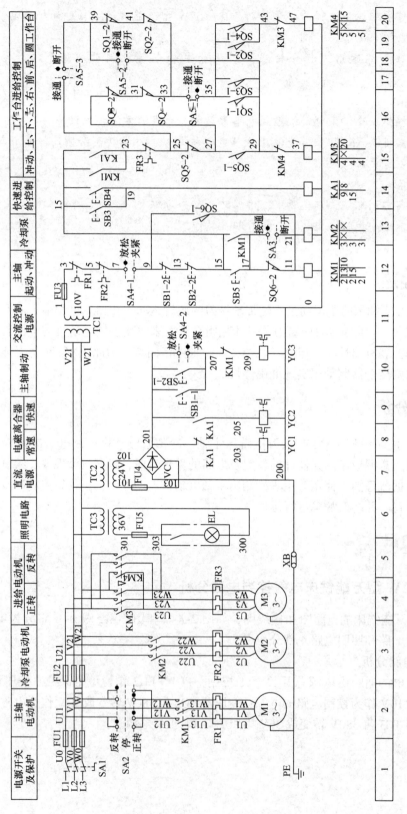

图 2-4-4　X62W型万能铣床的电路图

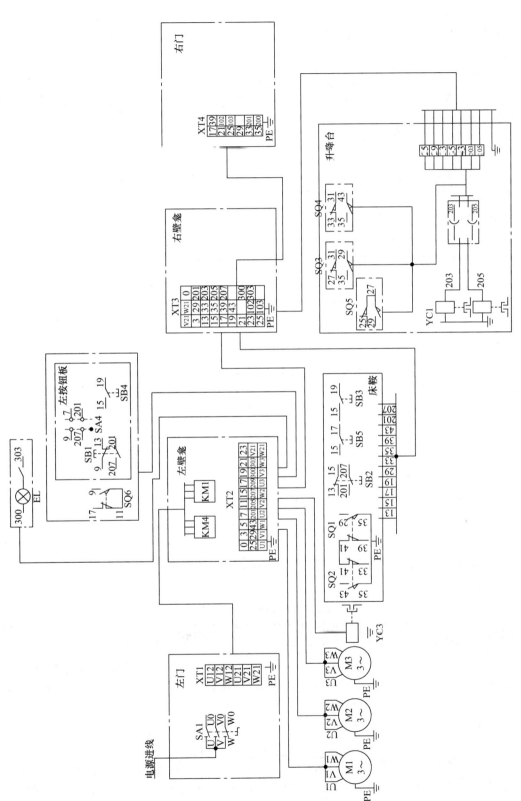

图 2 - 4 - 5　X62W型万能铣床的接线图

2. 主电路分析

主电路中共有主轴电动机 M1、冷却泵电动机 M2 和进给电动机 M3 这 3 台电动机，其功能及控制见表 2-4-2。

表 2-4-2　3 台电动机的功能及控制

电动机名称	功　　能	控制电器	过载保护	短路保护
主轴电动机 M1	拖动主轴带动铣刀旋转	接触器 KM1 和组合开关 SA2	热继电器 FR1	熔断器 FU1
冷却泵电动机 M2	提供切削液	接触器 KM2	热继电器 FR2	熔断器 FU2
进给电动机 M3	拖动工作台进给运动和快速移动	接触器 KM3 和 KM4	热继电器 FR3	熔断器 FU2

3. 控制电路分析

380V 交流电源经控制变压器 TC1 转变为 110V 电压作为控制电路的电源。

（1）主轴电动机 M1 的控制　为了方便操作，主轴电动机 M1 采用一地起动两地停止的控制方式，一组起动按钮 SB5 和停止按钮 SB1 安装在工作台上，另一只停止按钮 SB2 安装在床身上。铣床的加工有顺铣和逆铣两种工作方式，在开始工作前首先应确定主轴电动机 M1 的转向，而主轴电动机 M1 的正反转的转向是由主轴换向开关 SA2 控制的。主轴换向开关 SA2 的通断状态见表 2-4-3。

表 2-4-3　主轴换向开关 SA2 的通断状态

触头	所在图区	操作手柄位置		
		正转	停止	反转
SA2－1	2	－	－	＋
SA2－2	2	＋	－	－
SA2－3	2	＋	－	－
SA2－4	2	－	－	＋

注："＋"表示 SA2 触头闭合，"－"表示 SA2 触头断开。

主轴电动机 M1 的控制包括起动控制、制动控制、换刀控制和变速冲动控制，具体见表 2-4-4。

表 2-4-4　主轴电动机 M1 的控制

控制要求	控制作用	控制过程
起动控制	起动主轴电动机 M1	选择好主轴的转速和转向，按下起动按钮 SB5，接触器 KM1 得电吸合并自锁，M1 起动运转，同时 KM1 的辅助常开触头（15—23）闭合，为工作台进给电路提供电源
制动控制	停机时使主轴迅速停转	按下停止按钮 SB1（或 SB2），其常闭触头 SB1－2 或 SB2－2（12 区）断开，接触器 KM1 线圈断电，KM1 的主触头分断，电动机 M1 断电做惯性运转；常开触头 SB1－1 或 SB2－1（10 区）闭合，电磁离合器 YC3 通电，M1 制动停转

（续）

控制要求	控制作用	控制过程
换刀控制	更换铣刀时将主轴制动，以方便换刀	将转换开关 SA4 扳向换刀位置，其常开触头 SA4-2（10 区）闭合，电磁离合器 YC3 得电将主轴制动；同时常闭触头 SA4-1（12 区）断开，切断控制电路，铣床不能通电运转，确保人身安全
变速冲动控制	保证变速后齿轮能良好啮合	变速时先将变速手柄向下压并向外拉出，转动变速盘选定所需转速后，将手柄推回。此时冲动开关 SQ6-1（13 区）短时受压，主轴电动机 M1 点动，手柄推回原位后，SQ6-1 复位，M1 断电，变速冲动结束

（2）进给电动机 M3 的控制 X62W 型万能铣床工作台的进给运动必须在主轴电动机 M1 起动后才能进行。工作台的进给可在左右、前后和上下 6 个方向上做直线运动，即工作台在回转盘上的左右运动，工作台与回转盘一起在溜板上随溜板前后运动，升降台在床身垂直导轨上的上下运动。这些进给运动是通过两个操纵手柄、快速移动按钮、电磁离合器（YC1、YC2）和机械联动机构控制相应的行程开关使进给电动机 M3 正转或反转，实现工作台的常速或快速移动，并且 6 个方向的运动是联锁的，不能同时接通。常速时，电磁离合器 YC1 线圈得电；快速时电磁离合器 YC2 线圈得电；热继电器 FR3 作为过载保护。

工作台的前后和上下进给运动由一个手柄控制，左右进给运动由另一个手柄控制。控制手柄位置与工作台运动方向的关系见表 2-4-5。

表 2-4-5 控制手柄位置与工作台运动方向的关系

控制手柄	手柄位置	行程开关动作	接触器动作	电动机 M2 转向	传动链搭合丝杠	工作台运动方向
左右进给手柄	左	SQ5	KM3	正转	左右进给丝杠	向左
	中	—	—	停止	—	停止
	右	SQ6	KM4	反转	左右进给丝杠	向右
上下和前后进给手柄	上	SQ4	KM4	反转	上下进给丝杠	向上
	下	SQ3	KM3	正转	上下进给丝杠	向下
	中	—	—	停止	—	—
	前	SQ3	KM3	正转	前后进给丝杠	向前
	后	SQ4	KM4	反转	前后进给丝杠	向后

（3）冷却泵电动机 M2 的控制 铣床在铣削加工过程中，通过冷却泵电动机 M2 传送切削液对铣刀和工件进行降温，同时冲去铣削下来的切屑等。当主轴电动机 M1 起动后，SA3 的通断控制 KM2 的通断，即控制 M2 的运行和停止。

4. 照明电路分析

X62W 型万能铣床照明电路由控制变压器 TC3 的二次侧提供 36V 交流电压，作为铣床低压照明灯 EL 的电源，熔断器 FU5 对照明灯 EL 起短路保护作用。

先合上铣床电源总开关 SA1，再合上照明灯开关，照明灯 EL 亮，断开照明灯开关，照明灯 EL 灭。

二、主轴电动机 M1 的控制电路

主轴电动机 M1 的控制包括起动控制、制动控制、换刀控制和变速冲动控制，如图 2-4-6 所示。

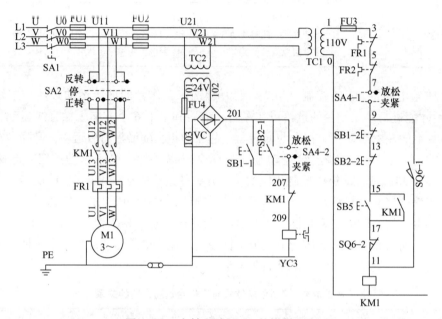

图 2-4-6　主轴电动机 M1 的控制电路

（1）主轴电动机 M1 的起动控制　主轴电动机 M1 的起动控制电路如图 2-4-7 所示。

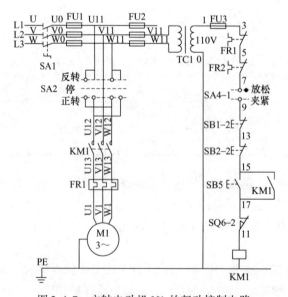

图 2-4-7　主轴电动机 M1 的起动控制电路

起动前，首先选择好主轴的转速，接着将主轴换向开关 SA2 扳到所需要的转向，然后合上铣床电源总开关 SA1。该电路的工作原理如下：

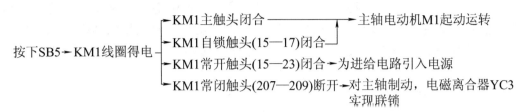

KM1 线圈得电回路为 TC1（1）→3→5→7→9→13→15→17→11→KM1 线圈→TC1（0）。

主轴电动机 M1 的起动控制过程如下：

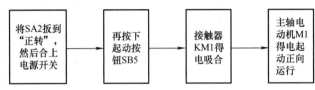

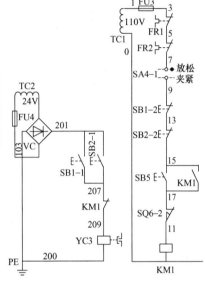

（2）主轴电动机 M1 的停机及制动控制　主轴电动机 M1 的停机及制动控制电路如图 2-4-8 所示。

当铣削完毕，需要主轴电动机 M1 停止时，为使主轴能迅速停机，控制电路采用电磁离合器 YC3 对主轴进行停机制动。其工作原理如下：

图 2-4-8　主轴电动机 M1 的

主轴电动机 M1 的停机及制动控制过程如下：

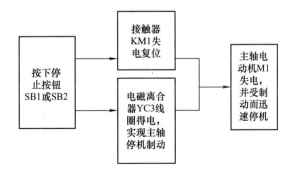

（3）主轴换铣刀控制　主轴电动机 M1 停转后并不处于制动状态，主轴仍可自由转动。在主轴更换铣刀时，为避免主轴转动，造成更换困难，应将主轴制动。其方法是将主轴制动，换刀开关 SA4 扳向换刀位置（即松紧开关 SA4 置于"夹紧"位置），SA4-2常开触头（201—207）闭合，电磁离合器 YC3 线圈得电，将主轴电动机 M1 制动；同时 SA4-1 常闭触头（7—9）断开，切断了控制电路，机床无法起动运行，从而保证了人身安全。

主轴制动、换刀开关 SA4 的通断状态见表 2-4-6。

表 2-4-6　开关 SA4 的通断状态

触头	接线端标号	所在图区	操作位置	
			主轴正常工作	主轴换刀制动
SA4-1	7—9	12	+	-
SA4-2	201—207	10	-	+

主轴换铣刀控制过程如下：

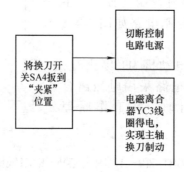

（4）主轴变速冲动控制　主轴变速冲动控制电路如图 2-4-9 所示。

主轴变速时的冲动控制，是利用主轴变速操纵手柄与冲动行程开关 SQ6 通过机械上的联动机构进行控制的，如图 2-4-10 所示。

主轴变速是通过调节变速盘改变齿轮传动比实现的，为了使齿轮能够良好啮合，故需要主轴做短时变速冲动。变速时，先将主轴变速操纵手柄 4 下压，使手柄的榫块从定位槽中脱出，然后向外拉动手柄使榫块落入第二道槽内，使齿轮组脱离啮合。转动变速盘 1 选定所需要的转速后，把主轴变速操纵手柄 4 推回原位，使榫块重新落进槽内，齿轮组重新啮合。变速时为了使齿轮容易啮合，在主轴变速操纵手柄 4 推进时，手柄上装的凸轮 2 将弹簧杆 3 推动一下又返回，这时弹簧杆 3 推动一下行程开关 SQ6，使 SQ6 的常闭触头 SQ6-2（17—11）先分断，常开触头 SQ6-1 后闭合，接触器 KM1 瞬间得电动作，主轴电动机 M1 会产生一冲动。主轴电动机 M1 因未制动而惯性旋转，使齿轮系统发生抖动，主轴在抖动时刻，将主轴变速操纵手柄 4 先快后慢地推进去，齿轮便顺利地啮合。当瞬间点动过程中齿轮系统没有实现良好啮合时，可以重复上述过程直到啮合为止。变速前应先停机。

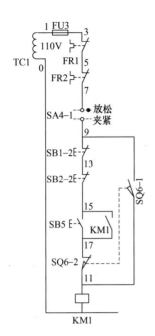

图 2-4-9 主轴变速冲动控制电路

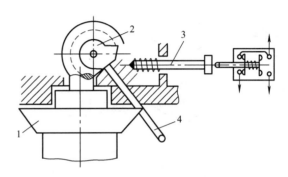

图 2-4-10 主轴变速冲动结构控制示意图
1—变速盘 2—凸轮 3—弹簧杆 4—主轴变速操纵手柄

主轴变速冲动控制过程如下:

三、冷却泵电动机 M2 的控制电路

冷却泵电动机 M2 的控制电路如图 2-4-11 所示。

(1) 冷却泵电动机 M2 的起动 只有当主轴电动机 M1 起动后,KM1 的自锁触头(15—17)闭合后才可起动冷却泵电动机 M2。其工作原理如下:

M1 起动后→合上 SA3 → KM2 线圈得电→ KM2 主触头闭合→ M2 起动运转

(2) 冷却泵电动机 M2 的停止 其工作原理分析如下:

关闭 SA3 → KM2 线圈失电→ KM2 主触头恢复断开→ M2 失电停转

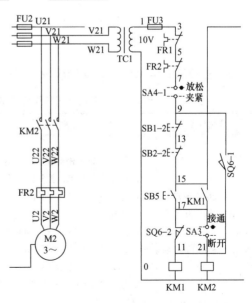

图 2-4-11 冷却泵电动机 M2 的控制电路

四、故障分析方法

1. 主轴电动机 M1 不能起动的检修流程（见图 2-4-12）

2. 冷却泵电动机 M2 不能起动的检修流程（见图 2-4-13）

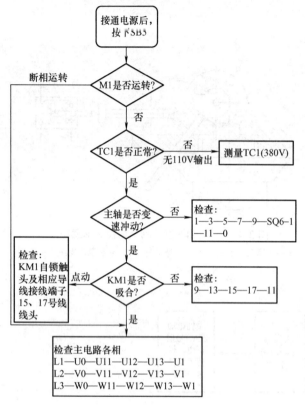

图 2-4-12　主轴电动机 M1 不能
起动的故障检修流程

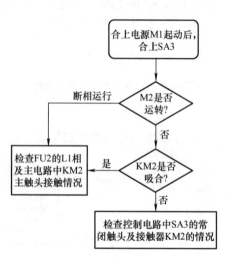

图 2-4-13　冷却泵电动机 M2 不能
起动的故障检修流程

3. 主轴电路常见电气故障的现象、可能的原因及处理方法（见表 2-4-7）

表 2-4-7　主轴电路常见电气故障的现象、可能的原因及处理方法

故障现象	可能的原因	处理方法
接通铣床电源总开关 SA1，铣床开动不起来（即开动主轴、进给、快速均无动作）	1. 熔断器 FU1 松动或熔断，熔断器 FU2 熔断 2. 控制变压器 TC1 损坏或二次侧接线端断线 3. 主轴制动上刀开关 SA4 扳在"夹紧"位置 4. 主轴变速操纵手柄未复位，SQ6－2 未接好 5. 按钮 SB1、SB2、SB5 接触不良或损坏 6. 热继电器 FR1 过载脱扣 7. 热继电器 FR1 触头接触不良或损坏 8. 接触器 KM1 线圈损坏，主触头接触不良或损坏	1. 拧紧熔体或更换熔体 2. 检查变压器一次侧、二次侧接线，测量电压是否正确 3. 将 SA4 扳至"放松"位置 4. 将主轴变速操纵手柄复位，使 SQ6－2 接通 5. 检修或更换按钮 6. 检查过载原因，将热继电器 FR1 复位 7. 检修或更换热继电器 8. 检修或更换接触器 KM1

（续）

故障现象	可能的原因	处理方法
接触器 KM1 吸合，主轴电动机 M1 不能起动或电动机发出"嗡嗡"声	1. 机床外电源一相断电或电源开关 SA1 一相接触不良 2. 主轴电动机热继电器 FR1 的热元件断一相或压线端未拧紧 3. 主轴电动机定子出线端脱焊、松动 4. 主轴换向开关 SA2 扳在"停"位 5. 接触器 KM1 主触头接触不良或损坏 6. 主轴电动机 M1 本身故障	1. 测量电源三相电压，查清断相原因，修复电源开关 SA1 触头 2. 更换热继电器或清除压线端氧化物，重新压紧 3. 将断线头刮光，重新接出一段引线焊牢 4. 将 SA2 扳至"正转"或"反转"位置 5. 检修或更换接触器 6. 检修电动机 M1
主轴不能变速冲动	1. 主轴变速冲动开关的 9 号线断了或 SQ6-1 未接通 2. 主轴变速箱机械撞杆在变速时未顶上 SQ6 或 SQ6 安装螺钉松动，使 SQ6 位移	1. 将 9 号断线接好压紧，修复 SQ6-1 触头 2. 调整撞杆行程和 SQ6 位置，调整后要紧固螺母，防止松动
按下主轴停止按钮 SB1 或 SB2 后主轴不停	1. 接触器 KM1 主触头发生熔焊，造成主触头不能切断电动机电源 2. 主轴电动机接触器 KM1 动、静铁心接触面上有污物，使铁心不能释放	1. 应迅速切断总电源，然后修复接触器主触头或更换接触器 KM1 2. 清除铁心上的污物或更换接触器

✔ 任务实施

　　学生分组（按照每人一个机床）进行排故练习。教师在每个 X62W 型万能铣床上设置主轴电动机故障一处，教师设置让学生预先知道的故障点，练习一个故障点检修。在掌握一个故障点检修方法的基础上，再设置两个或两个以上故障点，故障现象尽可能不相互重合。如果故障相互重合，按要求应有明显检查顺序。

一、故障排除练习内容

故障一：主轴电动机 M1 转速很慢并发出"嗡嗡"声

　　（1）观察故障现象　合上铣床电源总开关 SA1，然后将转换开关 SA2 扳至"正转"位置，再按下 SB5 时，KM1 吸合，主轴电动机 M1 转速很慢，并发出"嗡嗡"声，这时应立即按下停止按钮，切断 M1 的电源，避免损坏主轴电动机。再将转换开关 SA2 扳至"反转"位置，再按下 SB5 时，KM1 吸合，主轴电动机 M1 仍然转速很慢，并发出"嗡嗡"声（如果电动机 M1 反转正常，则故障为 SA2 扳至"正转"位置时触头接触不良）。

　　（2）判断故障范围　KM1 吸合说明主轴电动机 M1 的控制电路部分正常，故障出现在主电路部分（这是典型的电动机断相故障），故障电路如图 2-4-14 中点画线所示，主轴电动机 M1 的主电路工作路径如图 2-4-15 所示。

　　（3）查找故障点　采用验电器法和电阻测量法判断故障点的方法步骤如下：

　　1）在电源开关 SA1 闭合以及 KM1 失电的情况下，从 SA2 触头的上端头到 KM1 主触头的上端头，用验电器依次测量各相主电路中的触头，若验电器不能正常发光，则说明故障

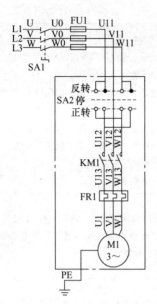

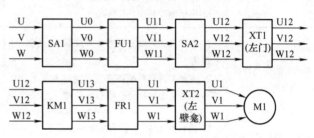

图 2-4-14 故障电路（1）　　　　　图 2-4-15 主轴电动机 M1 的主电路工作路径

点就在测试点前级。

例如：用验电器测量 U 相主电路中的 SA2（U11）触头、SA2（U12）触头、XT1（U12）触头、KM1（U12）触头过程中，如果测试 SA2（U12）触头时，验电器不亮，说明故障为 U 相电路中的 SA2 触头接触不良。

2）同样的方法检测 V 相、W 相主电路中 KM1 主触头以上的故障点。

3）先断开电源总开关 SA1，并将正反转开关 SA2 扳至"停"的位置，再将万用表的转换开关拨至"$R \times 10$"挡，人为按下 KM1 动作实验按钮，然后分别检测接触器 KM1 主触头、热继电器 FR1 热元件、电动机 M1 绕组等的通断情况，看有无电器损坏、接线脱落、触头接触不良等现象。

（4）排除故障　断开铣床电源总开关 SA1，根据故障点情况，更换损坏的元器件或导线。

（5）通电试运行　排除故障点后，重新开机操作检查，直至符合技术要求为止。

故障二：按下起动按钮 SB5 后，主轴电动机 M1 不能起动，交流接触器 KM1 不动作

（1）观察故障现象　首先将换刀开关 SA4 扳至"放松"位置，然后合上铣床电源总开关 SA1，按下主轴电动机起动按钮 SB5，接触器 KM1 不吸合，主轴电动机 M1 不起动，但是能实现主轴变速冲动。

（2）判断故障范围　根据故障现象可知，故障电路如图 2-4-16 中点画线所示。

（3）查找故障点

方法一：采用电压分阶测量法检查故障点。

1）将万用表转换开关拨至交流"250V"挡。

2）将黑表笔接在选择的参考点 TC1（0#）上。

3）合上铣床电源总开关 SA1，按住 SB5，红表笔从 SB1 - 2 接线端（9#）起，依次逐点测量：

① SB1 - 2 接线端（9#），测得电压值为 110V，正常。

② SB1 - 2 接线端（13#），测得电压值为 110V，正常。

③ SB2 - 2 接线端（13#），测得电压值为 110V，正常。

④ SB2 - 2 接线端（15#），测得电压值为 110V，正常。

⑤ SB5 接线端（15#），测得电压值为 110V，正常。

⑥ SB5 接线端（17#），测得电压值为 110V，正常。

⑦ SQ6 - 2 接线端（17#），测得电压值为 110V，正常。

⑧ SQ6 - 2 接线端（11#），测得电压值为 0V，不正常，说明故障为 SQ6 - 2 常闭触头开路。

方法二：采用校验灯法查找故障点。

1）将校验灯（额定电压为 110V）的一脚引线接在变压器 TC1（0#）上并保持不变。

2）合上铣床电源总开关 SA1，按住 SB5，校验灯另一脚引线从 SB1 - 2 接线端（9#）起，依次逐点测试下列各点：

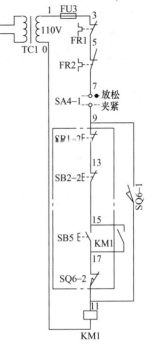

图 2-4-16　故障电路（2）

① SB1 - 2 接线端（9#），若灯亮为正常。

② SB1 - 2 接线端（13#），若灯亮为正常。

③ SB2 - 2 接线端（13#），若灯亮为正常。

④ SB2 - 2 接线端（15#），若灯亮为正常。

⑤ SB5 接线端（15#），若灯亮为正常。

⑥ SB5 接线端（17#），若灯亮为正常。

⑦ SQ6 - 2 接线端（17#），若灯亮为正常。

⑧ SQ6 - 2 接线端（11#），若灯不亮，则说明故障为 SQ6 - 2 常闭触头开路。

（4）排除故障　根据故障点情况，断开铣床电源总开关 SA1，修复或更换 SQ6。

（5）通电试运行　排除故障点后，重新开机操作检查，直至符合技术要求为止。

二、排故操作要求

1）此项操作可带电进行，但必须有指导教师监护，确保人身安全。

2）在检修过程中，测量并记录相关元器件的工作情况（触头通断、电压、电流）。

3）定额时间为 30min。

三、检测情况记录

检测情况记录在表 2-4-8 中。

表 2-4-8　**X62W 型万能铣床主轴电动机电路检测情况记录**

元器件名称	元器件状况（外观、断电电阻）	工作电压	工作电流	触头通断情况	
				操作前	操作后

（续）

元器件名称	元器件状况（外观、断电电阻）	工作电压	工作电流	触头通断情况	
				操作前	操作后

四、操作注意事项

1）操作时不要损坏元器件。

2）各控制开关操作后要复位。

3）排除故障时，必须修复故障点，严禁扩大故障范围或产生新故障。检修过程中不要损伤导线或使导线连接脱落。

4）检修所用工具、仪表等符合使用要求。

冷却泵电动机电路故障排除操作要求、检测情况记录和操作注意事项同上。

任务总结与评价

参见表2-1-7。

任务三　X62W 型万能铣床进给电路的故障维修

学习目标

技能目标：

（1）能排除 X62W 型万能铣床工作台进给变速时的瞬时冲动控制常见电气故障。

（2）能排除 X62W 型万能铣床工作台上、下、左、右、前、后进给控制常见电气故障。

（3）排除 X62W 型万能铣床圆工作台典型电气故障。

知识目标：

（1）熟练地根据 X62W 型万能铣床工作台进给变速时的瞬时冲动典型故障现象分析出故障原因。

（2）熟练地根据 X62W 型万能铣床工作台上、下、左、右、前、后进给控制典型故障现象分析出故障原因。

（3）熟练地根据 X62W 型万能铣床圆工作台典型故障现象分析出故障原因。

素养目标：

（1）提高实训环境工厂化要求，培养职业行为习惯。

（2）尽量减少模拟铣床练习，提升职业技能。

任务描述

X62W 型万能铣床工作台前后、左右和上下 6 个方向上的进给运动是通过两个操纵手柄、快速移动按钮、电磁离合器（YC1、YC2）和机械联动机构控制相应的行程开关使进给电动机 M3 正转或反转，实现工作台的常速或快速移动的，并且 6 个方向的运动是联锁的，不能同时接通。

任务分析

本次任务主要是熟悉 X62W 型万能铣床工作台前后、左右和上下 6 个方向的进给运动控制电路的组成及工作原理，根据接线图掌握镗床的元器件的位置及电路的大致走向，根据故障现象，绘制故障检修流程图，并依据流程图，使用万用表检测出故障位置，并能对故障进行维修。

必备知识

一、进给电动机 M3 的控制电路

X62W 型万能铣床工作台进给电动机 M3 的控制电路如图 2-4-17 所示。

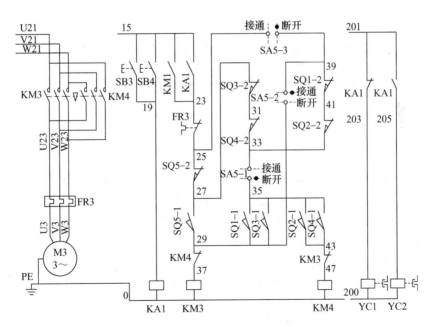

图 2-4-17　工作台进给电动机 M3 的控制电路

1. 工作台的左右进给运动

工作台的左右进给运动电气控制及走线示意图如图 2-4-18 所示，工作台纵向（左右）进给操纵手柄及其控制关系见表 2-4-9。

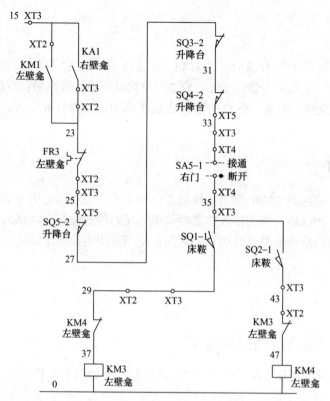

图 2-4-18　工作台的左右进给运动电气控制及走线示意图

表 2-4-9　工作台纵向（左右）进给操纵手柄位置及其控制关系

手柄位置	行程开关动作	接触器动作	电动机 M3 转向	传动链搭合丝杠	工作台运动方向
向右	SQ1	KM3	正转	左右进给丝杠	向右
居中	—	—	停止	—	停止
向左	SQ2	KM4	反转	左右进给丝杠	向左

　　起动条件：十字（横向、垂直）操纵手柄置于"居中"位置（行程开关 SQ3、SQ4 不受压）；控制圆工作台的选择转换开关 SA5 置于"断开"的位置；SQ5 置于正常工作位置（不受压）；主轴电动机 M1 首先已起动，即接触器 KM1 得电吸合并自锁，其辅助常开触头 KM1（15—23）闭合，接通进给控制电路电源。

　　（1）工作台向左进给运动

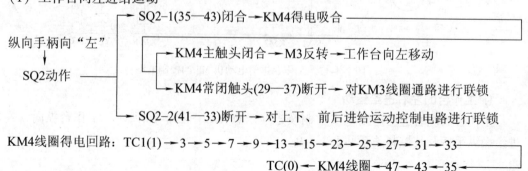

KM4 线圈得电回路：TC1(1) → 3 → 5 → 7 → 9 → 13 → 15 → 23 → 25 → 27 → 31 → 33 ─
　　　　　　　　　　　TC(0) ← KM4 线圈 ← 47 ← 43 ← 35 ←

（2）工作台向右进给运动　工作台向右进给与工作台向左进给相似，读者可自行分析。

2. 工作台上下和前后进给运动

工作台上下和前后进给运动控制及走线示意图如图2-4-19所示，工作台上下和前后进给运动的选择和联锁通过十字操纵手柄和行程开关SQ3、SQ4组合控制，见表2-4-10。

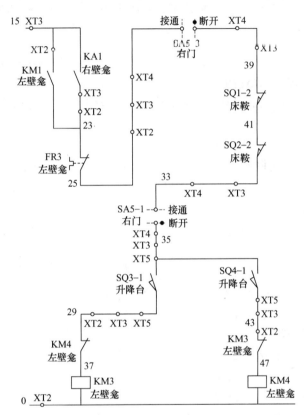

图2-4-19　工作台上下和前后进给运动电气控制及走线示意图

表2-4-10　工作台上下和前后进给十字操纵手柄位置及其控制关系

手柄位置	行程开关动作	触头	接触器动作	电动机M3转向	传动链搭合丝杠	工作台运动方向
向上	SQ4	SQ4-1	KM4	反转	上下进给丝杠	向上
向下	SQ3	SQ3-1	KM3	正转	上下进给丝杠	向下
居中	—		—	停止	—	停止
向前	SQ3	SQ3-1	KM3	正转	前后进给丝杠	向前
向后	SQ4	SQ4-1	KM4	反转	前后进给丝杠	向后

起动条件：左右（纵向）操纵手柄置于"居中"位置（SQ1、SQ2不受压）；控制圆工作台的转换开关SA5置于"断开"位置；SQ5置于正常工作位置（不受压）；主轴电动机M1首先已起动（即接触器KM1得电吸合）。

（1）工作台向上和向后的进给

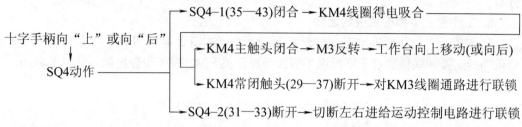

KM4 线圈经 TC1（1）—3—5—7—9—13—15—23—25—39—41—33—35—SQ4—1—43—47—KM4 线圈—TC1（0）回路得电。

（2）工作台向下和向前的进给 工作台向下和向前进给与工作台向上和向后进给相似，读者可自行分析。

注意：左右进给操纵手柄与上下、前后进给操纵手柄是联锁控制关系。在两个手柄中，只能进行其中一个进给方向上的操作，当一个操纵手柄被置于某一进给方向后，另一个操纵手柄必须置于"中间"位置，否则将无法实现进给运动。如当把左右进给操纵手柄扳向"左"时，又将十字进给操纵手柄扳向"下"进给方向，则位置开关 SQ2 和 SQ3 均被压下，触头 SQ2－2 和 SQ3－2均分断，断开了接触器 KM3 和 KM4 的线圈通路，进给电动机 M3 只能停转，保证了操作安全。

3. 圆工作台进给运动

为了扩大铣床的加工范围，可在铣床工作台上安装附件圆工作台，进行对圆弧或凸轮的铣削加工。圆工作台进给运动控制及走线示意图如图 2-4-20 所示。

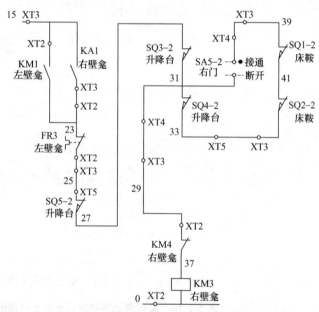

图 2-4-20 圆工作台进给运动控制及走线示意图

转换开关 SA5 是用来控制圆工作台的，其触头工作状态见表 2-4-11。

表 2-4-11 圆工作台转换开关 SA5 的触头工作状态

触头	接线端标号	所在区号	操作手柄位置	
			断开圆工作台	接通圆工作台
SA5－1	33—35	16	+	－
SA5－2	39—29	18	－	+
SA5－3	25—39	17	+	－

起动条件：首先将左右（纵向）和十字（横向、垂直）操纵手柄置于"中间"位置（行程开关 SQ1～SQ4 均未受压，处于原始状态）；SQ5 置于正常工作位置；主轴电动机 M1 已起动，即接触器 KM1 得电吸合并自锁，其辅助常开触头 KM1（15—23）闭合，然后将圆工作台转换开关置于"接通"位置，接通圆工作台进给控制电路电源。

KM3 线圈经 TC1（1）—3—5—7—9—13—15—23—25—27—31—33—41—39—SA5‐2—29—37—KM3 线圈—TC1（0）回路得电。

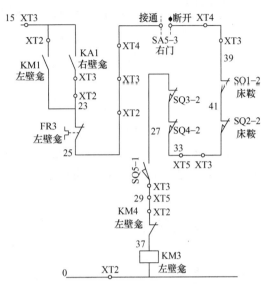

若要圆工作台停止工作，则只需按下停止按钮 SB1 或 SB2，此时 KM1、KM3 相继失电释放，电动机 M3 停转，圆工作台停止回转。

由于 KM4 线圈无法得电，因此圆工作台不能实现反转。

图 2-4-21　工作台进给变速冲动控制及走线示意图

4. 工作台进给变速时的瞬时点动

工作台进给变速时的瞬时点动（即进给变速冲动）控制及走线示意图如图 2-4-21 所示。

进给变速冲动与主轴变速冲动一样，是为了便于变速时齿轮的啮合，进给变速冲动由蘑菇形进给变速操纵手柄配合行程开关 SQ5 来实现。但进给变速时不允许工作台做任何方向的运动。主轴电动机 M1 先已起动，即接触器 KM1 得电吸合并自锁，其辅助常开触头 KM1（15—23）闭合，接通进给控制电路电源。

变速时，先将蘑菇形进给变速操纵手柄拉出，使齿轮脱离啮合，转动变速盘至所选择的进给速度挡，然后用力将蘑菇形进给变速操纵手柄向外拉到极限位置，再将蘑菇形进给变速操纵手柄复位。

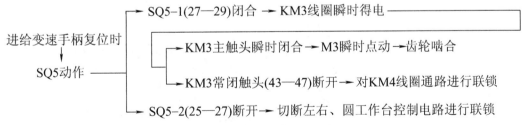

KM3 线圈经 TC1（1）—3—5—7—9—13—15—23—25—39—41—33—31—27—SQ5‐1—29—37—KM3 线圈‐0 回路得电。

5. 工作台的快速运动

工作台的快速运动是由各个方向的操纵手柄与快速按钮 SB3 或 SB4 配合控制的。如果需要工作台在某个方向快速运动，应将工作台操纵手柄扳向相应的方向位置。

KA1 线圈经 TC1（1）—3—5—7—9—13—15—SB3 或 SB4—19—21—KA1 线圈 –0 回路得电。

YC2 线圈经 TC2（101）—103—201—205—YC2 线圈—200—TC2（102）回路得电。

松开快速按钮 SB3 或 SB4，接触器 KM3 或 KM4 失电释放，快速电磁离合器 YC2 失电释放，常速电磁离合器 YC1 得电吸合，工作台快速运动停止，继续以常速在这个方向上运动。

二、故障分析方法

进给电动机 M3 不能正常运转的检修思路、故障可能原因及故障处理方法。

1. 工作台进给控制故障检修流程（见图 2-4-22）

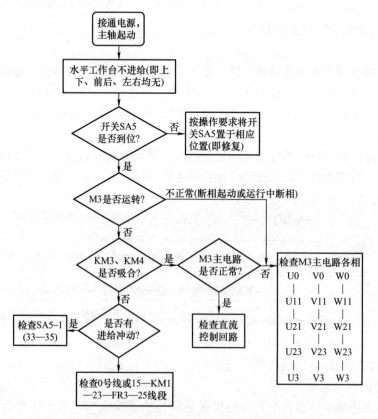

图 2-4-22　工作台进给控制故障检修流程

2. 直流控制回路故障检修流程（见图 2-4-23）

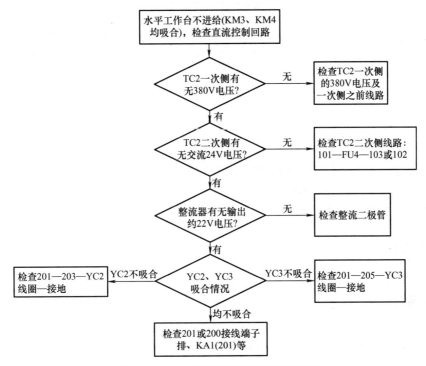

图 2-4-23 直流控制回路故障检修流程

3. 进给电路常见电气故障的现象、可能的原因及处理方法（见表 2-4-12）

表 2-4-12 进给电路常见电气故障的现象、可能的原因及处理方法

故障现象	可能的原因	处理方法
操纵工作台手柄只能向右、向前、向下运动，不能向左、向后、向上动作	1. 接触器 KM4 线圈损坏 2. 接触器 KM3 的常闭触头（43—47）接触不良，使接触器 KM4 不吸合	1. 修复接触器 KM4 线圈或更换接触器 KM4 2. 更换或修复接触器 KM3 的触头
接触器 KM3 和 KM4 吸合时，主触头弧光大，铁心吸不牢，发出"嗒嗒"响声	接触器 KM4 的常闭触头（29—37）、KM3 的常闭触头（43—47）接触不良，弹簧压力太小	更换触头及压力弹簧或更换相应的接触器
操纵工作台横向及垂直手柄均无动作	行程开关 SQ1－2 或 SQ2－2 触头未接好，造成接触器 KM3 和 KM4 吸合不了	检查行程开关 SQ1 和 SQ2 触头，进行调整或修复
进给电动机运转时，有异常声音，发出"嗡嗡"声	电动机轴承外环与端盖内孔配合过松，转子窜动量过大	锉修电动机端盖内孔，镶套或更换新端盖，在端盖内加装波形弹簧，以调整转子窜动量
进给变速无冲动	进给变速冲动行程开关 SQ5－1 的 27 号线断线或开关固定螺钉松动，开关位移，变速盘撞压不到 SQ5	将断线接好、压紧，重新调整 SQ5，拧紧安装螺钉

（续）

故障现象	可能的原因	处理方法
进给常速、快速及主轴制动均无	1. 熔断器 FU4 熔断 2. 整流器 VC 损坏 3. 控制变压器 TC2 损坏	1. 检查熔断原因，更换熔体 2. 更换损坏的元器件 3. 检修或更换变压器
进给常速、快速及主轴制动力小	1. 交流电压不足 2. 整流器 VC 中某一桥臂断路或整流二极管损坏 3. 控制电磁离合器线圈回路中的接触器、继电器和开关的触头接触不良，使电磁离合器吸力不足	1. 检查电压不足原因，提高电源电压 2. 检修 VC，更换损坏的整流二极管 3. 检修接触不良的触头

✔ 任务实施

学生分组（按照每人一台机床）进行排故练习。教师在每台 X62W 型万能铣床上设置主轴电动机故障一处，教师设置让学生预先知道的故障点，练习一个故障点的检修。在掌握一个故障点检修方法的基础上，再设置两个或两个以上故障点，故障现象尽可能不相互重合。如果故障相互重合，按要求应有明显检查顺序。

一、故障排除练习内容

故障一：工作台各个方向都不能做进给运动而且也不能进给冲动

（1）观察故障现象　合上铣床电源总开关 SA1，铣床主轴电动机起动后，操作工作台纵向操纵手柄和十字操纵手柄，工作台各个方向（即上下、前后、左右6个方向）都不能进给运动，同时也不能进给冲动。

（2）判断故障范围　根据故障现象，分析控制电路可知，故障电路如图 2-4-24 中点画线所示。其故障电路路径为 15—KM1 常开触头—23—FR3 常闭触头—25 或 0 号线。

（3）查找故障点

方法一：采用电压分阶测量法检查故障点。

1）将万用表转换开关拨在交流"250V"挡。

2）将黑表笔接在选择的参考点 TC1（1#）上。

3）合上电源开关 SA1，将主轴电动机起动后，红表笔从 TC1（0#）起，依次逐点测量下列各点：

① 变压器 TC1（0#），测得电压值为 110V，正常。

② 接线端子 XT3（0#），测得电压值为 110V，

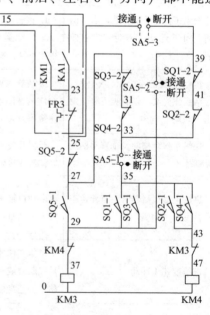

图 2-4-24　故障电路（1）

正常。

③ 接线端子 XT2（0#），测得电压值为 110V，正常。

④ 接触器 KM4 线圈（0#），测得电压值为 110V，正常。

⑤ 接触器 KM3 线圈（0#），测得电压值为 110V，正常，说明 0 号线无故障。

4）检查 0 号线无故障后，再检查 15—KM1 常开触头—23—FR3 常闭触头—25 范围。检查方法基本同上，不同之处是以 TC1（0#）为参考点，红表笔从接触器 KM1 常开触头（15#）起，依次逐点测量下列各点：

① 接触器 KM1（15#），若测得电压值为 110V，正常。

② 接触器 KM1（23#），若测得电压值为 110V，正常。

③ 热继电器 FR3（23#），若测得电压值为 110V，正常。

④ 热继电器 FR3（25#），若测得电压值为 0V，不正常，说明故障为 FR3 常闭触头接触不良。

方法二：采用校验灯法检查故障点。

检测方法与本单元任务二中故障一方法二相似。

（4）排除故障　断开铣床电源总开关 SA1，根据故障点情况，修复或更换接触器 FR3 触头。

（5）通电试运行　通电检查铣床各项操作，是否符合技术要求。

故障二：工作台各个方向都不能做进给运动，但是操作进给变速冲动正常

（1）观察故障现象　合上铣床电源总开关 SA1，铣床主轴电动机 M1 起动后，操作工作台纵向操纵手柄和十字操纵手柄，工作台各个方向（上下、前后、左右 6 个方向）都不能进给运动，但操作进给变速冲动正常。

（2）判断故障范围　根据故障现象，分析控制电路可知，故障电路如图 2-4-25 中点画线所示，判断故障范围为 33—SA5‐1 触头—35。

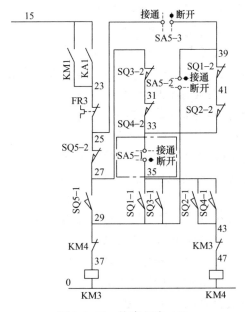

图 2-4-25　故障电路（2）

（3）查找故障点　首先合上铣床电源总开关 SA1，将主轴电动机 M1 起动，然后将纵向手柄置于"向右"位置，圆工作台转换开关 SA5 置于"断开"位置；将万用表转换开关拨至交流"250V"挡，黑表笔夹在 TC1（0#）接线端上作为参考点，红表笔依次测量右壁龛 XT3（33#）→右门 XT4（33#）→SA5-1（33#）→SA5-1（35#）→XT4（35#）→右壁龛 XT3（35#）都应有 110V 电压，若从上述某点起测得的电压为 0V 或很小，说明该点有故障，应进一步查明故障原因。

假如红表笔测 SA5-1（33#）处电压正常，测 SA5-1（35#）处无电压或电压很小，说明 SA5-1 触头出现开路或触头氧化、接触不良等故障。

（4）排除故障　断开铣床电源总开关 SA1，修复或更换 SA5 触头。

（5）通电试运行　通电检查铣床各项操作，直至符合技术要求。

故障三：工作台各个方向都不能进给运动，同时工作台不能快速移动，主轴制动失灵

（1）观察故障现象　合上铣床电源总开关 SA1，铣床主轴电动机 M1 起动后，操作工作台纵向操纵手柄和十字操纵手柄，工作台各个方向都不能进给运动，同时工作台不能快速移动，主轴制动失灵，但发现接触器 KM3、KM4 和中间继电器 KA1 均能吸合。

（2）判断故障范围　根据故障现象分析，故障范围应在直流控制回路中，故障电路如图 2-4-26 中点画线所示。

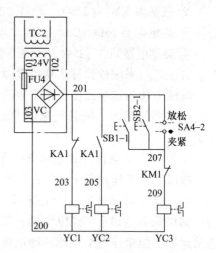

图 2-4-26　故障电路（3）

（3）查找故障点　采用电压测量法查找故障点。

1）将万用表转换开关拨至交流"50V"挡。

2）将黑表笔接在选择的参考点 TC2（102#）上。

3）合上电源开关 SA1，红表笔从 TC2（101#）起，依次逐点测量：

① 变压器 TC2（101#），测得电压值为 24V，正常。

② 熔断器 FU4（101#），测得电压值为 24V，正常。

③ 熔断器 FU4（103#），测得电压值为 24V，正常。

④ 接线端子 XT3（103#），测得电压值为 24V，正常。

⑤ 接线端子 XT4（103#），测得电压值为 24V，正常。

⑥ 整流组件 VC（103#），测得电压值为 24V，正常。

然后将红表笔接在 VC（103#）上作为参考点，黑表笔接着测量：

① 接线端子 XT3（102#），测得电压值为 24V，正常。

② 接线端子 XT4（102#），测得电压值为 24V，正常。

③ 整流组件 VC（102#），测得电压值为 24V，正常。

4）将万用表转换开关拨至直流"50V"挡。

5）将黑表笔接在选择的参考点整流组件 VC（200#）上，红表笔依次测量：

① 红表笔接整流组件 VC（201#），测得直流电压值约为 22V，正常。

② 测接线端子 XT4（201#），测得直流电压值约为 0V，不正常，说明故障为整流组件 VC（201#）至接线端子排 XT4 的 201 号线开路。

（4）排除故障　断开电源开关 SA1，用螺钉旋具紧固 201 号线两端头，若故障依旧，则更换同规格的导线。

（5）通电试运行　通电检查铣床各项操作，符合技术要求。

故障四：工作台只能左右进给，不能前后、上下进给

（1）观察故障现象　合上电源开关 SA1，铣床主轴电动机起动后，操作工作台能向左右进给，但不能向前后、上下进给，再将 SA5 扳至圆工作台位置，圆工作台也不能工作。

（2）判断故障范围　根据故障现象可以判断，故障电路如图 2-4-27 中点画线所示，故障范围为 39—SQ1-2—41—SQ2-2—33。

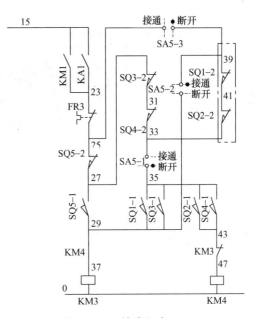

图 2-4-27　故障电路（4）

（3）查找故障点　采用电压分阶测量法检查。

1）将万用表转换开关拨在交流"250V"挡。

2）将黑表笔接在选择的参考点 TC1（0#）上。

3）合上电源开关 SA1，将主轴电动机起动后，红表笔从转换开关 SA5-3（39#）起，依次逐点测量下列各点：

① 圆工作台转换开关 SA5-3（39#），测得电压值为 110V，正常。

② 接线端子 XT4（39#），测得电压值为 110V，正常。

③ 接线端子 XT3（39#），测得电压值为 110V，正常。

④ 行程开关 SQ1-2（39#），测得电压值为 110V，正常。

⑤ 行程开关 SQ1-2（41#），测得电压值为 110V，正常。

⑥ 行程开关 SQ2-2（41#），测得电压值为 110V，正常。

⑦ 行程开关 SQ2-2（33#），测得电压值为 0V，不正常，说明行程开关 SQ2-2 触头有故障。经进一步检查为 SQ2-2 常闭触头氧化，导致触头接触不良。

（4）排除故障　断开电源开关 SA1，修理或更换 SQ2-2 就可排除故障。

（5）通电试运行　通电试运行检查铣床各项操作，符合技术要求。

任务总结与评价

参见表 2-1-7。

T68型镗床电气控制电路的故障维修

2

📝 学习指南

通过学习本单元，能正确识读 T68 型镗床电气控制电路的电路图和接线图，会按照不同周期要求，对 T68 型镗床电气控制电路进行保养，初步掌握 T68 型镗床电气控制电路的简单检修，并能根据故障现象，运用故障检修流程图，判别故障位置。

主要知识点：T68 型镗床电气控制电路的维修方法。

主要能力点：

（1）学会运用流程图判断故障的方法。

（2）识读电路图和接线图的能力。

学习重点：运用故障检修流程图，判别故障位置。

学习难点：T68 型镗床电气控制电路的维修。

👆 能力体系／（知识体系）／内容结构

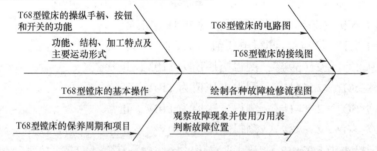

任务一　　T68 型镗床的基本操作与电气控制电路的维护保养

📖 学习目标

技能目标：

（1）能对 T68 型镗床进行基本操作及调试。

（2）能对 T68 型镗床电气设备进行例行保养。

知识目标：

（1）熟悉构成 T68 型镗床的操纵手柄、按钮和开关的功能。

（2）了解 T68 型镗床的功能、结构、加工特点及主要运动形式。

（3）掌握 T68 型镗床电气保养和大修的周期、内容、质量要求及完好标准。

素养目标：

（1）通过提高实训环境工厂化要求，培养职业行为习惯。

（2）逐步减少模拟机床练习，提升职业技能。

任务描述

镗床是一种精密加工机床，主要用于加工工件上要求比较高的孔，通常这些孔的轴线之间要有严格的垂直度、同轴度、平行度以及相互间精确的距离。由于镗床本身的刚性好，其可动部分在导轨上的活动间隙小，且有附加支撑，因此，镗床常用来加工箱体零件，如变速箱、主轴箱等。

按照用途的不同，镗床可以分为立式镗床、卧式镗床、坐标镗床、金刚镗床和专门镗床。T68 型卧式镗床是镗床中应用较广的一种，主要用于钻孔、镗孔及加工端平面等，使用一些附件后，还可以车削螺纹。

任务分析

本次任务就是通过了解 T68 型卧式镗床的结构和动作过程，加深理解 T68 型卧式镗床的电气控制原理；通过掌握 T68 型卧式镗床的基本操作，以便在维修试运行过程中能发现故障现象，有利于分析故障原因。掌握 T68 型卧式镗床元器件的分布，并对 T68 型卧式镗床进行例保。

必备知识

一、T68 型镗床的主要结构与型号含义

T68 型卧式镗床的主要结构如图 2-5-1 所示，主要由床身、主轴箱、前立柱、带尾座的后立柱、下溜板、上溜板和工作台等部分组成。

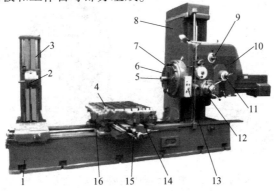

图 2-5-1　T68 型卧式镗床的主要结构

1—床身　2—尾座　3—后立柱　4—工作台　5—主轴　6—花盘　7—刀具溜板　8—前立柱　9—进给变速机构　10—主轴箱　11—主轴变速机构　12—主轴锁紧装置　13—按钮板　14—下溜板　15—丝杆　16—上溜板

T68 型镗床的型号含义如下：

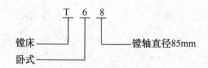

二、T68 型镗床的主要运动形式及控制要求

1. 主要运动形式

（1）主运动　包括镗床主轴和花盘的旋转运动。

（2）进给运动　包括镗床主轴的轴向进给、花盘上刀具溜板的径向进给、工作台的横向和纵向进给以及主轴箱沿前立柱导轨的升降运动（垂直进给）。

（3）辅助运动　包括镗床工作台的回转、后立柱的轴向水平移动、尾座的垂直移动及各部分的快速移动。

机床的主体运动及各种常速进给运动都是由主轴电动机来驱动的，但机床各部分的快速进给进动是由快速进给电动机来驱动的。

2. 控制要求

1）镗床的主运动和各种常速进给运动都是由一台电动机拖动的，快速进给运动是由快速进给电动机来拖动的。

2）主轴应有较大的调速范围，且要求恒功率调速，通常采用机械电气联合调速。

3）变速时，为使滑移齿轮顺利进入良好啮合，控制电路中还设有变速低速冲动环节。

4）主轴能进行正反转低速点动调整，以实现主轴电动机的正反转控制。

5）为了使主轴电动机停机时能迅速准确，在主轴电动机中还应设有电气制动环节。

6）由于镗床的运动部件较多，须采取必要的联锁与保护。

三、认识 T68 型镗床的主要操纵部件（见图 2-5-2）

图 2-5-2　T68 型镗床主要操纵部件位置

1—主轴起停按钮　2—快速进给控制手柄　3—照明灯开关　4—进给变速操作手柄　5—主轴变速操作手柄
6—主轴手动进给及机动进给换向操作手柄　7—花盘径向刀架手动进给及机动进给操作手柄　8—进给选择手柄

四、调试 T68 型卧式镗床的方法及步骤

1）先检查各锁紧装置，并置于"松开"的位置。

2）选择好所需要的主轴转速。拉出手柄转动180°，旋转手柄，选定转速后，推回手柄至原位即可。

3）选择好进给所需要的进给转速。拉出进给手柄转动180°，旋转手柄，选定转速后，推回手柄至原位即可。

4）合上电源开关，电源指示灯亮，再把照明灯开关合上，局部工作照明灯亮。

5）调整主轴箱的位置。进给选择手柄置于位置"1"，向外拉快速操作手柄，主轴箱向上运动；向里推快速操作手柄，主轴箱向下运动；松开快速操作手柄，主轴箱停止运动。

6）调整工作台的位置。

① 进给选择手柄从位置"1"顺时针扳到位置"2"，向外拉快速操作手柄，上溜板带动工作台向左运动；向里推快速操作手柄，上溜板带动工作台向右运动；松开快速操作手柄，工作台停止运动。

② 进给选择手柄从位置"2"顺时针扳到位置"3"，向外拉快速操作手柄，下溜板带动工作台向前运动；向里推快速操作手柄，下溜板带动工作台向后运动；松开快速操作手柄，工作台停止运动。

7）主轴电动机正、反向点动控制。

① 按下正向点动按钮，主轴电动机正向低速转动；松开正向点动按钮，主轴电动机停转。

② 按下反向点动按钮，主轴电动机反向低速转动；松开反向点动按钮，主轴电动机停转。

8）主轴电动机正、反向低速转动控制。

① 按下正向起动按钮，主轴电动机正向低速转动；按下停止按钮，主轴电动机反接制动而迅速停机。

② 按下反向起动按钮，主轴电动机反向低速转动；按下停止按钮，主轴电动机反接制动而迅速停机。

9）主轴电动机正、反向高速转动控制。

① 将主轴变速操作手柄转至"高速"位置，拉出手柄转动180°，旋转手柄，选定转速后，推回手柄至原位即可。

② 按下正向起动按钮，主轴电动机正向低速起动，主轴电动机经延时，转为高速转动；按下停止按钮，主轴电动机实行反接制动而迅速停机。

③ 按下反向起动按钮，主轴电动机反向低速转动，经延时，主轴电动机转为高速转动；按下停止按钮，主轴电动机实行反接制动而迅速停机。

10）主轴变速控制。主轴需要变速时可不必按停止按钮，只要将主轴变速操作手柄拉出转动180°，旋转手柄，选定转速后，推回手柄至原位即可。

11）进给变速控制。需要进给变速时可不必按下停止按钮，只要将进给变速操作手柄拉出转动180°，旋转手柄，选定转速后，推回手柄至原位即可。

12）关闭电源开关。

五、镗床电气保养和大修的周期、内容、质量要求及完好标准（见表2-5-1）

表 2-5-1　镗床电气保养和大修的周期、内容、质量要求及完好标准

项　目	内　容
检修周期	1. 例保：一星期两次 2. 一保：一月一次 3. 二保：三年一次 4. 大修：与机械大修同时进行
镗床电气设备的例保	1. 查看电气设备各部分，并向操作者了解设备运行情况 2. 检查开关箱及电动机、管线是否有水或油污进入 3. 检查导线及管线有无破裂现象 4. 检查线路和开关的触头及线圈有无烧焦的地方 5. 听听电动机和开关有无异常响声，并检查各部件有无过热现象
镗床电气设备的一保	1. 检查电线、管线是否有老化现象及机械损伤 2. 清扫、吹尽安装在机床上及配电箱内的电线和电器上的油污和灰尘 3. 检查信号设备是否有破裂现象，电气设备及线段是否有过热现象 4. 检查元器件是否完好，灭弧罩是否完整 5. 烧伤的触头，必要时更换 6. 检查热继电器、过电流继电器是否灵敏可靠 7. 检查电磁铁心及触头在吸合或释放时是否存在障碍 8. 拧紧电器和电线连接处及触头连接处的螺钉，要求接触良好 9. 检查接地线是否接触良好 10. 必要时更换老化或损伤的元器件及线段 11. 检查开关箱的外壳及门锁和开门联锁机构是否完好，门的密封性是否完好
镗床电气设备的二保（二保后达到完好标准）	1. 进行一保的全部项目 2. 重新整定热继电器、过电流继电器的数据 3. 消除和更换损伤的元器件、电线、金属软管及塑料管等 4. 测量电动机、电器及线路的绝缘电阻，判断是否良好 5. 核对图样，提出对大修的要求
镗床电气设备的大修（大修后达到完好标准）	1. 进行二保的全部项目 2. 拆卸电气开关板，解体旧的各电器开关，清扫各电器元件（包括熔体、刀开关、接线端子等）的灰尘和油污，除去锈迹，并进行防腐工作 3. 更换损坏的元器件和破损的线段 4. 重新整定热保护、过电流保护的数据，并校验各仪表 5. 重新排线，组装电器，要求各电器开关动作灵敏可靠 6. 油漆开关箱及附件 7. 核对图样，要求图样编号符合要求
镗床电气完好标准（技术验收标准）	1. 各电器及线路清洁无损伤，开关触头和各接触点接触良好 2. 各电器及线段绝缘电阻符合要求，电器外壳接地良好 3. 各电器及保护装置动作灵敏可靠，各信号装置完好 4. 具有电子及晶闸管电路的各信号电压波形符合要求 5. 试运行过程中电动机和电器发热正常，交流电动机三相电流平衡 6. 各零部件应完整无损 7. 图样资料齐全

✔ 任务实施

一、T68 型卧式镗床的操作实训

在教师的指导下，给镗床通电，操作各控制开关，观察并记录机床各部位的运动情况。

操作要求：

1）此项操作带电进行。

2）操作每一控制开关前，先观察该控制开关所控机床部位的运动情况。

3）观察并记录进给电动机工作台调整控制情况。

4）观察并记录主轴电动机的点动控制情况。

5）观察并记录主轴电动机的正反转低速控制情况。

6）观察并记录主轴电动机的高速转动控制情况。

7）观察并记录主轴变速控制情况。

8）观察并记录进给变速控制情况。

二、T68 型卧式镗床电气设备的例保

1）查看表面有没有不安全的因素。

2）查看电器各方面运行情况，并向操作者了解设备运行状况。

3）查看开关箱内及电动机是否有水或油污进入。

4）查看导线、管线有无破裂现象。

💡 任务总结与评价

参见表 2-1-4。

| 任务二 | **T68 型镗床主轴点动、正反转及制动控制电路的故障维修** |

🔍 学习目标

技能目标：

（1）能够熟练排除 T68 型镗床主轴电动机点动、正反转控制电路的常见电气故障。

（2）能够熟练排除 T68 型卧式镗床主轴电动机制动控制电路的常见电气故障。

知识目标：

（1）掌握排除 T68 型镗床主轴电动机点动、正反转控制电路常见电气故障的方法和步骤。

（2）掌握排除 T68 型镗床主轴电动机制动控制电路常见电气故障的方法和步骤。

素养目标：
（1）通过提高实训环境工厂化要求，培养职业行为习惯。
（2）尽量采用生产镗床，减少模拟镗床练习次数，提升职业技能。

任务描述

T68 型镗床的主轴调速范围大，所以主轴电动机采用"△—ㄚㄚ"双速电动机，用于拖动主运动和进给运动。从电路图中可以得知，主轴电动机 M1 的控制包括正反转控制、制动控制、高低速控制、点动控制以及变速冲动控制。

任务分析

本次任务主要是熟悉 T68 型镗床主轴电动机点动控制、正反转控制以及制动控制电路的组成及工作原理，根据接线图掌握镗床的元器件的位置及电路的大致走向，根据故障现象，绘制故障检修流程图，并依据流程图，使用万用表检测出主轴电动机点动控制、正反转控制以及制动控制电路的故障位置，并能对故障进行维修。

必备知识

一、T68 型镗床电气控制电路分析

T68 型镗床的电路图如图 2-5-3 所示。

1. 主电路分析

主轴电动机 M1 是一台双速电动机，用来驱动主轴的旋转运动以及进给运动。接触器 KM1、KM2 分别实现正、反转控制，接触器 KM3 实现制动电阻 R 的切换，KM4 实现低速控制和制动控制，使电动机 M1 的定子绕组接成三角形（△），此时的电动机转速 $n = 1440r/min$，KM5 实现高速控制，使电动机 M1 的定子绕组接成双星形（ㄚㄚ），此时的电动机转速 $n = 2880r/min$，熔断器 FU1 作为短路保护，热继电器 FR 作为过载保护。

快速进给电动机 M2 用来驱动主轴箱、工作台等部件快速移动，它由接触器 KM6、KM7 分别控制实现正、反转，由于是短时工作，故不需要过载保护，熔断器 FU2 作为短路保护。

2. 控制电路分析

控制电路由控制变压器 TC 提供 110V 电压作为电源，熔断器 FU3 作为短路保护。主轴电动机 M1 的控制包括正反转控制、制动控制、高低速控制、点动控制以及变速冲动控制。

T68 型镗床在工作过程中，各个位置开关处于相应的通、断状态。各位置开关的作用及工作状态见表 2-5-2。

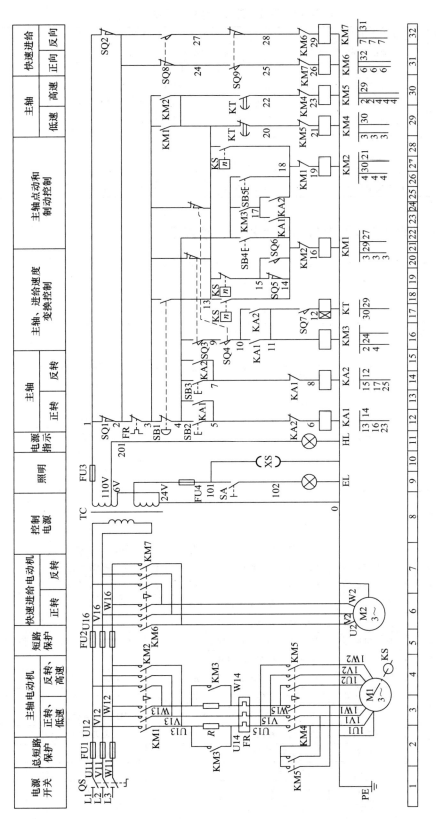

图 2-5-3　T68型镗床的电路图

表 2-5-2　各位置开关的作用及工作状态

位置开关	作　用	工作状态
SQ1	工作台、主轴箱进给联锁保护	工作台、主轴箱进给时，触头断开
SQ2	主轴进给联锁保护	主轴进给时，触头断开
SQ3	主轴变速	主轴没变速时，常闭触头被压合，常闭触头断开
SQ4	进给变速	进给没变速时，常闭触头被压合，常闭触头断开
SQ5	主轴变速冲动	主轴变速后，手柄推不上时触头被压合
SQ6	进给变速冲动	进给变速后，手柄推不上时触头被压合
SQ7	高、低速转换控制	高速时触头被压合，低速时断开
SQ8	反向快速进给	反向快速进给时，常开触头被压合，常闭触头断开
SQ9	正向快速进给	正向快速进给时，常开触头被压合，常闭触头断开

二、T68 型镗床电气设备的型号规格、功能及位置

根据元器件明细表（见表 2-5-3）和位置图（见图 2-5-4）、接线图（见图 2-5-5），熟悉 T68 型镗床电气设备的型号规格、功能及位置。

表 2-5-3　T68 型镗床元器件明细表

元器件代号	图上区号	名称	型号及规格	数量	用途	备注
M1	3	主轴电动机	JD02—51—4/2，5.5/7.5kW	1	主传动用	1460/2880r/min，D2
M2	6	快速进给电动机	J02—32—4，3kW，1430r/min	1	机床各部分的快速移动	D2
QS	1	隔离开关	HZ2—60/3，60A，三极	1	电源引入	
SA	9	转换开关	HZ2—10/3，10A，三极	1	照明灯开关	
FU1	2	熔断器	RL1—60/40	3	总短路保护	配熔体：40A
FU2	5	熔断器	RL1—15/15.4	3	M2 的短路保护	配熔体：15A3 只，4A2 只
FU3	9	熔断器	RL1—15/15.4	1	110V 控制电路的短路保护	
FU4	9	熔断器	RL1—15/15.4	1	照明电路的短路保护	
KM1	21	交流接触器	CJ0—40，线圈电压 110V，50Hz	1	控制 M1 正转	
KM2	27	交流接触器	CJ0—40，线圈电压 110V，50Hz	1	控制 M1 反转	
KM3	16	交流接触器	CJ0—20，线圈电压 110V，50Hz	1	控制 M1（短接 R）	
KM4	29	交流接触器	CJ0—40，线圈电压 110V，50Hz	1	控制 M1 低速	
KM5	30	交流接触器	CJ0—40，线圈电压 110V，50Hz	1	控制 M1 高速	
KM6	31	交流接触器	CJ0—20，线圈电压 110V，50Hz	1	控制 M2 正转	
KM7	32	交流接触器	CJ0—20，线圈电压 110V，50Hz	1	控制 M2 反转	
KT	17	时间继电器	JS7—2A，线圈电压 110V，50Hz	1	控制 M1 高低速	整定时间 3s
KA1	12	中间继电器	JZ7—44，线圈电压 110V，50Hz	1	控制 M1 正转	
KA2	14	中间继电器	JZ7—44，线圈电压 110V，50Hz	1	控制 M1 反转	
TC	8	控制变压器	BK—300，380/110V、24V、6V	1	控制电源	
FR	3	热继电器	JR0—10/3D，整定电流 16A	1	M1 的过载保护	
KS	4	速度继电器	JY—1，500V，2A	1	主轴制动用	
R	3	电阻器	ZB—0.9，0.9Ω	2	限流电阻	
SB1	12	按钮	LA2，380V，5A	1	主轴停止	
SB2	12	按钮	LA2，380V，5A	1	主轴正向起动	
SB3	14	按钮	LA2，380V，5A	1	主轴反向起动	

（续）

元器件代号	图上区号	名称	型号及规格	数量	用途	备注
SB4	22	按钮	LA2, 380V, 5A	1	主轴正向点动	
SB5	26	按钮	LA2, 380V, 5A	1	主轴反向点动	
SQ1	12	行程开关	LX1—11H	1	主轴联锁保护	
SQ2	32	行程开关	LX3—11K	1	主轴联锁保护	
SQ3	16	行程开关	LX1—11K	1	主轴变速控制	开启式
SQ4	16	行程开关	LX1—11K	1	进给变速控制	开启式
SQ5	19	行程开关	LX1—11K	1	主轴变速控制	开启式
SQ6	20	行程开关	LX1—11K	1	进给变速控制	开启式
SQ7	17	行程开关	LX5—11	1	高速控制	
SQ8	31	行程开关	LX3—11K	1	反向快速进给	开启式
SQ9	31	行程开关	LX3—11K	1	正向快速进给	开启式
XS	10	插座	T 型	1		专用插座
EL	9	机床工作灯	K—1，螺口	1	工作照明	配 24V、40W 灯泡
HL	11	指示灯	DX1—0，白色	1	电源指示	配 6V、0.15A 灯泡

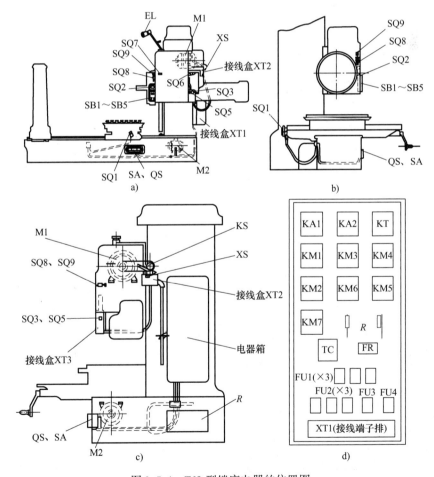

图 2-5-4　T68 型镗床电器的位置图

a）主视图　b）左视图　c）右视图　d）电器箱中电器的位置

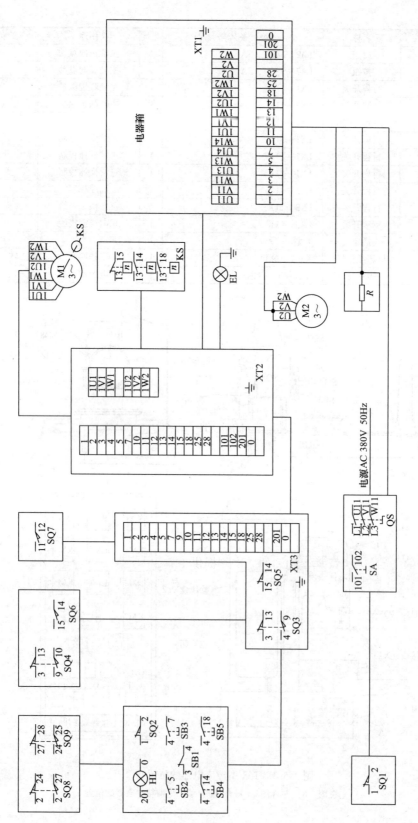

图 2-5-5　T68 型镗床的接线图

三、主轴点动及正反转电气控制电路

在 T68 型镗床主轴电动机控制电路中，主轴可以正、反向点动调整，这是通过主轴电动机低速点动来实现的。以下先来分析主轴电动机点动控制电路。

1. 主轴电动机点动控制

从 T68 型镗床的电路图中，将 M1 点动电气控制电路单独画出，如图 2-5-6 所示。

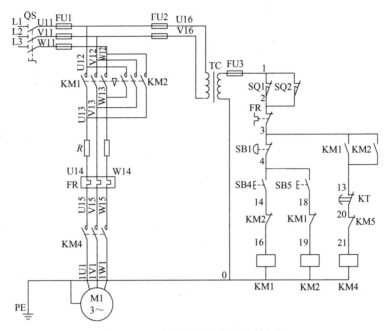

图 2-5-6　主轴电动机点动控制电路

它的工作原理分析如下：

主轴电动机 M1 由热继电器 FR 作为过载保护，熔断器 FU1 作为短路保护，接触器 KM4 控制并兼作失电压和欠电压保护。

控制电路的电源由控制变压器 TC 的二次侧提供 110V 电压。

（1）主轴电动机正向点动控制　主轴电动机正向点动控制是由正向点动按钮 SB4、接触器 KM1 和 KM4（使 M1 的定子绕组接成三角形，低速运转）实现的。

```
                    ┌─ KM1常开触头(3—13)闭合 ─→ KM4线圈吸合 ─┐
按下SB4 ─→ KM1线圈吸合 ┤                                      │
                    └─ KM1主触头闭合 ───────────────────────┘
```

└─→ M1的定子绕组接成三角形并串入限流电阻R，开始正向低速转动

松开SB4 ─→ KM1线圈和KM4线圈失电释放 ─→ M1停转

KM1 线圈经 1—2—3—4—14—16—0 回路得电。

KM4 线圈经 1—2—3—13—20—21—0 回路得电。

（2）主轴电动机反向点动控制　按下反向点动按钮 SB5，使 KM2 线圈和 KM4 线圈得

电，M1 的定子绕组接成三角形并串入限流电阻 R，开始反向低速转动。

KM2 线圈经 1—2—3—4—18—19—0 回路得电。

KM4 线圈经 1—2—3—13—20—21—0 回路得电（此处 3—13 是通过 KM2 触头）。

主轴电动机 M1 的点动控制过程如下：

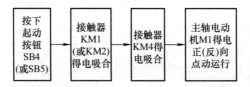

2. 主轴电动机正反向低速转动控制

从 T68 型镗床的电路图中，将主轴电动机正反向低速转动控制电路单独画出，如图 2-5-7 所示。

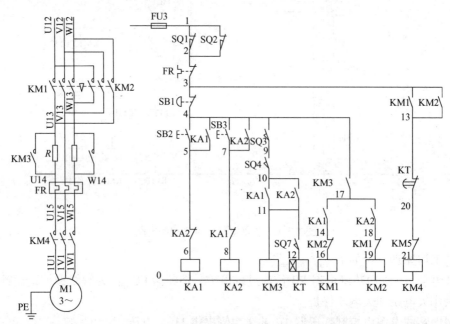

图 2-5-7　主轴电动机正反向低速转动控制电路

原理分析如下：

1）正转控制：

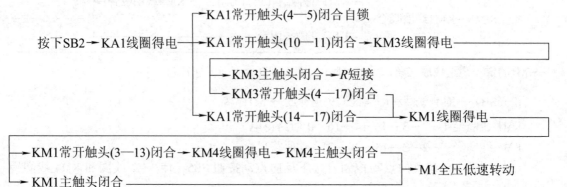

KA1 线圈经 1—2—3—4—5—6—0 回路得电。

KM3 线圈经 1—2—3—4—9—10—11—0 回路得电。

KM1 线圈经 1—2—3—4—17—14—16—0 回路得电。

KM4 线圈经 1—2—3—13—20—21—0 回路得电。

主轴电动机 M1 的正向低速转动控制过程如下：

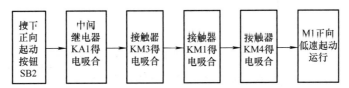

2）反转控制：由反向按钮 SB3 控制，以中间继电器 KA2、接触器 KM2 并配合接触器 KM3 和 KM4 来实现。其工作原理与正向低速转动相似，读者可自行分析。

3. 主轴电动机正反转高速控制

从 T68 型镗床的电路图中，把主轴电动机正反转高速控制电路单独画出，如图 2-5-8 所示。低速时，主轴电动机 M1 的定子绕组为△联结，$n = 1460\text{r/min}$；高速时，M1 的定子线组为 丫丫 联结，$n = 2880\text{r/min}$。

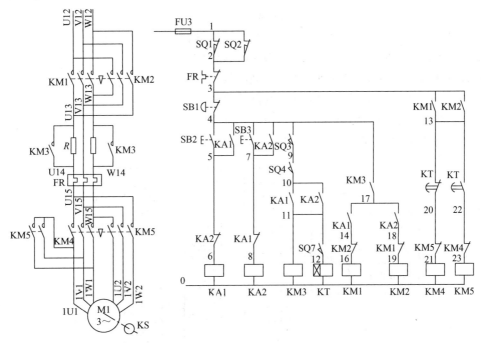

图 2-5-8　主轴电动机正反转高速控制电路

原理分析如下：

为了减小起动电流，先低速全压起动延时后转为高速转动。

将变速机构转至"高速"位置，压下限位开关 SQ7，其常开触头 SQ7（11—12）闭合。

（1）正转高速　用正向起动按钮 SB2 控制，中间继电器 KA1 的线圈和接触器 KM3、KM1、KM4 的线圈及时间继电器 KT 相继得电，M1 的定子绕组接成三角形，开始低速转动。延时后，由 KT 控制，KM4 线圈失电，接触器 KM5 得电，M1 的定子绕组接成双星形，开始高速转动。

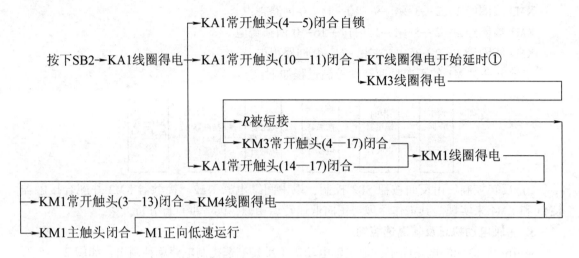

按下SB2→KA1线圈得电
- KA1常开触头(4—5)闭合自锁
- KA1常开触头(10—11)闭合→KT线圈得电开始延时①
  - KM3线圈得电
    - R被短接
    - KM3常开触头(4—17)闭合
  - KA1常开触头(14—17)闭合 → KM1线圈得电
- KM1常开触头(3—13)闭合→KM4线圈得电
- KM1主触头闭合→M1正向低速运行

KT线圈得电延时后
- KT延时断开常闭触头(13—20)断开 →KM4线圈失电
- KT延时闭合常开触头(13—22)闭合 →KM5线圈得电→M1正向高速运行

KA1 线圈经 1—2—3—4—5—6—0 回路得电。
KM3 线圈经 1—2—3—4—9—10—11—0 回路得电。
KM1 线圈经 1—2—3—4—17—14—16—0 回路得电。
KM4 线圈经 1—2—3—13—20—21—0 回路得电。
KM5 线圈经 1—2—3—13—22—23—0 回路得电。
KT 线圈经 1—2—3—4—9—10—11—12—0 回路得电。
主轴电动机 M1 的正向高速转动控制过程如下：

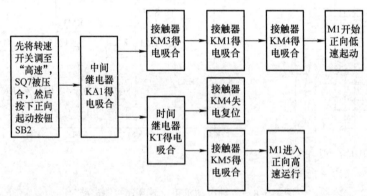

（2）反转高速　由 SB3 控制，KA2、KM3、KM2、KM4 和 KT 等线圈相继得电，M1 低速转动，延时后，KM4 线圈失电，KM5 线圈得电，M1 高速转动。其工作原理与正转高速控制相似，读者可自行分析。

四、主轴制动电气控制电路

T68 型镗床主轴电动机的停机制动采用速度继电器 KS、串电阻的双向低速反接制动方式，如 M1 为高速转动，则转为低速后再制动。

从 T68 型镗床的电路图中，将主轴制动控制电路单独画出，如图 2-5-9 所示。

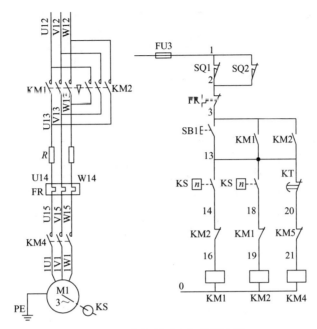

图 2-5-9　主轴制动电气控制电路

原理分析如下：

（1）主轴电动机高速正转反接制动控制　参阅图 2-5-8 所示的正向高速转动控制电路。M1 高速转动时，位置开关 SQ7 常开触头（11—12）闭合，KS 常开触头（13—18）闭合，KA1、KM3、KM1、KT、KM5 等线圈均已得电动作；停机时按停止按钮 SB1。

它的工作原理分析如下：

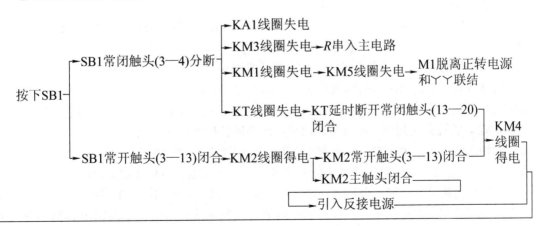

若制动前 M1 为低速转动，则按下 SB1 后，上述过程中没有 KM5 线圈和 KT 线圈失电两

个环节。

主轴电动机高速正转反接制动控制过程如下：

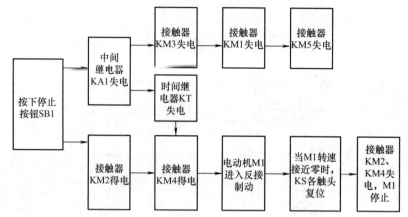

（2）主轴电动机高速反转反接制动控制　反转时，SQ7 常开触头（11—12）闭合，KS 常开触头（13—14）闭合，KA2、KM3、KM2、KM5 等线圈均已得电动作。按下停止按钮 SB1 后，反接制动的工作原理与正转的相似。

五、主轴电动机常见电气故障的分析和检修

主轴电动机最常见的故障为 M1 不能正常运转，有以下几种现象：

1. 主轴只有一个方向能起动，另一个方向不能起动

主要原因是不能起动方向的按钮或接触器有故障。

2. 主轴正反转都不能起动

检查熔断器 FU1 和 FU2 及热继电器 FR，最后再检查接触器 KM3 能否吸合，因为无论正反转、高速或低速，都必须通过 KM3 的动作才能起动。

3. 主轴电动机只有低速挡，没有高速挡

这种故障主要是由于时间继电器 KT 失灵，KT 延时闭合触头接触不好，或者位置开关 SQ7 安装位置移动，造成 SQ7 总是处于断开状态。

4. 主轴电动机起动在高速挡，但运行在低速挡

这种故障主要是由于时间继电器 KT 动作后，延时部分不动作，可能延时胶木推杆断裂或推动装置不能推动延时触头，则 KM4 一直处于通电吸合状态，KM5 不能通电吸合。

5. 电动机在高速挡时，在低速起动后不向高速转移而自动停止

这种故障主要是由于时间继电器 KT 动作后，KT 延时闭合触头接触不良、KM4 常闭触头（30 区）接触不良、KM5 线圈不能吸合等，均会造成电动机低速起动后而自动停机。

主轴电动机常见故障的分析和处理方法与车床、铣床大致相同。按照单元一介绍的检修步骤，首先要观察故障现象，然后运用逻辑分析法判断故障范围，下面用图 2-5-10 来说明按下按钮 SB2 后，电动机 M1 不能正常运转的检修流程。

✔**任务实施**

学生分组（按照每人一台机床）进行排故练习。教师在每台 T68 型镗床上设置主轴电路

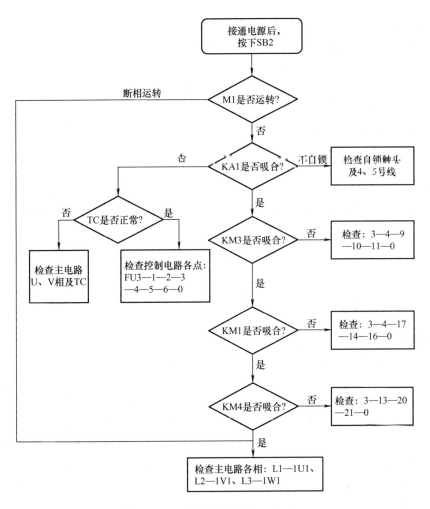

图 2-5-10 主轴电动机故障检修流程

故障一处，教师设置时可让学生预先知道故障点，练习一个故障点的检修。在掌握一个故障点检修方法的基础上，再设置两个或两个以上故障点，故障现象尽可能不相互重合。如果故障相互重合，按要求应有明显检查顺序。

一、故障排除练习内容

故障一：主轴电动机 M1 能正向低速起动运行，但反向低速起动时会发出"嗡嗡"声

（1）观察故障现象　合上电源开关 QS，按下正向低速起动按钮 SB2 时，KA1、KM3、KM1 和 KM4 依次得电，电动机 M1 正向起动运转，然后按下停止按钮 SB1，M1 立即停转；再按下反向低速起动按钮 SB3 时，KA2、KM3、KM2 和 KM4 也依次得电，但电动机 M1 不能反向起动，并发出"嗡嗡"声（这时要立即切断电源，防止烧毁电动机）。

（2）分析故障范围　主轴电动机 M1 正向低速起动正常，而反向低速起动却发生了断相运行现象，分析主电路结构原理可知，造成这一故障现象的原因是接触器 KM2 主触头接触不良或连接导线松脱。故障电路如图 2-5-11 中点画线所示。

（3）查找故障点　采用验电器法和电阻测量法查找故障点的方法步骤如下：

1）合上电源开关 QS，按下正向低速起动按钮 SB2 时，使电动机 M1 正向起动运转（这时接触器 KM1 主触头已闭合），然后用验电器分别测试接触器 KM2 主触头的上、下接线端，若验电器正常发光则无故障，若验电器不亮，则故障为连接 KM1 和 KM2 主触头的这根导线断线或线头松脱。

2）按下停止按钮 SB1，断开电源开关 QS，将万用表转换开关调至"$R \times 100$"挡，然后人为按下接触器 KM2 动作实验按钮，用万用表分别测量 KM2 的 3 对主触头的接触情况，若阻值为零则无故障，若阻值为较大或无穷大，则故障为该触头接触不良。

（4）故障点排除　根据故障情况紧固导线或维修更换 KM2 主触头。

（5）通电试运行　通电检查镗床各项操作，直至符合各项技术指标。

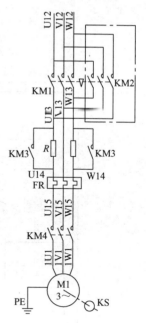

图 2-5-11　故障电路（1）

故障二：主轴电动机 M1 能低速起动运行，但不能实现高速运行

（1）观察故障现象　合上电源开关 QS，按下正向或反向低速起动按钮时，主轴电动机 M1 都能正常起动运行；再将转速控制手柄扳至"高速"位置，按下起动按钮 SB2 或 SB3，M1 能实现低速全压起动，KT 延时一段时间后，M1 随即停止，不能实现高速运行，但观察接触器 KM5 已吸合。

（2）分析故障范围　由于 M1 低速起动正常，KT 延时后 KM5 也能得电吸合，因此，故障范围应是接触器 KM5 主触头接触不良或连接导线线头松脱。故障电路如图 2-5-12 中点画线所示。

（3）查找故障点　采用验电器法和电阻测量法查找故障点的方法步骤如下：

1）合上电源开关 QS，按下正向起动按钮 SB2，在电动机 M1 低速起动过程中，用验电器快速测试接触器 KM5 主触头的上、下接线端，若验电器正常发光则无故障，若验电器不亮，则故障为连接 KM4 和 KM5 主触头的这根导线断线或线头松脱。

2）按下停止按钮 SB1，断开电源开关 QS，将万用表转换开关调至"$R \times 100$"挡，然后人为按下接触器 KM5 动作实验按钮，用万用表分别测量 KM5 主触头的接触情况，若阻值为零则无故障，若阻值为较大或无穷大，则故障为该触头接触不良。

（4）故障点排除　根据故障情况紧固导线或维修更换 KM5 主触头。

（5）通电试运行　通电检查镗床各项操作，直至符合各项技术指标。

故障三：在低速起动时，按下正转低速起动按钮 SB2，主轴电动机 M1 不能起动，但按下正转点动按钮 SB4 时，主轴电动机 M1 能起动运转

（1）观察故障现象　合上电源开关 QS，按下正转低速起动按钮 SB2，KA1 吸合，KM3 吸合，KM1 不吸合，KM4 不吸合，主轴电动机 M1 不能起动；按下正转点动按钮 SB4，M1 起动运转，松开 SB4，M1 停转。

（2）判断故障范围　按下 SB2，KA1、KM3 吸合，说明控制回路电源部分正常，接触器 KM1 不能吸合，说明 KM1 线圈回路有断点；而按下 SB4，M1 运转正常，说明点动回路中 KM1、KM4 线圈正常，因此故障点应在 KM1 线圈支路中，即 SB1→4#→XT3→4#→XT2→4#→XT1→4#→KM3 常开触头→17#→KA1 常开触头→14#。故障电路如图 2-5-13 所示。

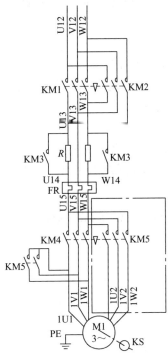

图 2-5-12　故障电路（2）

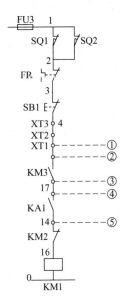

图 2-5-13　故障电路（3）及检修步骤

（3）查找故障点

方法一：采用电压分阶测量法检查。

1）将万用表转换开关拨至交流"250V"挡。

2）将黑表笔接在选择的参考点 TC（0#）上。

3）合上电源开关 QS，按下 SB2，使 KA1、KM3 线圈吸合，红表笔从接线排 XT1（4#）起，依次逐点测量：

① 接线排 XT1（4#），测得电压值为 110V，正常。

② KM3 常开触头（4#），测得电压值为 110V，正常。

③ KM3 常开触头（17#），测得电压值为 110V，正常。

④ KA1 常开触头（17#），测得电压值为 110V，正常。

⑤ KA1 常开触头（14#），测得电压值为 0V，不正常，说明故障点是 KA1 常开触头（14—17）闭合时接触不良。

方法二：采用校验灯法查找故障点。

1）将校验灯（额定电压为 110V）的一脚引线接在参考点 TC（0#）上。

2）合上电源开关 QS，按下 SB2，使 KA1、KM3 线圈吸合，另一脚引线从接线排 XT1（4#）起，依次逐点测试：

① 接线排 XT1（4#），校验灯亮，正常。

② KM3 常开触头（4#），校验灯亮，正常。

③ KM3 常开触头（17#），校验灯亮，正常。

④ KA1 常开触头（17#），校验灯亮，正常。

⑤ KA1 常开触头（14#），校验灯不亮，不正常，说明故障为 KA1 常开触头（14—17）闭合时接触不良。

（4）排除故障　断开 QS，修复或更换 KA1 触头。

（5）通电试运行　通电检查镗床各项操作，直至符合各项技术要求。

故障四：主轴在高速时，按下正转起动按钮 SB2，主轴电动机 M1 开始低速起动，延时一定时间后，M1 自动停机，不能高速运行

（1）观察故障现象　将主轴转速操作手柄拨至"高速"，合上电源开关，按下按钮 SB2，M1 正向低速起动运转，经延时，KM5 没有吸合，M1 停转，无高速运行。

（2）判断故障范围　从现象中可看出，经延时后，KM4 线圈能失电，说明 KT 线圈回路正常，故障在 KM5 线圈回路，即：

KT延时断开常闭触头 $\xrightarrow{13\#}$ KT延时闭合常开触头 $\xrightarrow{22\#}$ KM4常闭触头 $\xrightarrow{23\#}$ KM5线圈 $\xrightarrow{0\#}$ TC(110V)

故障电路如图 2-5-14 所示。

（3）查找故障点　采用校验灯法检查故障点。

1）将校验灯（额定电压为 110V）的一脚引线接在参考点 FU3（1#）上。

2）将主轴转速操作手柄拨至"高速"，合上电源开关 QS，校验灯另一脚引线从 KM5 线圈（0#）起，逆序逐点测试以下各点：

① KM5 线圈（0#），校验灯亮，正常。

② KM5 线圈（23#），校验灯亮，正常。

③ KM4 常闭触头（23#），校验灯亮，正常。

④ KM4 常闭触头（22#），校验灯亮，正常。

⑤ KT 延时闭合常开触头（22#），校验灯亮，正常。

⑥ KT 延时闭合常开触头（13#），按下 SB2，KT 延时结束后，直到 M1 停转校验灯都没亮，则说明故障为 KT 延时闭合常开触头闭合时接触不良。

（4）排除故障　断开 QS，检查修复或更换 KT 常开触头。

（5）通电试运行　通电检查镗床各项操作，直至符合各项技术要求。

故障五：主轴电动机 M1 反向运转时，停机能制动；M1 正向运转时，停机不能制动

（1）观察故障现象　合上电源开关 QS，按下正转起动按钮 SB2，主轴电动机 M1 正向起动运行，按下停止按钮 SB1，M1 惯性停机无反接制动；按下反转按钮 SB3，M1 反向起动运行，按下停止按钮 SB1，M1 受制动而迅速停机。

（2）判断故障范围　由于 M1 正反转运行正常，排除 KM2、KM4 线圈回路，因此可判断故障范围为：

SB1 常开触头 $\xrightarrow{13\#}$ KS 常开触头 $\xrightarrow{18\#}$ KM1 常闭触头

故障电路如图 2-5-15 所示。

（3）查找故障点　采用电压分阶测量法检查故障点。

1）将万用表转换开关拨至交流"250V"挡。

2）将黑表笔接在选择的参考点 TC（0#）上。

3）合上电源开关 QS，按下 SB2，使 M1 正向起动运行。红表笔依次测量控制电路以下各点：

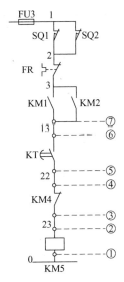

图 2-5-14　故障电路（4）及检修步骤

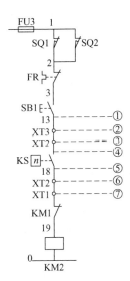

图 2-1-15　故障电路（5）及检修步骤

① 按钮 SB1 常开触头（13#），测得电压值为 110V，正常。

② 接线端子 XT3（13#），测得电压值为 110V，正常。

③ 接线端子 XT2（13#），测得电压值为 110V，正常。

④ 速度继电器 KS 的常开触头（13#），测得电压值为 110V，正常。

⑤ 速度继电器 KS 的常开触头（18#），测得电压值为 0V，不正常，说明故障为 KS 常开触头（13—18）闭合时接触不良。

（4）排除故障　断开 QS，修复或更换 KS 常开触头（13—18）。

（5）通电试运行　通电检查镗床各项操作，必须符合技术要求。

二、排故操作要求

1）此项操作可带电进行，但必须有指导教师监护，确保人身安全。

2）在检修过程中，测量并记录相关元器件的工作情况（触头通断、电压、电流）。

3）定额时间为 30min。

三、检测情况记录

将检测情况记录在表 2-5-4 中。

表 2-5-4　T68 型镗床主轴电动机电路检测情况记录

元器件名称	元器件状况（外观、断电电阻）	工作电压	工作电流	触头通断情况	
				操作前	操作后

（续）

元器件名称	元器件状况 （外观、断电电阻）	工作电压	工作电流	触头通断情况	
				操作前	操作后

四、操作注意事项

1）操作时不要损坏元器件。

2）各控制开关操作后要复位。

3）排除故障时，必须修复故障点，严禁扩大故障范围或产生新故障。检修过程中不要损伤导线或使导线连接脱落。

4）检修所用工具、仪表等要符合使用要求。

任务总结与评价

参见表2-1-7。

任务三　**T68 型镗床主轴变速或进给变速时冲动电路、快速进给及辅助电路的故障维修**

学习目标

技能目标：

（1）能熟练排除 T68 型镗床主轴变速或进给变速冲动电路的常见电气故障。

（2）能熟练排除 T68 型镗床快速进给及辅助电路的常见电气故障。

知识目标：

（1）掌握排除 T68 型镗床主轴变速或进给变速冲动电气控制电路常见电气故障的方法和步骤。

（2）掌握排除 T68 型镗床快速进给及辅助电路常见电气故障的方法和步骤。

素养目标：

（1）通过提高实训环境工厂化要求，培养职业行为习惯。

（2）尽量采用生产镗床，减少模拟镗床练习次数，提升职业技能。

任务描述

T68 型镗床的主运动与进给运动的速度变换，是用变速操作盘来调节变速传动系统而得到的。T68 型镗床的主轴变速和进给变速既可在的主轴与进给电动机中预选速度，也可在电动机运行中进行变速。

为了缩短辅助时间，机床各部件的快速移动由快速移动操作手柄来控制，通过快速移动电动机 M2 拖动。运动部件及其运动方向的确定由装设在工作台前方的操作手柄操作，而控制则用镗头架上的快速操纵手柄控制。

👉 任务分析

本次任务主要是熟悉 T68 型镗床主轴变速或进给变速时冲动电路的工作原理，根据故障现象，绘制故障检修流程图，并依据流程图，使用万用表等仪表，检测出主轴变速或进给变速控制电路的故障位置，并能对主轴变速或进给变速控制电路及辅助电路的常见故障进行维修。

✍ 必备知识

一、主轴变速或进给变速冲动电气控制电路

T68 型镗床主轴变速和进给变速分别由各自的变速孔盘机构进行调速。调速既可在主轴电动机 M1 停机时进行，也可在 M1 转动时进行（先自动使 M1 停机调速，再自动使 M1 转动）。调速时，使 M1 冲动以方便齿轮顺利啮合。

1. 主轴变速原理分析

从 T68 型镗床的电路图中分解出 M1 停机时主轴变速冲动控制电路，如图 2-5-16 所示。

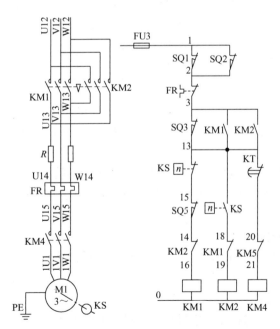

图 2-5-16 M1 停机时主轴变速冲动控制电路

（1）变速孔盘机构操作过程

手柄在原位 → 拉出手柄 → 转动孔盘 $\xrightarrow{\text{齿轮啮合}}$ 推入手柄

（2）电路控制过程

原速（低速或高速）$\xrightarrow{}$反接制动$\xrightarrow{\text{冲动}}$原速（低速或再转高速）

（3）M1 在主轴变速时的冲动控制

1）手柄在原位。M1 停转，KS 常闭触头（13—15）闭合，位置开关 SQ3 和 SQ5 被压动，它们的常闭触头 SQ3（3—13）和 SQ5（15—14）分断。

2）拉出手柄，转动变速盘。SQ3 和 SQ5 复位，KM1 线圈经 1—2—3—13—15—14—16—0 得电，KM4 线圈经 1—2—3—13—20—21—0 得电动作，M1 经限流电阻 R（KM3 未得电）接成三角形，开始正向低速旋转。

当 M1 转速升高到一定值（120r/min）时，KS 常闭触头（13—15）分断，KM1 线圈失电释放，M1 脱离正转电源；由于 KS 常开触头（13—18）闭合，KM2 线圈经 1—2—3—13—18—19—0 得电动作，M1 反接制动。

当 M1 转速下降到一定值（100r/min）时，KS 常开触头（13—18）分断，KM2 线圈失电释放；KS 常闭触头闭合，KM1 线圈又得电动作，M1 又恢复起动。

M1 重复上述过程，间歇地起动与反接制动，处于冲动状态，有利于齿轮良好啮合。

3）推回手柄。只有在齿轮啮合后，才可能推回手柄，压动 SQ3 和 SQ5，SQ3 常开触头（4—9）闭合，SQ3 常闭触头（3—13）和 SQ5 常闭触头（15—14）分断，切断 M1 的电源，M1 停转。

（4）M1 在正向高速转动时的主轴变速控制

1）手柄在原位。压动 SQ3 和 SQ5，这时 M1 在 KA1、KM3、KT、KM1、KM5 等线圈得电动作，KS 常开触头（13—18）闭合的情况下正向高速转动（见图 2-5-8）。

2）拉出手柄，转动变速孔盘。SQ3 和 SQ5 复位，它们的常开触头分断，SQ3 常闭触头（3—13）和 SQ5 常闭触头（15—14）闭合，使 KM3、KT1 线圈失电，进而使 KM1、KM5 线圈也失电，切断 M1 的电源。

继而 KM2 和 KM4 线圈得电动作，M1 串入限流电阻 R 反接制动。当制动结束，由于 KS 常闭触头（13—15）闭合，KM1 线圈得电控制 M1 正向低速冲动，以利于齿轮啮合。

3）推回手柄。如果齿轮已啮合，此时可能推回手柄，SQ3 和 SQ5 又被压动，KM3、KT、KM1、KM4 等线圈得电动作，M1 先正向低速起动，后在 KT 的控制下，自动变为高速转动。

2. 进给变速原理分析

其工作原理与主轴变速时相似。拉出进给变速手柄，使限位开关 SQ4 和 SQ6 复位，推入手柄则压动它们。

3. 实际走线路径分析

（1）主电路部分　与主轴点动控制电路相同，不再重述。

（2）控制电路部分　KM1 线圈得电回路如下：

FR常闭触头 $\xrightarrow{3\#}$ XT1 $\xrightarrow{3\#}$ XT2 $\xrightarrow{3\#}$ XT3 $\xrightarrow{3\#}$ SQ3常闭触头 $\xrightarrow{13\#}$ XT3 $\xrightarrow{13\#}$ XT2 $\xrightarrow{13\#}$ KS常闭触头——

$\xrightarrow{15\#}$ XT2 $\xrightarrow{15\#}$ XT3 $\xrightarrow{15\#}$ SQ5常闭触头 $\xrightarrow{14\#}$ XT3 $\xrightarrow{14\#}$ XT2 $\xrightarrow{14\#}$ XT1 $\xrightarrow{14\#}$ KM2常闭触头 $\xrightarrow{16\#}$ KM1线圈——

$\xrightarrow{0\#}$ TC(110V)

KM2 线圈得电回路如下：

FR常闭触头 $\xrightarrow{3\#}$ XT1 $\xrightarrow{3\#}$ XT2 $\xrightarrow{3\#}$ XT3 $\xrightarrow{3\#}$ SQ3常闭触头 $\xrightarrow{13\#}$ XT3 $\xrightarrow{13\#}$ XT2 $\xrightarrow{13\#}$ KS常开触头——

$\xrightarrow{18\#}$ XT2 $\xrightarrow{18\#}$ XT1 $\xrightarrow{18\#}$ KM1常闭触头 $\xrightarrow{16\#}$ KM2线圈 $\xrightarrow{0\#}$ TC(110V)

KM4 线圈回路与主轴点动控制电路相同，不再重述。

二、刀架升降电气控制电路

1. T68 型镗床刀架升降电路原理分析

将 T68 型镗床主轴刀架升降电气控制电路单独画出，如图 2-5-17 所示。

先将有关手柄扳动，接通有关离合器，挂上有关方向的丝杆，然后由快速操纵手柄压动位置开关 SQ8 或 SQ9，控制接触器 KM6 或 KM7 线圈动作，使快速进给电动机 M2 正转或反转，拖动有关部件快速进给。

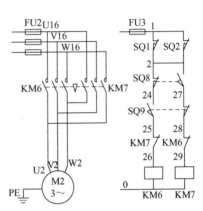

图 2-5-17　T68 型镗床主轴刀架升降电气控制电路

1）将快速进给手柄扳到"正向"位置，压动 SQ9，SQ9 常开触头（24—25）闭合，KM6 线圈经 1—2—24—25—26—0 得电动作，M2 正向转动。

将手柄扳到中间位置，SQ9 复位，KM6 线圈失电释放，M2 停转。

2）将快速手柄扳到"反向"位置，压动 SQ8，KM7 线圈得电动作，M2 反向转动。

2. 主轴箱、工作台和主轴机动进给联锁

为防止工作台、主轴箱与主轴同时机动进给，损坏机床或刀具，在电气电路上采取了相互联锁措施。联锁是通过两个并联的限位开关 SQ1 和 SQ2 来实现的。

当工作台或主轴箱的操作手柄扳在机动进给时，压动 SQ1，SQ1 常闭触头（1—2）分断；此时如果将主轴或花盘刀架操作手柄扳在机动进给时，压动 SQ2，SQ2 常闭触头（1—2）分断。两个限位开关的常闭触头都分断，切断了整个控制电路的电源，于是 M1 和 M2 都不能运转。

3. 实际走线路径分析

（1）主电路部分　主电路正向快速进给路径如图 2-5-18 所示。

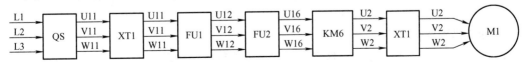

图 2-5-18　主电路正向快速进给路径

反向快速进给时将 KM6 换成 KM7 即可。

（2）控制电路部分　正向快速进给路径如下：

$$FU3 \xrightarrow{1\#} XT1 \xrightarrow{1\#} XT2 \xrightarrow{1\#} XT3 \xrightarrow{1\#} SQ2常闭触头 \xrightarrow{2\#} SQ8常闭触头 \xrightarrow{24\#} SQ9常开触头 \xrightarrow{25\#} XT3$$

$$\xrightarrow{25\#} XT2 \xrightarrow{25\#} XT1 \xrightarrow{25\#} KM7常闭触头 \xrightarrow{26\#} KM6线圈 \xrightarrow{0\#} TC(110V)$$

反向快速进给与正向快速进给相似，自行分析。

三、辅助线路（照明、指示电路）

1. 原理分析

控制变压器 TC 的二次侧分别输出 24V 和 6V 电压（照明、指示电路参见 T68 型镗床电路图中 9 区、10 区、11 区），作为机床照明灯和指示灯的电源。EL 为机床的低压照明灯，由开关 SA 控制，FU4 作为短路保护；HL 为电源指示灯，当机床电源接通后，指示灯 HL 亮，表示机床可以工作。

2. 实际走线路径分析

具体分析方法与车床相似，读者可自行分析。

四、常见电气故障的分析和检修

1. 主轴变速或进给变速冲动电气控制电路的常见电气故障

T68 型镗床主轴变速电气故障有主轴变速手柄拉出后，主轴电动机 M1 不能冲动；或者变速完毕，合上手柄后，主轴电动机 M1 不能自动开车。

当主轴变速手柄拉出后，通过变速机构的杠杆、压板使位置开关 SQ3 动作，主轴电动机断电而制动停机。速度选好后推上手柄，位置开关动作，使主轴电动机低速冲动。位置开关 SQ3 和 SQ5 装在主轴箱下部，由于位置偏移、触头接触不良等原因而完不成上述动作。又因 SQ3、SQ5 是由胶木塑压成形的，由于质量不佳等原因，有时绝缘会被击穿，造成手柄拉出后，SQ3 尽管已动作，但由于短路接通，使主轴仍以原来转速旋转，此时变速将无法进行。

2. 刀架升降电气控制电路的常见电气故障

这部分电路比较简单，若无快速进给，则检查位置开关 SQ8 及 SQ9 和接触器 KM6 或 KM7 的触头和线圈是否完好；有时还需要检查一下机构是否正确压动位置开关。

✔ 任务实施

学生分组（按照每人一台机床）进行排故练习。教师在每台 T68 型镗床上设置主轴变速或进给电路故障一处，教师设置时可让学生预先知道故障点，练习一个故障点的检修。在掌握一个故障点检修方法的基础上，再设置两个或两个以上故障点，故障现象尽可能不相互重合。如果故障相互重合，按要求应有明显检查顺序。

1. 故障排除练习内容

故障一：M1 能反接制动，但制动为零时不能进行低速冲动

（1）观察故障现象　合上电源开关 QS，主轴变速手柄拉出后，M1 能反接制动，但制动为零时不能进行低速冲动。

（2）判断故障范围　根据故障现象，判断故障可能为：SQ3、SQ5 位置移动、触头接触不良等致使 SQ3（3—13）、SQ5（14—15）不能闭合，或 KS 常闭触头不能闭合。

（3）查找故障点　采用电压分阶测量法检查，检修步骤如图 2-5-19 所示。

1）将万用表转换开关拨至交流"250V"挡。

2）将黑表笔接在选择的参考点 TC（0#）上。

3）合上电源开关 QS，拉出主轴变速手柄，红表笔依次测量以下各点：

① 热继电器 FR 常闭触头（3#），测得电压值为 110V，正常。

② 接线端子 XT1（3#），测得电压值为 110V，正常。

③ 接线端子 XT2（3#），测得电压值为 110V，正常。

④ 接线端子 XT3（3#），测得电压值为 110V，正常。

⑤ 位置开关 SQ3 常闭触头（3#），测得电压值为 110V，正常。

⑥ 位置开关 SQ3 常闭触头（13#），测得电压值为 110V，正常。

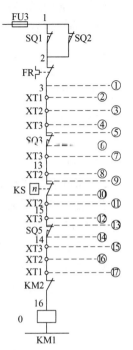

图 2-5-19　故障一检修步骤

⑦ 接线端子 XT3（13#），测得电压值为 110V，正常。

⑧ 接线端子 XT2（13#），测得电压值为 110V，正常。

⑨ 速度继电器 KS 常闭触头（13#），测得电压值为 110V，正常。

⑩ 速度继电器 KS 常闭触头（15#），测得电压值为 0V，不正常，说明故障为 KS 常闭触头开路。

（4）排除故障　断开 QS，更换或修复速度继电器 KS。

（5）通电试运行　通电检查镗床各项操作，直至符合各项技术要求。

故障二：主轴电动机 M1 起动运转，拉出主轴变速手柄，主轴电动机 M1 仍以原来转向和转速旋转，M1 不能冲动

（1）观察故障现象　合上电源开关 QS，按下按钮 SB2，主轴电动机 M1 起动运转，拉出主轴变速手柄，主轴电机 M1 仍以原来转向和转速旋转，M1 不能冲动。

（2）判断故障范围　根据故障现象，判断故障可能为 SQ3 常闭触头不能分断。

（3）查找故障点　采用电阻测量法检查。

1）将万用表转换开关拨至"$R \times 10$"挡，调零。

2）断开电源开关，检查 SQ3 常闭触头（3—13），拉出主轴变速手柄，测量 SQ3 常闭触头（3—13），正常时应该不导通，否则为不正常。

（4）排除故障　断开电源开关 QS，更换位置开关 SQ3 触头。

（5）通电试运行　通电检查镗床各项操作，直至符合各项技术要求。

故障三：将快速进给手柄扳到"反向"位置，无吸合声，M2 不运转

（1）观察故障现象　合上电源开关 QS，将快速进给手柄扳到"正向"位置（即向外拉手柄），M2 运转；将手柄扳到中间位置，M2 停转；将快速进给手柄扳到"反向"位置（即向里推手柄），无吸合声，M2 不运转。

（2）判断故障范围　由于 M2 正转运行正常，反转运行不正常，并且 KM7 不吸合，可判断故障应该在：

SQ8常闭触头 $\xrightarrow{2\#}$ SQ8常开触头 $\xrightarrow{27\#}$ SQ9常闭触头 $\xrightarrow{28\#}$ XT3 $\xrightarrow{28\#}$ XT2 $\xrightarrow{28\#}$ XT1 $\xrightarrow{28\#}$ KM6常闭触头 $\xrightarrow{29\#}$

$\llcorner$ KM7线圈 $\xrightarrow{0\#}$ KM6线圈

（3）查找故障点　采用电压分阶测量法检查，检修步骤如图 2-5-20 所示。

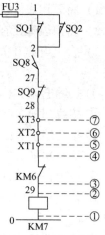

1）将万用表转换开关拨至交流"250V"挡。

2）将红表笔接在选择的参考点 TC（110V）上。

3）合上电源开关 QS，黑表笔依次测量控制电路以下各点：

① KM7 线圈（0#），测得电压值为 110V，正常。

② KM7 线圈（29#），测得电压值为 110V，正常。

③ KM6 常闭触头（29#），测得电压值为 110V，正常。

④ KM6 常闭触头（28#），测得电压值为 110V，正常。

⑤ 接线端子 XT1（28#），测得电压值为 110V，正常。

⑥ 接线端子 XT2（28#），测得电压值为 110V，正常。

⑦ 接线端子 XT3（28#），测得电压值为 0V，不正常，说明故障为接线端子 XT2 与接线端子 XT3 之间的连接导线（28#）开路。　图 2-5-20　故障三检修步骤

（4）排除故障　断开 QS，更换 28 号线。

（5）通电试运行　通电检查镗床各项操作，直至符合各项技术要求。

2. 排故操作要求

1）此项操作可带电进行，但必须有指导教师监护，确保人身安全。

2）在检修过程中，测量并记录相关元器件的工作情况（触头通断、电压、电流）。

3）定额时间为 30min。

3. 检测情况记录

将检测情况记录在表 2-5-5 中。

表 2-5-5　T68 型镗床电路检测情况记录

元器件名称	元器件状况 （外观、断电电阻）	工作电压	工作电流	触头通断情况	
				操作前	操作后

4. 操作注意事项

1）操作时不要损坏元器件。

2）各控制开关操作后要复位。

3）排除故障时，必须修复故障点，严禁扩大故障范围或产生新故障。检修过程中不要损伤导线或使导线连接脱落。

4）检修所用工具、仪表等要符合使用要求。

任务总结与评价

参见表2-1-7。

参 考 文 献

［1］冯志坚，邢贵宁．常用电力拖动控制线路安装与维修（任务驱动模式）［M］．北京：机械工业出版社，2012.

［2］冯志坚．电气控制线路安装与检修［M］．北京：中国劳动社会保障出版社，2010.

［3］李敬梅．电力拖动控制线路与技能训练［M］．北京：中国劳动社会保障出版社，2010.

［4］王广仁．机床电气维修技术［M］. 2版．北京：中国电力出版社，2009.

［5］王兵．常用机床电气检修［M］. 2版．北京：中国劳动社会保障出版社，2014.